住在武康大楼

陈保平 陈丹燕 著

同济大学出版社
TONGJI UNIVERSITY PRESS
中国·上海

2009年，上海著名画家沈勇以他一贯洒脱和灵动的绘画语言创作了这件油画作品，是武康大楼建成以来，上海画家以武康大楼为主体的最为完整和精彩的写实作品之一。

一栋近百年的建筑，承载着怎样的历史记忆？采访者们以这栋大楼为纽带，对半个多世纪以来的居住者、大楼管理者、这个区域的总规划师进行访谈，揭开建筑内部的日常生活与公共记忆。

目 录

引子

"登陆船"西来东泊　13
他们的集体记忆　35

1950

1　黄淑芳（淮海中路1834号，1950年入住）　41
2　邱锦云（武康路435号，1952年入住）　49
3　林江鸿（淮海中路1850号，1954年入住）　55
4　周炳揆（淮海中路1850号，1956年入住）　97
5　董大南　王大欣　周本义（淮海中路1850号，1956年入住）　119
6　许宝英（淮海中路1850号，1959年入住）　141
7　唐桂林（武康路435号，1959年入住）　167

1960

8　童荣生（淮海中路1834号，1963年入住）　183
9　王文娟（淮海中路1834号，1965年入住）　207
10　秦忠明（淮海中路1850号，1967年入住）　221
11　王勇（淮海中路1834号，1969年入住）　237

2000

12　刘瑞璐（淮海中路1834号，2006年入住）　261
13　张霞　亚当（淮海中路1850号，2007年入住）　289

目 录

14 从"户籍"资料看武康大楼解放前后居民变迁情况 341
15 在卷宗中触摸武康大楼历史 345

相关人员篇
16 柏祖芳 351
（2009年进入居委会工作至今）
17 杨寄强 365
（2013年起担任物业经理）
18 沙永杰 373
（武康路保护性综合整治总规划师）
19 武康大楼项目采访记录 397
（葛昌盛、周伟都、沈永余曾担任武康大楼房管员、湖南房管所测估员、武康大楼管理员）

武康大楼居民口述工作记录
《关于在上海历史风貌保护区收集街区居民口述史的建议》及答复 412
湖南街道社区口述历史项目计划书 417
湖南街道社区口述历史项目系列筹备会会议记录 421
武康大楼研讨会录音整理 431
关于武康大楼历史文物、资料收集的方案 455
亲历"武康大楼"居民口述历史采集 457
大家来写历史，留下城市文脉 461

引 子

"登陆船"西来东泊

一

今天"武康大楼"的名字，是1953年上海市人民政府接管时定的，可能与旁边马路叫"武康路"有关吧。之前，它叫"诺曼底公寓"，全称为"万国储蓄会诺曼底公寓"（I.S.S Nonmandy Apantments）。1924年，该楼由当时赫赫有名、财大气粗的万国储蓄会所属的"中国建业地产公司"投资兴建。旧上海许多西式楼盘或楼房，凡标有I.S.S者，都是这家公司的产业。

诺曼底公寓地处法租界，由租界所在的美商克利洋行（R. A. Curry）打样设计，法商华法公司（Remond et Cotter）承建，设计者是今天路人皆知的匈牙利建筑师邬达克。当时他只有三十来岁，尚未拥有自己的建筑事务所，受雇于克利洋行。他似乎对西方建筑中的古典折衷风格有偏好，这或许与他的东欧情结有关，但又要考虑法租界的地理环境和文化传统。诺曼底公寓是他在上海设计的几十栋建筑中的早期作品。

与中国城市道路大多呈十字形交叉布局不一样，法国巴黎的城市道路大多是以一个广场为中心，多条道路呈辐射状散开，如凯旋门广场就有多达12条道路向广场汇集。这样的格局就使两条道路的相交处形成一个锐角。当时的沪西法租界，道路建设也带有一些巴黎风格，武康大楼就坐落在淮海中路（原霞飞路）、武康路（原福开森路）、兴国路、天平路、余庆路相交的六岔路口。而武康路与淮海中路之间就形成一个约30°的锐角。诺曼底公寓整幢建筑面积9275平方米。为充分利用土地，设计师参照了巴黎同类建筑的样式，以建筑朝南及朝西的一面为主立面。如果你站在西面看，

住在武康大楼 / Living in I.S.S.Normandy Apartments

整幢大楼很像一艘劈波斩浪的大轮船。据说这家建业地产公司在上海的公寓或住宅小区，大都以法国的地名命名，诺曼底是法国西北部的一个半岛，北隔英吉利海峡与英国相望，诺曼底公寓的名字即来源于此。1944年6月，英美联军成功登陆诺曼底为反法西斯战争的胜利起了决定的作用。"诺曼底登陆"是一个寓意成功的词，有人认为诺曼底公寓是为了纪念诺曼底战役而建造而命名，这就有点想当然了。因为这栋楼建成时，"诺曼底战役"尚未开始。当然，诺曼底公寓是上海第一批最著名的现代化高层公寓。上海从1906年外滩竖起第一栋欧式建筑麦克波恩大楼，西方的建筑风格与理念就根本上改变了上海传统的建筑风貌。上海成了西方各种建筑流派争妍斗奇的舞台。而"诺曼底公寓"这艘来自西方的"登陆船"，无疑是独树一帜的。

拉斯洛－邬达克 Laszlo Hudec（1893-1958）

1893年邬达克出生在奥匈帝国兹沃伦州（Zolyom）首府拜斯泰采巴尼亚（Besztecebanya）一个建筑世家。21岁毕业于匈牙利皇家约瑟夫理工大学建筑系。1914年作为炮兵军官加入奥匈帝国军队，2年后当选为匈牙利皇家建筑学会会员，后在战场上被俄罗斯军队俘获送往西伯利亚始俘营。1918年，25岁的邬达克从战俘营流亡到上海。开始时他是在一家美国建筑事务所克利央行当助手。举目不识任何人亦无任何人识他就此在上海这样一个"英雄不问出处"的舞台上开始施展自己的专业才华，并且在当时上海建筑设计业内为自己赢得了阵阵喝彩。7年后，32岁的邬达克在上海建立了自己的建筑设计事务所。由他设计的上海国际饭店、大光明电影院等诸多老上海建筑使他声名鹊起，成为当时上海最活跃的建筑设计师之一。武康大楼就是邬达克1924年的设计作品。

二

　　上海法租界，在今天一些年轻人心目中可能是个时髦、洋气的地区名。可稍稍了解一些它的历史，就很难挥去自己民族积贫积弱时的屈辱感。据《上海法租界史》（梅朋、傅立德著）记载：租界是鸦片战争后外国列强在通商口岸辟外商居留地的基础上，侵夺中国政权体系之外的行政区划，有独立的管理机构，制定并实施租地、税收、司法、警务、城市管理等规章制度。武康大楼所在的法租界于1849年清朝时就成立了。开始时，它还属清政府的工部局管理。1862年法领事宣布独立管理租界。然后，经过三次扩张，法租界的面积从开始的986亩发展到1914年的15150亩，52年里增长了14.4倍。地域为今人民西路至斜桥，南从徐家汇路沿河至徐家汇桥，西起今华山路，北至今延安中路。他们在法租界设立了警署、监狱、军队，建医院、学校，建商务洋行、银行，发行货币，征收地捐、房捐，建筑商务楼所及侨民住宅。也就是说，当武康大楼动工时，法租界在上海已有70多年历史，已是一个有相当规模和成熟的行政区域。半殖民主义的掠夺性质和现代西方文化的引入就这样交织在一起，使得武康大楼从规划那刻起，就带有明显的租界特征。

　　据《上海法租界史》作者认定："武康大楼地处位置，恰是在法租界与公共租界的界线处，武康路这块三角地块原属于公共租界，是法商通过美商辗转购到这块地块。设定建筑居宅，再由法商投资。其建筑武康大楼的目的，表面是建筑宅居，解决增多的侨民包括法租界管理、官员的居住问题，而其向公共租界渗透、拓展的用意也是很明显的。这种功利目的，决定了这幢大楼的使命和使用限制，也影响到大楼的设计，以及竣工后的管理使用。"当时的租界，对外国人、侨民和华人有严格的区分。在法租界，连监狱也分为西人牢、华人牢；住宅入居也严加区分，法国人居宅一般不允许华人入居。所以，细细琢磨可以发现，整幢大楼的室内设计都是按西方高级白领的生活方式和功能需求来进行的。虽然房型有小、中、大不同类型，但每间房厨房、卫浴、热水汀一应齐全。最典型的就是每家门后过去都装有一个可折叠的烫衣板，以方便西装革履的职业经理人可以每天熨衣熨领带。即使在今天有了许多新式大楼，你仍会觉

住在武康大楼 / Living in I.S.S.Normandy Apartments

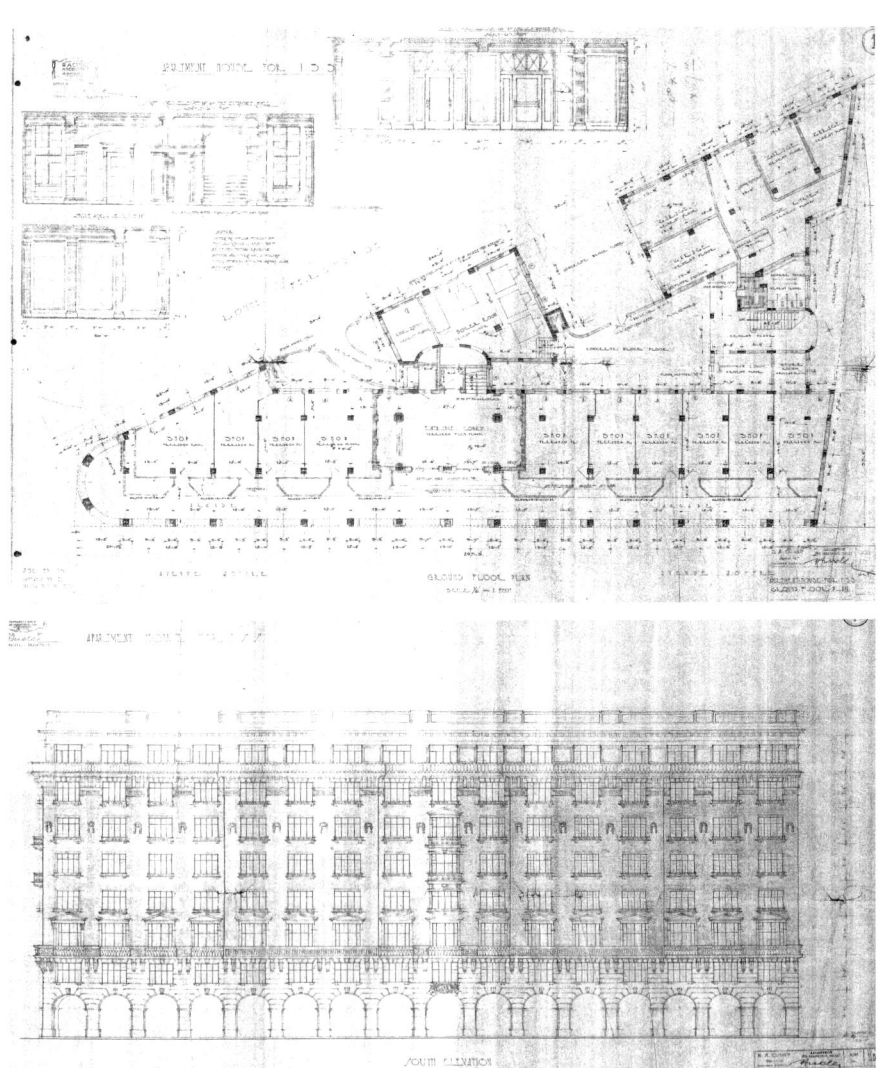

武康大楼是邬达克在上海开始他建筑设计师生涯的早期作品之一。上图是保存至今的武康大楼设计图纸。从图纸上可以看到非常欧化的设计风格和特点。充分利用了几条马路的自然交汇点的对角和平衡，设计出了一个标志性的欧式住宅大楼。成为淮海中路上最经典的海派建筑标志之一。

得这里的楼道特别宽敞、通透、光亮。尽管每一层都住着许多人家,但人与人之间总可以保持距离,有独立自由的行走空间。在一楼大厅,原有两个主电梯和一个楼梯入口。东侧,原来还有部保姆专用电梯,中华人民共和国成立后就封死了。当时,现代人文的理念和旧的等级观念就是这样融合在一幢大楼里。武康大楼是租界的产物,也是租界的缩影。近百年来,它经历了民国、汪伪、抗战、解放、"文革"、改革开放等大时代的风风雨雨,里面的住户就像轮船上的乘客,上上下下,来去匆匆。只有在主权回归、社会安定后,我们才可以心平气和地去欣赏建筑的美,探讨过往历史留给我们的财富。

三

武康大楼至今仍由三部分组成:老武康大楼位于淮海中路1836—1858号;新武康大楼位于淮海中路1828—1834号;而在其北侧,即武康路435号处,建有1400平方米的汽车库及辅层,为新老武康大楼共同使用(1949年后也改造成住房)。

据史料记载:老武康大楼占地1580平方米,建筑面积9275平方米,使用钢筋混凝土结构,八层公寓楼高30米;大楼坐北朝南,平面依楔状地形布置,楼身狭长;立面横三段式划分,基座为连续券廊,中部外墙间隔有突出的阳台作竖向构图,顶层有连通的挑出阳台,还有女儿墙,檐部以双重水平线脚勾腰;大楼底层设为商店,裙楼前部为拱廊通道;四至八层为居住层,设有北外廊;居室多为南向,户型组合灵活:有一室户、二室户、三室户、四室户等,共有居室68套(方志载63套似有误),附房30余间;垂直交通除步行便梯外,设有载客、载货电梯各一部。现在,人们把武康大楼也列为海派文化建筑的代表,不知这个概念是否确切?

研究上海建筑史的专家把海派建筑文化发展大体分为四个时期:

(1)移植期(1843—1900)。主流是殖民地"外廊式"建筑。

(2)成长期(1900—1925)。主流是19世纪末渐流行于欧洲的新古典主义建筑。

"武康大楼"的名字是1953年上海市人民政府接管时定的,可能与旁边路叫"武康路"有关吧。之前,它叫"诺曼底公寓",全称为"万国储蓄会诺曼底公寓"(I.S.S Nonmandy Apantments)。1924年,该楼由当时赫赫有名、财大气粗的万国储蓄会所属的"中国建业地产公司"投资兴建。旧上海许多西式楼盘或楼房,凡标有I.S.S者,都是这家公司的产业。

诺曼底公寓地处法租界,由租界所在的美商克利洋行(R.A.Curry)打样设计,法商华法公司(Remond et Cotter)承建,设计者是今天路人皆知的匈牙利建筑师邬达克。当时他只有三十来岁,尚未拥有自己的建筑事务所,受雇于克利洋行。他似乎对西方建筑中的古典折中风格有偏好,这或许与他的东欧情结有关,但他又要考虑法租界的地理环境和文化传统。诺曼底公寓是他在上海设计的几十栋建筑中的早期作品。

武康大楼位于淮海中路和武康路、兴国路交叉口,对面的是天平路和余庆路。站在天平路淮海中路路口看武康大楼很像一条船。

19

据史料记载：老武康大楼占地1580平方米，建筑面积9275 平方米，使用现代主义风格的钢筋混凝土结构，八层公寓楼标高30米，亦是对哥特式传统标高的突破；大楼坐北朝南，平面依楔状地形布置，楼身狭长；里面横三段式划分，基座为连续券廊，中部外墙间隔有突出的阳台作竖向构图，顶层有连通的挑出阳台，还有女儿墙勾腰，檐部以双重水平线脚；大楼底层设为商店，裙楼前部为拱廊通道；四至八层为居住层，设有北外廊；居室多为南向，户型组合灵活：有一室户、二室户、三室户、四室户等，共有居室68套，附房30余间；垂直交通徐步行便梯外，设有载客、载货电梯各一部。现在，人们把武康大楼也列为海派文化建筑的代表。

尤以20世纪初出现的英国爱德华巴洛克式风格为盛。（说法有争议）

（3）发展期(1925—1937)。这是上海近代经济发展鼎盛期，也是房地产业兴旺期。主流是现代主义风格的国际式建筑。已公布的上海市建筑保护单位中优秀的近代建筑，大多建于这个时期。

（4）停滞期（1937—1949）。此间有上海孤岛时期和抗日战争初一度复苏的背景与特点。由于人口剧增，主要是兴建里弄、公寓等住宅建筑。

按照这个分期，有专家认为："这个哥特式风格建筑同时表现有法国复兴式特征的武康大楼，因为处在上海城市建筑成长期向发展期交替发展的时空段，所以它不是移植期保守的，而是在设计之初及工程实施、建筑构建、装饰各个环节直到竣工，处处糅合现代主义风格的技术创意与新意。"

新武康大楼，即位于淮海中路1828—1834号的东美特公寓，由万国储蓄会于1930年建成。共五层，混合结构，建筑面积1700平方米。基本归于现代主义风格。老楼二、四楼有通道与新楼连接。

也有学者对武康大楼的设计理念提出了不同意见，如吴志杰《探讨诺曼底公寓的建筑设计理念》一文，对他人所理解的将诺曼底公寓归类为单纯的法国文艺复兴形式的建筑风格提出异议。他认为：诺曼底公寓的建筑设计意念属于多元化。其设计不单单采用法国文艺复兴风格，还融合多种建筑形式和其他不同建筑理念，他将其归类为邬达克独有的"邬达克式"。该文论证了四方面的内容：

（1）邬达克的家庭背景，尤其是作为营建商父亲对其的影响；

（2）满足业主（法商）要求和遵从法租界的建筑法规，形成以功能为导向的现代主义形式；

（3）地形和公共空间的关系以及坐落于一块锐角形地皮所采取的特殊设计方案；

（4）（所以）未能严格遵从文艺复兴形式的建筑理念。

这当然只是一家之言。邬达克可能有些设计上的变化，但将其称为"邬达克式"有点夸大了。因为据现住在武康大楼的俄裔美籍作家亚当先生说，同样形状的楼在纽约也有。当地人称它为"熨斗大楼"。后来我们发现，在伊斯坦布尔也有。

住在武康大楼 / Living in I.S.S.Normandy Apartments

1994年2月15日，武康大楼被上海市政府公布为市建筑保护单位。那时，距这艘巨轮"登陆"恰好70年。除了居住者，市民对这幢楼并没有什么印象。20世纪90年代，正是上海经济腾飞，土地再次开发，城市大变样的时代。此时，武康大楼旁立起了兴国大厦，西南方向1公里开外竖起了港汇恒隆广场。城市天际线重新改变，过去被称为"九层楼"的武康大楼从区域中最高楼变为矮楼。人们想到了对优秀历史建筑的保护。

四

1994年2月15日,武康大楼以优秀近代建筑,被上海市政府公布为市建筑保护单位。那时,距这艘巨轮"登陆"恰好70年。除了居住者,一般的公众对这幢楼并没有什么印象。20世纪90年代,正是上海经济腾飞,土地再次开发,城市大变样的时代。此时,武康大楼旁立起了兴国大厦,西南方向1公里开外竖起了港汇恒隆广场,天际线重新改变,过去被称为"九层楼"(实为八层)的武康大楼从区域中最高楼变为矮楼。人们在拆除大量旧建筑时,想到了对优秀历史建筑的保护。毕竟,这是城市历史的文脉,是现代建筑的典型,也是我们这座城市开放和多元的证明。这种意识的觉醒与同济大学院仪三、伍江等一批专家学者的长期呼吁和建议是分不开的。而这种保护意识的深入人心,则得之于2010年上海世博会前一次大规模地对上海优秀历史保护建筑的修葺。其中包括内部维修、外墙清洗、统一安装空调架等。最可贵的是当时提出了修旧如旧的思想。许多大楼洗去沉年积尘后,仿佛恢复了最初的面貌。武康大楼也是在那之后开始声名远扬,游客纷至沓来,报纸杂志上各种介绍文章也开始层出不穷。

如果你打开1924年的上海地图,会发现武康大楼所处的这一片土地当时是荒芜清冷的。除了对面一栋假三层的花园别墅(建于1920年,现为宋庆龄故居),武康路上有少许私人住宅,周边几乎没什么房子。近百年来,它是怎样发展起来的,武康大楼这艘登陆船泊在大上海后,是如何与这座东方都市融为一体的,人们更想知道其中的故事。

做这本口述史时,武康大楼里年纪最大的居民叫邵洛羊,浙江宁波人,2016年刚满100岁时过世。诺曼底公寓当年开工时,他只有7岁。若有儿时记忆,他可能还记得无轨电车从善钟路(今常熟路)哐当哐当驶来的声音,或者见过大楼拔地而起时的脚手架。他可能是诺曼底公寓"登陆"后,在那里居住时间最长的居民。他从小喜爱美术,1935年曾就读上海新华艺术专科学校国画系。那时,他们全家住在南市区的石库门房子里。1937年"七七事变",邵参加了学生界抗日救亡运动,后又在一

位同乡的介绍下加入中国共产党。据方志载,1949 年 5 月 25 日,国民党宪兵九团五连上尉连长王如黎等二百余者,于汾阳路 150 号白崇禧公馆起义,九团三连及交警总队数者参与。领事者乃田云樵、邵洛羊(时做中共地下党策反事)。

然后,据史料记载:上级派邵洛羊以中共党员的身份,在黎天才先生(原张学良秘书长)陪同下驱车直入国民党上海市政府,首次晤见秘书长茅以升(桥梁专家),向他说明党的政策,协商保护全市水电、公交的正常运行;保护档案等财产,静待人民政府的接管。而诺曼底公寓差不多在也是在那时候作为敌产被政府接管的。

所谓敌产,是因为 1945 年抗战已经结束,华人不得入居租界的条令已成废纸。法商破产,诺曼底公寓拍卖,孔祥熙的二女儿孔令伟将大楼买下,自己也住了进去,还在二楼建了花园、私人游泳池。于是,这幢楼的产权实际归入孔祥熙名下。据说 1948 年蒋经国来上海"打老虎",就居住在对面的中央信托局招待所(现为宋庆龄故居,一栋乳白色的花园洋房),观察孔祥熙一家的出入情况。而这栋洋房曾多次易主,原是来华经营内河航院的希腊籍船主鲍尔的别墅,后转给德国医生菲尔西里。1929 年又为工商界人士朱博泉购得。抗战胜利后,朱博泉被控有附逆之嫌疑,财产为国民政府没收。此房先由蒋纬国居住,后又为中央信托局招待所。1945 年抗战胜利后,宋庆龄因将莫利爱路(今香山路)29 号寓所移赠国民政府,以作孙中山纪念地之用,且暂居的寓所较为简陋,根据蒋介石手谕,国民政府行政院将此屋拨归宋庆龄使用,产权亦归其所有。1949 年宋庆龄从靖江路 45 号迁居此处,并在这里迎来了上海的解放。几乎所有被采访的武康大楼住户都会说起宋庆龄故居,他们在阳台或窗内可以看到对面的花园和花匠。当年毛泽东、周恩来来上海看望宋庆龄,淮海路晚上就会熄灯,汽车直接拐进大门。将近一百年过去,这一高一低两栋西式楼房,遥相呼应,见证了中国近代以来的风云变幻,诉说着大时代的许多常人不知的故事。

网易博客上有一篇写武康大楼的日志体文章,署名"岁月如驰"。作者用半文半

■"打老虎"是指 1948 年蒋经国奉蒋介石之命到上海整顿经济秩序。蒋经国从打击不法商人、资本家入手,并涉及腐败官员,但最终因"打老虎"牵连到"蒋、宋、孔、陈"四大家族而以失败告终。电影《建国大业》、电视剧《北平无战事》都有描述。

住在武康大楼 / Living in I.S.S.Normandy Apartments

■ 武康大楼局部

白的文字，惟妙惟肖地记录了武康大楼的旧事，并附有许多照片，想来一定也是久居楼内的住户。现摘几段如下，以对这幢楼有更多的了解：

"汽车间顶为一花园，园中花草如积，北侧设喷水池，故所谓屋顶花园者，沪上30年代既有之。20世纪60年代末抑70年代初，乃去其壤土，并起一小屋，以为车库采光、通气之用。"

"解放后至上世纪70年代，淮海中路为国宾道，固有国宾来，是楼住户自可临窗观之。1972年，美基辛格到户，时五楼有一太太，闻人呼：'来也！来也！'遂趋窗瞰睨，手中尚捉一奶瓶，不暇置之，讵料有人争睹，伏其背，瓶脱，坠楼下，幸未触人。旋缇骑至（皆衣便衣，究辖不已，盖太太年八十有余，手既僵，且慈颜可掬，不类阶级敌人，既有其后辈具保证书，事乃寝）。"

"'文革'初。此间则为贴大字报之所。时大字报弥楹，住户争阅之，楼中亦恒有红卫兵隳突叫号，蒋铁如（江苏籍，寓二楼，职市府参事）忧危积心，乃奋袂攘襟，捉笔书就《我的大字报》，躬悬诸是。痛斥其乱，辞旨慷慨。姚姚（音，其父为工商业者，寓七楼）亦尝悬报于是。盖其名有 '封资修'之嫌，故自易位'姚要武'，以示革命之志。奈楼中革命群众不允。骂曰：汝不过资产阶级孝子贤孙，岂欲于无产阶级斗狠哉？因命以"姚要改造"为名。姚气慑，受之。嗣凡悬报罪己，概署是名。"

"今入楼须蹑三级，首级（实为半级）者，乃'文革'时筑防空洞使然。时得'要准备打仗'之最高指示，即发是楼内廊地，深可一丈，寻工竣，则地高焉。彼二、三级者，20世纪50年代既如是。盖外高内低，故每遇大雨，大厅必遭淹浸，宛以半亩方塘，住户多恶之，惟孩童喜甚，赤足戏水，以为乐事。"

五

武康大楼最新的变化是周边的高架电线正被埋入地下，天际线变得更加清朗、开

■ 大隐书局

阔。武康路 475 号的汽车房及附房,正在进行大修葺,看看那些高耸的铁脚架在阳光下泽泽闪耀,会让人想起那楼建造时的雄心勃勃。今天,在世界上一些战乱地区和经济衰败国家,许多历史建筑不是遭到破坏就是年久失修,四处可见危墙破砖。相比之下,我们这代人总算幸运,几十年和平发展,可以有点自信和胸襟来保护来自其他文化的遗产了。

武康大楼的底楼,是骑楼样式,一个连着一个的拱形门洞中,看得见一家家不同店面。《青年报》记者王唯铭在一篇报道中写到,那是建筑设计师的一个独特思路:使用退缩式的手法,让门洞中的那条长廊兼作人行走道。近一个世纪来,这条走道上的商店最直观地反映着社会文化的变化。初建时,这里有面包房、西饼店、咖啡馆、洗染店、药店,最著名的就是那家紫罗兰理发店。据说,蒋经国也来这里理过发。那时,这些店主要服务于楼内高级白领的日常生活。当然,只要有钱,路人也能消费。

中华人民共和国成立后,一些店名改掉了。咖啡店、洗染店等相继消失,对面的一排二层红砖平房,开出了一些日用品商店,以满足楼内和周围一般工薪阶层的需求。至今仍能看到墙上未铲尽的字样,如"徐汇区第八粮油商店""XX 鞋店"等。

进入 20 世纪 90 年代,房产可以进入市场交易后,这里的商店就走马灯似地不断变化着。咖啡店换了好几家,现在的叫"老麦咖啡馆"。面包房成了西饼店。理发店未挂牌,但门口站着一位长得很帅的小伙子,他说:"我们是伊本美容美发店,是连锁的"。记得刚刚改革开放时,这里叫"红玫瑰理发店",是国营的,档次很高,理发的师傅都是头发梳得油光闪亮,十分整洁。除了这几家延续了大楼最初的服务功能,其他如"床上用品店""老家具店"似都是这几年新开的。大楼锐角处是面向六条马路的最佳位置,被中国银行门市部拿下了,与对面的工商银行形成两翼,可见金融业的独占鳌头。而长廊东头新开了一家"大隐书店",风格简约,意味"大隐隐于市"吧,既卖书,也喝茶,伴有小型会议室。虽价格不菲,总算为武康大楼增添了一些书卷气。再朝前走几步,还可看见一家已关闭的门店,褐色的横匾上写着"霞飞阁",说明这家店主知道一些这里的历史。霞飞路之前叫宝昌路,法租界拓展后,1915 年更用此名。霞飞是第二次世界大战时一位法国名将的名字。当时,这里均为泥石路面,后来又铺

■ 老麦咖啡馆

设块石。1902年起,马路两旁引进法国悬铃木树作为行道树,上海人习称"法国梧桐"。1908年,开始行驶2路有轨电车,这路电车通行了整整60年到1968年才停驶。20年代,霞飞路改建为柏油路面。如果像欧洲许多城市一样,能把这符合现代环保理念的交通工具保留到今天,它就会成为比武康大楼更加悠久的城市历史遗产了。想象一下,站在武康大楼的阳台上,看有着100多年历史的有轨电车缓缓驶过,会产生多少历史的遐想。可惜,人们对一座城市保留什么? 拆除什么? 建设什么? 并不都是有远见的。∎

(以上历史资料除署名外,根据网上所查汇集整理)

记者在现场拍摄

他们的集体记忆

陈保平

武康大楼现有居民143户。其中主楼96户,新楼9户,辅楼汽车间改造的38户。老住户大都是20世纪五六十年代由政府分配入住的;也有一部分是"文革"动荡时各种原因入住的;改革开放后,房产进入交易市场,一部分老住户买下了原来的住房(如王文娟、周炳揆、王勇、秦忠明等),也有不少是后来买下搬进来的(如刘瑞璐等),还有一些当年警备区分配的住户(如许宝英、童荣生等),部队规定不能买卖,所以至今交付低廉的租金;另外就是有些业主把房子出租给外来租客(如张霞等)。

从职业情况看,当时的老住户大致可分为四类:一是警备区的军队干部和政府部门的官员,二是文化界的人士,三是工商业者,四是住在汽车间的普通劳动者。房屋可以买卖后,新进住户的职业就比原来要复杂些,但就其经济地位来看,大都是中产阶层或以上吧。而居住者的文化程度从1949年以来到现在,大抵保持着一半以上是大学毕业。我们是在做了一定的案头工作后,请湖南街道组织召开了一个近三十人的武康大楼居民座谈会。从中选择了不同年代入住、不同房产性质、不同职业、不同年龄的十几位有代表性的居住者,还有两位访谈者是与大楼有密切关系的居委会书记柏祖芳、大楼物业经理杨继强。

武康大楼产权的变化,最能反映出时代的变迁。这幢楼最初属于法租界的一家私营公司。抗战胜利后,租界取消,原为日本公司所有房地产,均收为国民政府所有。一些未经处理的的产业移交中央信托局继续处理。武康大楼当时就属这类未了产权。后来据说孔祥熙和他女儿孔令伟买下该楼。但孔家的财富积累一直受到外界质疑。1948年蒋经国来上海"打老虎",就把孔家作为重点监视对象。1949年上海解放,人民政府把这幢楼作为敌产没收,划拨给徐汇区房管局管理。除部分解放前留住工商业主的房子保持不变,大部分房子都由政府部门分给南下干部、部队家属、文化界人士。这一方面与这一区域文化单位较集中有关(如音乐学院、交响乐团、电影公司等),

本书作者在采访过程中和武康大楼里的居住者一起交谈

另一方面反映出刚解放时党对文化界人士的重视。

在20世纪90年代之前,这里的居民都向房管局交房租,根据面积大小,几元、十几元不等。之后,大多数居住者都先后买下了住房。早一点买的几十万元,稍后些也不过一两百万,现在都翻了十几倍。(如今物业费每平方米四元)口述者中许宝英、童荣生家因部队规定不能买,她们至今付着几十元的月租。但许宝英对同为部队的一位上级买下了武康大楼的住房甚为不解。刘瑞璐夫妇是2006年通过广告从中介公司买下这套房。这个时候,一些已买下产权的老住户出于两代人分居更合适、或觉得新建房设施较完备、差价更合算等原因,把房卖掉的多了起来。也有一些像王文娟老师那样,房子出租,自己去女儿那住了。总之,住宅市场化后,武康大楼自建成以来,第一次发生了个人拥有产权的情况。租赁者身份相对整齐,上海人户籍居多的状况开始改变,许多外地人、外国人相继住进武康大楼。它也是中国社会急剧变化和流动性的反映。可以预见,不久的将来,武康大楼的住户会越来越年轻化,文化也会更具多样性。上海这个移民城市就是这样在原住民和外来者、在传统和现代的碰撞中激发活力。

从每个人的口述来看,大抵是围绕自家在这幢楼的个人生命史展开的。但每人情况不同,有的脉络清楚,叙述详尽,有的则据问而答,略有保留。但即使如此,我们仍能通过他们的叙述,看到大历史在这幢楼里留下的印记:孔祥熙的财产、蒋经国的"打老虎"、宋庆龄的来客、周恩来与大楼内文艺界人士的呼应、江青突然造访郑君里家、张春桥妻女的仓皇出逃……当然,还有像沈仲章这样冒着生命危险偷运"居延汉简",为中国文化作出过重大贡献的人,曾长期住在这里。如果武康大楼缺失这些风云人物,没有居住者耳闻目睹的这些故事,仅仅作为一个建筑典范,居住者的口述价值就会减弱许多。

相对个人的述说,我们更看重他们集体的记忆。有些事被述说者重复提到,说明大家印象深刻。更多的事虽然从不同的个人叙述出发,但彼此的感受相同。如对20世纪五六十年代至"文革"前的那个年代,大家的总体感受还是正面的。对新社会有着热情和期待,工作上普遍爱岗敬业,像那位被居民赞誉的管理员"老叶"、护士长许宝英等,都是上海职业素养的代表。人与人之间关系也比较简单、平等。主楼与汽车间的孩子一起读书、一起玩,并无阶层的隔阂。偶尔有贫困和饥饿的记忆,如"孩子对饼干的渴望""阳台上养鸡取蛋"等,但那时并无精神上的恐惧、压抑、茫然。大家对党和政府的信任度高,遇到一些困难也会想是暂时的,大家相信未来是美好的。紧接着就是"文革"的开始。由于这幢楼许多居住者身份的原因,这里成了重灾区。除少数几家部队家庭未受冲击,许多人都成了"革命对象",这也是访谈时口述者共同的记忆。每个人说起自家的经历宛如就在昨日。90多岁的王文娟,好些事情记不清楚了,但说起红卫兵一次次敲门时母亲的恐惧、孩子的惊吓;孙道临对着红卫兵读

本书的作者在采访过程中和武康大楼里的居住者一起交谈

检查的场景,仍然嗓门响亮,情绪激动。好几位口述者当年都是孩子(如林江鸣、周炳揆),他们亲历的故事过去了几十年,说起来还是声情并茂。对自己年幼时的无知、盲从现在也可以用自嘲的方式来对待了。

关于这幢楼文革中自杀的人数,每个人的回忆不太一样,但"跳水台"这个地标是他们集体的记忆。

从改革开放始至今的这段回忆还是最清晰的。湖南街区、武康路、武康大楼的变化,大家身临其境,常有日新月异之感。从个人生活而言,都是这个时代的受益者。

有的人获得多一点，感受强烈些，有的人获得少一些，感受就弱一点。但即使像汽车间的住户，也有不少已在外面购置了新房。劳动可致富，在周炳燊的叙述中有生动案例：他当年一位同学家里穷，为帮母亲氽油墩子，经常逃课。后来做个体户，摆鱼摊，结果最早在浦东买了房。而另一面呢，随着人们物质生活的改变，对物质和金钱愈加看重，人情似变淡漠了。口述者唐桂林反复讲到的邻里情，似乎在人们普遍贫穷、把物看淡的时候才会有。而"文革"中抢房、占房恰恰说明，"灵魂深处闹革命""狠斗私字一闪念"是多么虚幻的现实。

显然，住在这里的是一群文明素养较高的居民，从他们的谈吐中可以发现，他们对这个急剧变化的社会也是有批评的。比如对法治不全、权力过于任性、职业素养下降等，但他们的态度是善意的、平和的。他们有自己的"在地意识"，不只是对居住地怀有感情，更有对居住地价值的认知。作为生命共同体，他们也有很强的参与公共事务、维护有序公共空间的责任感。这从几位担任过楼道组长，热心公益活动的口述者身上可以看到。居委会书记柏祖芳也详尽介绍了居民参与社区自治的方式。我们可以发现，在一个居民整体文明素养较高的环境里，民主的推行还是有效的。他们不久前建立的"老洋房新生活"平台就是一个成功的案例。

作为保护建筑，武康大楼的老居民也有担心，那些新搬进来的业主，他们会爱惜和保护老房子吗？他们会不会只看重这里的名声或地价？所谓保护建筑，最主要的保护者是两个：一个是政府（当然是依靠专家的政府），一个就是住在里面的居民。无论是外墙面的修葺，还是内部装修，都不能过于随意、粗鲁。就像童荣生教授在访谈中也讲到的：要建立一套制度，这幢房子什么可动，什么不可动；什么可以更新，什么就是要保持原状，操作应有程序、要有合法的部门审核批准。这才是武康大楼未来的百年大计，也是新一代居住者应去承担的责任。■

黄淑芳肖像

1 黄淑芳

1926 年出生
退休大学教师
淮海中路 1834 号,1950 年入住

访谈者:吕正

那时候周恩来和郑君里很熟,所以每次(去宋庆龄那)都会朝(武康大楼)上面看,我们都看得很清楚,他们都会招手。

问：我们想让您聊聊你刚刚住进来，现在和以前的变化。

答：我老伴四七年到上海，是电力公司招工，考取了来工作，设计工程师。老伴给一个同乡的老板做家庭教师，给了住所。五〇年二六轰炸，我老伴在锅炉间实习，我老伴很幸运躲过了，就过了一条马路。写信给市里，陈毅市长知道了，布置到房管系统，就给了我们这个住处。是特批的。

问：你第一次来这边是什么样的感觉？

答：看到的时候，那边是外国人，这边是外国人，我们就经常看到外国的小孩，这边呢，宋庆龄故居那时候还没有开，就看到西班牙的外国人。我们这边是差一点，我们忙于工作，后来我毕业了也来了。我四九年厦门大学毕业。

问：你是哪里人？

答：是福建莆田人。（丈夫）他是电机，我是数理毕业（都是厦门大学）。我到这边来以后，有小孩了，怀孕了，后来人家介绍我去工作，那么就一直住在这里。那个时候，看见那边大楼，他们结构什么都比较好，我们这边很简陋，管理的人在这里，就临时挡成了几间，我们没怎么改造。我们刚来的时候，那个电梯还是限制的，就是二楼以下的人不能坐，三楼以上的人才能坐电梯，反正那时候我们年纪轻刚刚来工作无所谓。新楼也有一个小电梯，老楼那边一个大电梯。最初的武康路，很小很挤的，那时我们还不知道武康路这么名贵，现在说是很多名人的住所咯，会走去看看，以前没什么印象。

问：你在哪个学校任教？

答：刚开始是助教，后来慢慢升了讲师，我是副教授退的。

■二六轰炸，是指1950年2月6日国民党台湾空军对上海发动的空袭行动，轰炸十分猛烈，一度使夜上海陷入"一片黑暗"。

问：您在哪个大学？

答：我在华东师大待过 13 年，后来电力学院因为要办大专，就去华东师大要人支援，那时候六五年我是讲师，我就从华东师大，被派到电力学院，从中专改大专，后来变成电力学院，我就工作到 65 岁退休。算工作了 40 年。

问：所以您大概是 90 年代后在武康大楼里待的时间比较多了？

答：90 年代开始我退休，九〇年退休，家里有人到国外去了，去看他们，后来就基本在这个大楼。

问：有时间在这座大楼和周边走一走吗？

答：就在这个附近走走，变化很大，从前几年装修看，说武康大楼是保护的情况，那时候装修就比较考究，本来那边的阳台破破烂烂的，我们这边新楼的阳台，底下不住人的，我来的时候，正好黄宗英在这里住一段时间，我们来了她搬到上面去了，我来的时候她还有点旧东西在这里。旧东西就是保姆的了，保姆来带点东西带到楼上去，黄宗英本来住这里，看到楼上好了，就搬到楼上。我们来的时候，她正好搬上去，我都碰到好多次。

问：邻居之间接触多吗？

答：没什么接触，我们经常看到她，后来黄宗英搬走，郑君里住那里，住到"文革"的时候，没有了。他们夫妻，还有小孩，和我的儿子是同学，郑君里的儿子郑大里，"文革"的时候蛮艰苦的，小学和我儿子是同学，世界小学，后来高中到大学不知道怎么样。

问：就是说在大楼里进进出出还是看到很多人的？还有谁呢？

答：看到很多人，看到王人艺（王人美），这个上面是王人艺家里，我曾经看到

■ 黄宗英是著名演员赵丹先生的夫人。

过。还看到过周旋，看到过她一面，她来上面，那边老楼，一个一直演老太太的演员吴茵，他们的小孩和我儿子也是一个小学的。反正这里都是演员名人不少。还有孙道临和王文娟，他们是晚班进来的。小孩每天都在外面一起玩，玩抓人啊什么的。

黄女：妈妈没有讲我们怎么搬进来的，前两年她还告诉我们呢，我父亲是在四七年来的，住在同乡家里的，然后到了上海解放的时候，"一·二八轰炸"杨浦发电厂，他们作为年轻的工程师是急需的人才，因为"一·二八轰炸"，上海一片漆黑，一定要他们这种工程师。后来妈妈来了，他们没办法住人家家，有一点点金子，一点点钱，在虹口订了一个房子，写信去申请，那时候是陈毅市长，他是经管会，那时很关心的，陈毅亲笔批下来了。搬来的时候，推了两个小车子，没有什么东西的。因为这个房子呢，是孔祥熙孔二小姐的房子（我们新楼），就收为国家的了，所以他们进来的时候定金也不要。这一点啊，我们很感谢政府，不然都不知道到哪里租房子，后来花了一点点钱买到了这个房子。我们这里只有120几平方米，九几年的时候，几万块就买了这个房子。现在我们老头子（老伴）经常念叨这个事情。

问：你们从五〇年开始住到现在为止，那么漫长的时间，肯定会有很多变化，比如房子的外观，里面的人……

黄女：很多扫地出门的人，老楼的多，因为我们这边没什么资本家，那边资本家多。"文革"的时候，经过审查什么的，我们也没什么，没受过什么迫害。老楼七楼姓姚的俩兄弟，是资本家，抄家抄得受不了了，那家的妈妈要自杀，他们的小孩比我们小点，那个女的受不了了，她吊在那里，我们都看到的，还好儿子冲进来，妈妈手没有放。跳楼的也有，忘记是谁了。七楼的基本上都搬掉了。我印象最深刻是郑君里家，因为我们这里晓得什么人都可以来抄家，社会上的什么人都可以来抄家。我儿子和郑大里碰头，大概2012年、2011年的时候。郑大里非常惨，他的父母马上关起来，好像就没有再出来过，他有一个姐姐一直在这帮忙，不知道为什么，郑大里没地方去了，后来不知道靠什么关系，就去福建了，就惨到这样一个地步。他等于就一下失踪了，他高中是上海中学，我记得他是南模后来去上海中学，我们是去位育，叫五十一中学。武康路有各式各样小摊头,都是烟纸店,感觉特别窄,搭在人行道上面,我们吃好饭也出去走走。现在报纸上看到一些消息我会出去看看,以前根本没有出去看。以前这边是解放军的军营,能看到他们出操。以前刚刚来的时候,在师大开大课,很忙,早上很早就走了,物理化学的课都是两三百个人,我要上数学基础课微积分,一个星期三次大班课,然后分小班辅导,很忙的,我根本不大去看。那时,周恩来总是来的,去宋庆龄家,那时候周恩来是总理嘛,欢迎外宾的,我们一直是看到的。"文革"之前大家都看的,一点没什么,什么元首都看的,莫妮卡公主和西哈努克亲王一天到晚来的,看都不要看了,他们总是开到宋庆龄家去的。那时候宋庆龄家的保卫科科长是住在2楼的,201,现在也不知道到哪去了。好像保卫科是在里面工作的,具体的我们也搞不清。

那个时候周恩来和郑君里很熟的,所以每次他都会朝上面看的,我们都看得很清楚,他们都会招手,他们很熟很熟的。结果最后一次,我记得是六六年,他们已经抄家被抓进去了。那时候文艺界的,知道江青底细的人都……(王盘声)他天天唱得很热闹。

问:他是在练嗓吗?

答:主要不是他在练,是他的学生,还有他的大女儿,晚上很热闹,唱得热火朝天。最后一次六六年,周总理往上面看的时候,他们已经没了。所以这些情况呢,小孩可能更清楚,我们天天在外面上班。这里有小孩的学习小组,小孩就在后面这地方做功课,我们都上班没人。

黄女:对过后来是海军大院,里面我们也有同学的,后面一大片地,我们种向日葵的,宋庆龄故居旁边,都看得到宋庆龄里面的围墙。"文革"就不一样了,工宣队要来我家住的,我那时在厂里事情做完要睡觉,他们一定要来,只好起来,他们一定要派两个人看着,工人家庭他不看的,我们是知识分子他要看着。再后来军人就进来了,他们都走了以后嘛就是上海警备区的人进来,都是他们出去后进来的。现在只有王人艺他们家,还有王勇自己住在那里。孙道临去世了我也不知道了,妈妈说是租给别人家了。那时"文革"后,是房管所的所长自己搬进来。我们隔壁两家就换了。后来好多好多军人进来了,原来那种资本家都已经全部出去了。8室调过好多人了,也搞不清楚了。

现在很多同学还记得,当时学习小组开在我们家,在我们家做功课,老师还会来查,三个人,后来小麦他们也来,所以他们小孩更清楚。

六楼嘛,现在还有我同学,601,她老公是我小学的同学。

问:这个房里也有工人住的吗?

答:工人不大一家人住的,原来是一个独户嘛,后来一家被造反派赶出去了,就有人住进来,一家分为两三家住。一般是资方的被打倒了,工人住进来。"文革"以前工人不大有的。

以前这块街区生活很方便,现在反而……我们普通老百姓需要的倒少了。当时武康路一条路上衣食住行都很全。

黄女:1984年出去前还是什么都有的。以前三年自然灾害时,我们四个小孩每周带一个小孩去店里吃点东西补一补,吃中餐,可以吃一点肉,我们算条件好的了,还有钞票去补。

九九年我们回来的时候,下面一塌糊涂,黄鱼摊……那时候没人管,这么好的大楼,楼下都是卖黄鱼卖什么脏得不得了,像自由市场一样。2001年回来好了。那时候觉得很可惜的是,这边梧桐树都砍掉了,好像因为扩路,汽车变成四根道,原来只有两根道,老早我们都骑脚踏车的。

以前下面都乱得很,楼下乱七八糟什么店都有,空调一会这里装一个,一会那里装一个,热气上来,上面弄得一塌糊涂,窗都不能开。那时候我们还没装空调,我们到八几年之后才装。后来写信给区长,那个区长真负责,他刚刚做区长,收到信马上派人来,看到不合理就把它拆掉。现在空调放在哪都规定好的。

问:原来武康大楼下面有个紫罗兰美发厅,你们在里面看到过什么人?

黄女：我们自己也去的。

我结婚的时候就是去那里。但我们那时并不会去剪很多，因为我们都是互相剪比较多。我回来后，我先生很喜欢到那里去剪，很可惜现在没有了。我们九几年回来它还在，到哪一年没有了也记不清了。妈妈刚开始不大烫头发，后来在紫罗兰烫头发，时间很长，我们就下去玩，还记得看她烫头发，那电线圈卷着。

那时候，从我们楼下一直到兴国路，一路都有卖东西的，很多小摊头。但弄得特别嘈杂，卫生条件和味道受不了。我 2001 年回来的时候就不一样了，觉得这个地方是我认识的上海，别的地方就不认识了。原来的楼梯窄窄的不好走，现在改成了有斜坡的，无障碍的楼梯。现在很干净了，我们九九年第一次回来，底下又臭很乱。应该 2000 年开始整顿的。

武康大楼里住的并不都是上海本地人，很多外来的人，有湖南人、南京人。

刚来的时候很多邻居不大看得到，交往不多，交往比较多的都是后面来的。刚来的是也不会讲上海话。

原来大家都说都认识黄老师，以前早上八点半在下面领操，练功十八法。做了大概有十年了。

那时候和邻居课本调来调去，那时候有人气。现在大家年龄大了就不一样了，当时小孩子大家都差不多。∎

采访后记：

黄淑芳夫妇是 1949 年前毕业的老大学生。1950 年就搬进来了，是访谈者中最早住进这幢楼的。我查看户籍档案，他们是与赵丹一家同一年搬进来的。他们见证了这幢楼解放前后住户的变迁：许多外国人走了，中国人进来了；见证了新中国政府对知识分子的重视。她丈夫就是在"一・二八"杨浦发电厂被炸以后，护厂有功，写信给陈毅市长要房，当即就批了。她是口述者中与文化名人相处最多的一位。黄宗英（赵丹）一家、郑君里、黄晨一家、孙道临、王文娟一家，还有周璇、王人艺、王盘升、吴茵她都见过。她也见证了"文革"中这幢楼许多家庭的悲剧。当然，她更看到改革开放四十年来这幢楼和武康路一草一木、一店一铺是怎样一点点发生巨大变化的。她以一个普通的历史老人看待周围近百年历史的演变，不溢美、不愤慨，总体是客观的。

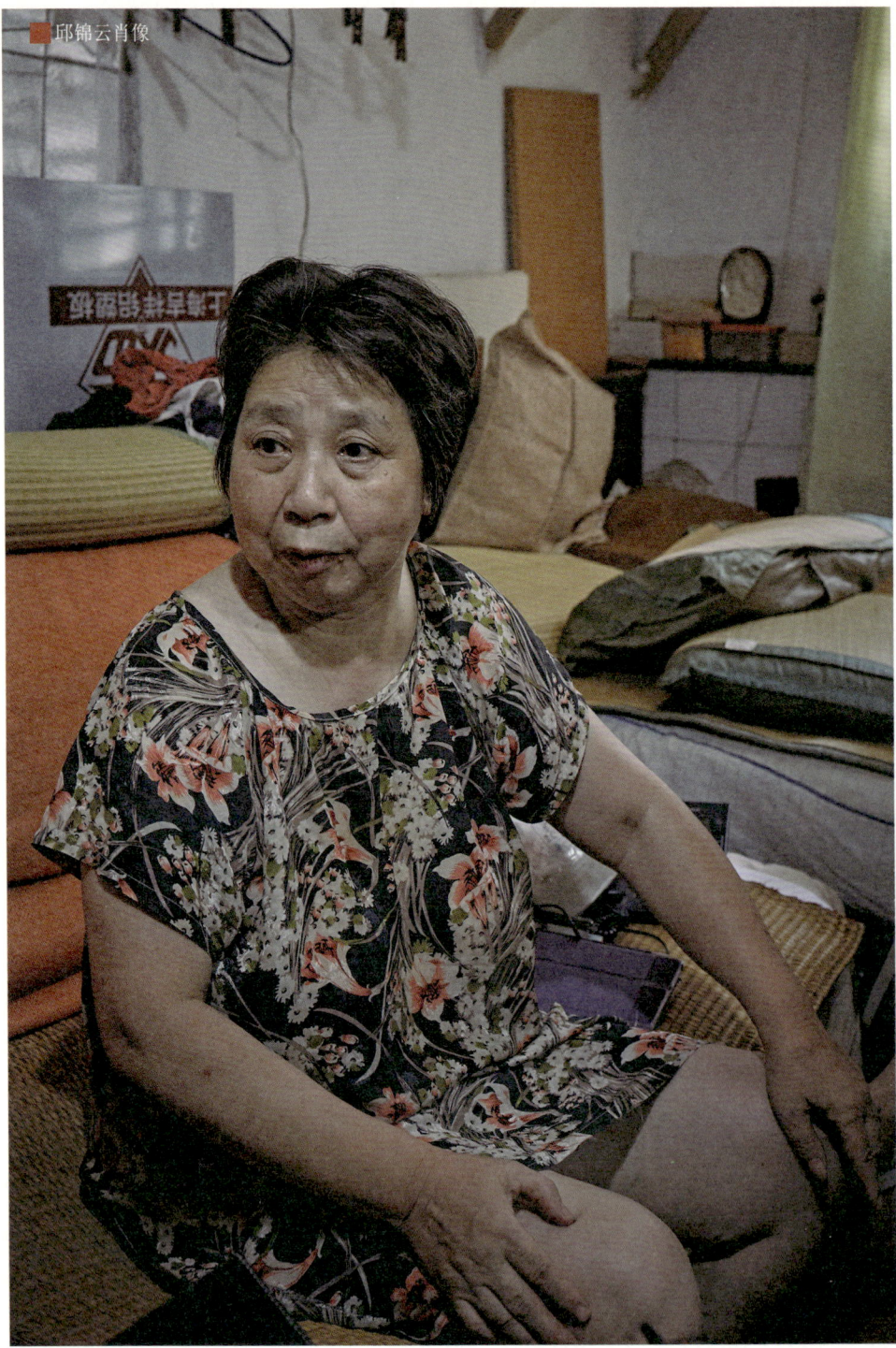
邱锦云肖像

2 邱锦云

1952 年出生
退休职工
武康路 435 号，1952 年入住

访谈者：陈保平

"文化大革命"后，楼上为什么会搭了这么多呢，楼上全部都隔起来了，走廊就很窄了，下面也是的，大家也是用一半的墙隔开的，三楼呢，一间间的小间大概有七八间。

问：请介绍下汽车间概况。

答：我们这里最早的汽车间有两间房间，一间房间停一部汽车，这外面也没有搭出来什么。二层楼的车是从斜坡上去的，上去以后就可以开到汽车间里了。这个汽车间很大，这后面还有像这样的一半，一直通到淮海路，就是部队的紫罗兰理发店，直接通到那个淮海路上的门店。我们在这里住了六十多年了，一开始的时候是住在楼上的，那时候要上山下乡，我们要搬到乡下去，所以我们就换到下面来了，放放东西，换到这里面，后来又换出来了。这里面两面都是跑道，三楼是书记的宿舍。这里哦，别看这房子蹩脚，但是每间房间里都有个自来水龙头，是用来洗汽车的。后来中华人民共和国成立后，这个汽车间里面这一半就租给别人了，我们这里就成了住人的地方了，以前这下面不住人的，三楼才是宿舍。这地方就越来越杂，里面就租给了"上海市文物馆"，里面就放文物，那种尸体什么的。你别看里面小，放在里面倒不会腐烂，里面也是这样大小的房间。

问：博物馆怎么会放尸体呢？

答：就是僵尸，就是古人的尸体。我们小时候也经常看到他们"乒乒乓乓"搬进搬出的。中华人民共和国成立后，大概五几年开始，大家陆陆续续地住进来了。

问：你们是什么时候搬进来的？

答：我是五二年在这里出生的，属龙，所以我们大概是五零年搬进来的，我们最早的房子是在上海新村，后来又搬到这里的。我哥哥四九年生的，我哥哥出生以后才搬到这里的。后来陆陆续续，住户就多了。住了人家以后，刚开始的时候我们楼下居住环境还蛮好的，外面也没有搭出来什么，大家也不搭灶头间的，就在外面生炉子烧饭，后来为什么又要搭灶头间呢？因为煤气公司来装煤气了，煤气只能装在室外，不能装在室内，大家都要装在窗口那儿，既然煤气在外面，那烧饭也只能在外面了。一方面要预防火灾，另一方面东西可能会被人家偷掉。大家都是一间一间砌好的，比方说在这儿砌一点砖头，大家就能隔一隔，就是砌一半的墙，"文革"以后，楼上为什么会搭了这么多呢，楼上通通全部都隔起来了，走廊就很窄了。下面也是的，大家也是用一半的墙隔开的，就是刚刚开始弄的那样。三楼呢，一间间的小间大概有七八间，1号到10号有十间小间，以前也是出租的，后来分配掉了。

问：你们的房子是单位里给你们的，还是你们自己……？

答：我们的房子不是单位的，是房管所的。我们以前是住在上海新村的，房子老好的，（是房管所跟它换的），后来解放了，说这个房子是敌产，国家要收回什么的，所以不知道我父母是怎么找的房管所，后来就住到这里了，住在这里以后的前几年，我们也只是在这里摆摆东西。以前不是有那种动员回乡吗？我们亚书记（音）也蛮好的，就叫我妈带着我们下乡去了，我们就借了个房间放放东西。后来五七年那里刮台风，房子坍塌了，就是被龙卷风卷走了，我们只好回上海了，就从里面一间又换到外面一间，本来我们有两间。

问：当时，你们几个人住在这里？

答：我们最早是六个人，四个小孩再加爸爸妈妈，"文革"的时候，因为我们是男长女多嘛，要求了以后，房管所就分给我们一套，就是现在老马（音）住的一间，在25号里面，住了两年被小偷偷过一趟，一个是不太方便，另一个呢，我们旁边以前是永丰，卖肉的，永丰里有个做会计的，他们也想和我们换，他们说，你们两间在一起呢，方便点，所以我们就换了，从25号再换到隔壁3号4号，换好以后，九几年不是单位分房吗？我们单位就分配给我们这个房子，但是要交掉一间，抵数，所以我弟弟就把4号交掉了，现在就剩下了这里一间。

问：这里有多少平方（米）？

答：这里14个平方（米）。当时六个人就住在14个平方（米）里。现在我们也很困难的，我哥哥还在外面借房子呢，我哥家三个人，他女儿在部队，他们夫妻二人加上我和我老公、女儿，我们本身都住在这里的，后来没办法只能都在外面借房子了。

这里的每家人家房子都蛮小的，家家人均都不超过5个平方（米），因为14个平方（米）除以三，只要家里有三个人，就肯定……（因为平均一间就只有14平方（米），当时汽车间的面积就这点）都蛮小的。

问：你们这栋楼叫武康大楼辅楼，那么和主楼有什么来往吗？

答：和主楼没什么关系，就是上面有一个大楼花园是通到武康大楼的，我们这里的三楼有个小窗口，窗口外面是一个很大的花园，直接可以通到武康大楼的。

问：那么你们小时候都上去玩儿吗？

答：去玩啊，大家都上去玩的。

问：那么那个时候玩的话和主楼的人一起吗？

答：我们有联系的，完全有联系的。那个时候大家一起玩，虽然我们这里是汽车间，但这里的小孩都蛮有出息的，大家都跑来跑去一起玩的。而且这里可以从武康大楼之间通过来，不只是我们汽车间的人知道，其他上海人都知道的。

"四人帮"问题一出来，张春桥被捉起来了，他在北京肯定被控制起来了，他老婆和女儿全都在上海，就是康平路100号，结果后来他们知道了以后就往我们这里逃。就是"四人帮"粉碎的时候。大家都知道的。他们就从康定路，穿过宋庆龄故居的那个弄堂，穿到武康大楼，到武康大楼么，有人开始捉了，全是红卫兵。全都轰起来了，他们逃不出去了，就从大楼花园逃过来，到我们这里的三楼，就敲人家窗要爬进来。当时楼上的人又不知道那是张春桥的女儿咯，看到他们那么着急，那么苦恼就让他们进来了，进来以后，结果往楼下一看，不得了，下面全被红卫兵包围了，武康路淮海路都包围了。后来晚上七八点钟，红卫兵小将去吃晚饭了，他们才偷偷摸摸从三楼逃出来。老百姓也不知道其中的故事。但是因为我以前也是南洋模范中学毕业的，我们学校也都是高干子弟，都是同学，都认识的，知道了张春桥的女儿逃到那上面去了，就说明这房子啊，市政府都晓得的。

问：也就是说你们小时候，住在辅楼的小朋友和主楼的小朋友还是有交流的。
答：有交流的，一直在一起玩的。主楼的小朋友，比如唱沪剧的王盘声的女儿和我们从小就是同学。

问：那你们去他们主楼玩吗？
答：去玩的。他们就喜欢到我们汽车间来，因为我们外面地方很大，可以摆十几桌酒席，以前我们结婚办酒席都是在这里，就是那种圆桌。

问：所以当时大家关系还是可以的。
答：可以的。以前大家都连在一起的，所以大家都一起玩的。现在好像分的蛮多的，就是洋房和汽车间，以前没觉得洋房和汽车间怎么样，都觉得汽车间也蛮好的，都过来玩。老房子的经历就这样。实际上我们和隔壁100弄，对面400弄都一起玩的，大楼那边的就更不要说了。

采访后记：
邱锦云60多岁，说话声音很响。她原来不在我们的访谈对象中，是去采访唐桂林家出来，想看一下一楼的房屋，正好遇见她，她就把我们请到屋里聊了一会，怕影响周围邻居，我们没用摄像机，就用微型录音机做了采访。

她给我们留下最深印象是，那时候住在汽车间的孩子与新、老大楼的孩子是一起上学，一起玩，没有什么隔阂，大家是平等的。虽然家庭境遇还是有差异，但观念上"人生而平等"好像是天然的。这可能与当时工人、农民普通劳动者社会地位较高，教育上强调干部、知识分子与人民群众打成一片有关。这种政治上、经济上、人格上的平等，应该是马克思经典社会主义的重要理念。可惜进了市场化以后，随着权力的任性、贫富差距的拉大，平等观念和日常生活中的平等相处似有一些被削弱。

林江鸿肖像

3 林江鸿

1954 年出生
上海市住房保障和房屋管理局职员
淮海中路 1850 号,1954 年入住

访谈者:陈保平

我们小时候没有这个阶层意识,没有什么你高我低的,现在人好像动不动就来这个,或者是你爹怎么样了,你家多少钱,过去没人搞这个,就是觉得好交,就可以在一块玩。

■307 室窗台

林：我对这个楼的了解呢，有一部分是通过看档案，还有就是听过去的老人的叙述，再加上现在媒体网络都非常发达，我可以看看。

问：档案主要指的是档案局查找？

答：对，房管局有档案，它自身就有档案。很多的，比如这个楼什么时候接收的，当中经过几次修缮，住户的搬迁和变异它都会有所记录，然后它有一个名目在。这个楼呢，是1924年开始建，1925年竣工的。

问：一年就建好了？

答：嗯，一年。这个有人说它是三○年，1930年竣工，这个说法实际上是不存在的，因为有档案可以看。

问：怎么能够按照我们一般的想象，像这样一个规模的楼，一年就能建成吗？速度很快。

答：它就是一年。有的你很难想象，像淮海路1800号，大楼3月打桩，9月竣工。1800号就是原来（解放军）七连住的楼。这个楼它就是6个月建成，1933年3月开工，9月竣工。

问：这个房子比那个规模要小啊。

答：对，小很多，但不管，它就是那么快，因为你现在讲历史的话，没有凭证，只能靠档案。

问：对，档案是可靠的。

答：我是1954年搬到这来。

问：1954年？那快六十多年了。

答：对，那时候我非常小。解放以前网上有很多说法，说住过什么住过什么，你要有信史你要有档案，很多都是有好事者这么说，不是很确切，但是这个楼，确实是住过孔祥熙的小女孩（女儿），这肯定是住过的，在抗战以后。

问：有记载吗？

答：不是，是有人看见她，我们楼上有老人见过她，是住在这，她是住在新楼的，新楼它是三〇年建的，就是旁边的小楼啊，也是储蓄会投资的。那么这个楼呢，我们外观看是五楼，其实照过去的算法呢，它是底层算零楼，像这个楼一样。这个楼只有七楼，从外观看是八楼，那个孔二小姐就住在那里头。这个是听老人说过，因为我们过去这有一位老的职工，这个人姓叶（音），他中华人民共和国成立前就在这干，他也说过他见过孔二小姐。是因年抗战胜利以后，国民党就接收么，正好万国储蓄会它也是属于非法经营，而且是四处抵债，就把这个全部交给政府了，恐怕那个时候是孔祥熙的小女儿曾经待过，待在那里头，待过多长时间我不知道，反正这个房子中华人民共和国成立以后是分给一家姓于（音）的。他的孩子我认识，叫于正平（音）。

问：就是孔家女儿的房间？

答：对对，分给于家，完了之后呢，60年代，这个姓于的这家跟那个武康路的那个，武康路是115号还是105号，就是密丹公寓，那里面住的孙道临换房了。完了以后，孙道临就搬这来了，孙道临搬到这来是60年代的事情，比较晚，这故事很早了。我们小时候，50年代的时候吧，那时候还有赵丹，赵丹确实是在这住过，因为我都听父母说过，而且我们也见过。那具体住哪楼呢，我是不清楚的，见过他坐电梯，就是那个样子，反正按照现在的话就是很活泼吧，或者叫疯疯癫癫的。但是好像也还是挺和蔼的一个人，因为时间太久了，印象很淡泊。那么，话又说回来，这个楼建成以后，它有些特点的，就是当时是属于非常高级的一个公寓。高级到什么程度呢，我跟你讲一个细节，我们来的时候，这个窗啊，你打开，它这个窗框上全有一层毡，一层毡啊。

问：毡？

答：对，窗框上，你关窗的时候没有这种嘭嘭的声音。它那个声音非常柔和的，砰的一下。

问：噢，就是因为有这层毡它不会碰得很响的。

答：对对对，那个毡我们小时候住在这的时候都有，后来呢，是1964年大修的时候全部铲掉了。还有呢，就是各家都有这个暖气，叫电油汀。那现在都拆掉了，没有用了。

问：那这就是整个管道系统。

答：对，是管道系统，而且它这个电油汀不光是各家都有，而且它是走廊都有，本来走廊它都有一个，每个走廊拐角上它有一个管子，这个是1982年大修的时候把它拆掉了。

问：是1982年才拆的？

答：是的。还有就是各家都有百叶窗，百叶窗后来各家装修的时候有的把它扔了，但是也有保留的，保留的比较少。比如说屋子比较大的话、厨房比较大的话都有烫衣板，它是搁在墙上的，一个小门，打开之后那个烫衣板就会放下，放下来是一张桌子。

问：就是当时建筑完成的时候配套的？

答：对对，这个都有的。后楼梯，实际上有辅屋，都是厕所。

问：这个可能主要是供一些保姆啊、司机啊用，对吧？因为你主人卧室都有。

答：没有暖气的，它就给你设个壁炉，这个楼里面有些人家是有壁炉的，当然这些东西在1949年以后都没用过，所以就成了一个摆设。八二年大修的时候很多人应该就把那个暖气拆掉了，拆掉以后就扔了，这几年搬进来的人也有拆壁炉的，因为那个壁炉太老了，也把它拆掉扔了，是非常可惜的。所以从这个细节上看，这个楼它是当时是很高级的。1949年以后它是这样的，它里边有些个原住民没动，也有些呢，是分进来的。分进来的呢，各色人物都有，有知识分子，还有干部，工商业者。所以有人说，他说这个楼大部分就是公务员什么的，这个都是虚妄之谈，不是这么回事。要不然的话如果都是干部或者都是部队的话，"文革"闹不了那么厉害，是吧？

问：知识分子还是占有一定比例的。

答：50年代，60年代，这个楼的居民，我的印象当中是相对固定的，就是搬进来之后很少迁移，没什么太多的动静，但是那时候给我的印象，凡是按现在一家的需求，它这个楼当然是有缺陷的了，新来的时候往往是没有煤气的，所以经常在走廊里生炉子。

问：当时住在这里的原住民他们也没有煤气吗？

答：没有。

问：那么他们是各家各户？

答：对，当时他们的厨房我见过，是那种很大的，有很漂亮的煤气灶，但是它怎么用呢，我是不清楚的，我看很多人家是生炉子的，50年代的时候。

问：那是因为我们1949年以后整个煤气供应系统没有建立，还是？这个房子它这个建筑的设计不可能没有煤气。

答：各家各户生炉子生到大概60年代初的时候，它就没有了。后来也很奇怪，"文革"时候新搬来的人他也生炉子。

问：60年代如果没有了呢，他们用什么？

答：就是用煤气的，就是有煤气了，之后呢，"文革"当中搬进来的人很多还是生炉子，因为他们那个交接我也搞不清楚，因为"文革"进来很多他都是红五类，造反派嘛，抢房子嘛，搬进来我看到他们就在走廊里生炉子，好长时间才把这个装起来。完了这个到"文革"，人的变动就非常大了，很多人给扫地出门搬走了，当然也有很多的新贵搬进来了。"文革"以后，改革开放，又有很多人搬走了也有很多人搬来，所以它后期变化就非常大非常大，我的记忆当中就是五六十年代对老居民的印象比较深。老居民当中，有一些人，不知道你们知道不知道有一个老演员，《南征北战》，演张军长李军长，里面有个李军长，有句台词："我们以往的失败就在于轻敌啊"，这个（人）住四楼。

问：上影厂演员？

答：对对，那时候有批上影厂演员，当时有些人我是没见过，这个人我是见过的，叫杨华（音），他是天津人，他给人印象最深的就是这个《南征北战》，其他的什么《乔老爷上轿》什么的，人家看过了也就忘了。还有演员嘛就是吴茵，就住这，西楼。她的丈夫孟君谋，科技电影制片厂的，原来也是上影厂的，当时不是上影厂分吗，有一部分就过去了。因为这些人我经常见，电梯里头能看见他们。至于秦怡我是一点印象都没有了。他们有人说秦怡在这住过，可能住过，但是我没印象。但是我跟秦怡的女儿，我跟她是同学，叫邓星，后来她跟秦怡一起演过一个电影叫《赤子之心》，就是母亲和女儿一块演。

问：那你和她是同学，那么她是不是说过在这里住过呢？

答：她也没说过，她那时候是我同学嘛，我们都是花园小学，前期叫世纪小学，她常到这来玩。

问：王盘声，听到过吗？

■孟君谋，（1903—1969）男，中国电影事业家，代表作品《迷途的羔羊》《新女性》。

答：王盘声他在这住过，"文革"以前我们对他没太大的印象，就是"文革"当中，他演一个沪剧，就是从那个《红灯记》，京剧《红灯记》移植过来的，他演李玉和。我看他，还穿的西装，高高大大的，那样子还是蛮像样的。这个是有印象的。其他的还有哪些演员，其他的只听说过，就是高博（音），高博老演员，住过，但是住的时间非常短。我也没见过。还有，还有就是孙道临和王文娟，来得比较晚，王文娟那时候演的是那个《追鱼》，演完那个《追鱼》她就火了。那个《追鱼》我看过，但是小时候看过，那个绍兴话呢我也不太懂，反正觉得挺好看。孙道临么，那时候就是进进出出的，我们小时候看过他演的《渡江侦察记》，印象也还是有一点的。至于他后来演的"毒草"那种，所谓的什么《早春二月》啊，这个 "文革"之前我们也没看过，我们小孩看电影也不是特别容易的事情，那么，印象就不深。我们对他印象深的是什么呢，是《南征北战》，很多人都不知道他演过《南征北战》，实际上他就一个镜头，我们对这个镜头印象是很深的，因为我们认识他，所以那个镜头出来以后，这就是孙道临。就一句台词，领导问，大部队开始北撤么，形势非常严峻，之后有一个山东籍的干部就问："看来情况还很严重"，他就说了一句话，"上级的意图是？"他就说了这么一句话。

问：就问了一句"上级的意图是？"

答：对对，就一句"上级的意图是？"他是这样说的，所以在 "文革"的时候，他有个特点，蓄胡须，有很长很长的胡子，络腮胡子，非常长，穿着很破的衣服，推一辆破自行车，可能到上影厂去，回来以后进大楼，就有一帮小孩，就会问他："上级的意图是？"

问：哈哈哈，这个有意思，他怎么会在《南征北战》只演一个这么个角色，他那时候已经很有名气了。

答：对，就一个镜头，后来 "文革"的时候六六年、六七年，六六年，对，六六年的时候，他倒霉的时候我还去过他家，当时跟一帮红卫兵去的。

问：抄家是吧？

答：他家倒没被抄。

问：那红卫兵去干嘛？

答：他们就好奇，就去他家溜达溜达，他就非常客气把门打开，当然也非常紧张，完了以后，我们就问他演过多少部"毒草"。他就马上报，说演过《早春二月》，演过什么，演过什么，包括演过《乌鸦与麻雀》，叫我们坐下，其实我们也不会胡闹，我们对他还是蛮尊重的。后来我们说其实你也演过很多好电影，比如《永不消失的电波》，包括《南征北战》，他非常惊讶，他《南征北战》只有一个镜头，你们也能记住。反正那天他就跟我们谈，具体讲些什么我也没记住，记不太清了，反正讲了一大通，一大通他的苦难，他的不满，反正就是这样。聊了将近两个小时吧。

问：就和你们这些孩子吗？

答：对对对，红卫兵也不小，红卫兵那时候十七八岁，算是成人，所以对他也还是有印象。还有一个演员，不是很知名，他是住一楼的，他爹很知名，叫邵洛羊，他的女儿原来是上海警备区文工团的，女声独唱演员，歌唱得非常好，如果是回家省亲，她肯定会在家。我们现在就说举行私人音乐会，就请一帮朋友，他们家在那个北屋，把窗全打开，她家对走廊的窗嘛，全部打开，之后她就在里面独唱，有一个手风琴伴奏。

问：这是什么年代？

答：60年代。

问："文革"还没开始？

答："文革"中她也唱。

问：“文革”中也有这种请朋友来？

答：对，请朋友来唱，那时候我印象最深的唱什么就是《毛主席来到咱们农庄》，知道吧，这是老歌，还有《革命熔炉火最红》，歌颂王杰的，邓玉花唱的，还有就是《红珊瑚》，她唱的都是老歌，这个邵菲菲（音）。其实邵菲菲比起其他那些演员来讲，在我们小孩当中，那时候我们是孩子么，那她是个风云人物，我们倒是觉得她是块料，是很有才华的一个，其他的演员我接触的少嘛，就不是特别清楚。这样一些居民，演员是这样。还有就是资本家，资本家呢，住七楼，我再讲一下这个，姓姚（音）的，叔伯，一个是700号，一个是704。这个资本家，是个大家族，他的这个孩子，叫姚栋（音），他父亲叫什么我不知道，有孩子，这是一家。还有一家姓姚的，他的孩子有一个叫姚姚（音）。

问：姚姚？你说的是上官云珠的女儿？

答：我说的另一个，"文革"的时候，遭难的时候就给他改个名字，叫姚姚改造，他就叫姚姚改造，他自己写大字报写悔过书，下面就写姚姚改造，贴在楼下大厅里头。

问：这是父母给他取的，还是自己给他取的。

答：就是革命群众给他取的，他非得这样取，这是一个很大的家族。

问：这是资本家的女儿？

答：是儿子。

问：儿子？这姚姚是个男的？

答：对，男的。这是一个大家族，还有一个大家族是新楼二楼的，也是一个大家族，非常大非常大，只是他的孩子我都认识，他的父母和再上一辈我不太清楚，就是他的这些事，他们家族没人去了解没人去记，所以现在就记而不传，不知道是怎么回事情。

问：当时你的印象之中就是这两个比较大的资本家，就是住在这个武康大楼。

答：他楼下那个未必是资本家，也有可能是高级知识分子也没准，我们就称之为大族。

问：为什么你觉得这个是大族？

答：有社会地位，生活（水平）非常高，旁系也非常多，因为这个二楼住的这一家，他不光住二楼，他还住六楼。

问：对，我想一般如果大的家族他不可能只有一套房子。

答：二楼、六楼都是他们家，他们家呢，一个姓谢一个姓吕，到底是以哪个为主，哪个是主系，哪个是旁系，我不太清楚。

问：（现在）还住在这里吗？

答：搬走了，早就搬走了，但是可以找到他，这是一个很大的家族。我听她，这个家族的女儿说，说他们1950年来的，来的时候，他们的家具都是白俄的，白俄走的时候全留下来的。

问：白俄？家具都是白俄留下的？

答：白俄不要的，嗯，说明1949年以前那里肯定住的是白俄。在我们小时候呢，楼上是住过外国人的。

问：那就是说中华人民共和国成立初期？

答：初期住过外国人，后面搬进来的，是苏联专家。

问：噢，那等于是政府配给他们的。

答：对，苏联专家，有这么几家，六楼，就是605，就是这层楼的605住一家苏联人。

这家有两个女儿,这个女儿很贪玩,老是在走廊,这个走廊长嘛,吃饭的时候她的母亲就会叫。那名字,老大可能叫古多耶娜(音),老二叫契奥别佳(音),她是这个名字。她老是叫老是叫我就记住了。四楼好像也住过一家,是一对双胞胎,男孩长得非常壮,普通话说得非常好,也是苏联人。后来中苏关系破裂了,就走了。还有二楼,206,住过一家,我觉得这家人呢,皮肤特别白的,眼睛也是抠进去的,但是他是说汉话的,我总觉得他有那种高加索血统,他的孩子当中有一个是我的同学,这个是不是外国人我搞不清楚,后来搬走了,也住过外国人。还有呢,还有一些就是部队的。

问:南下干部?

答:对,南下干部也挺多的,这些人呢,这些人原来都住在虹口,后来才搬到这来,搬到这来的时间,大概都是在五四年前后,原来虹口是他们驻军的地方。来的这批人,多半都是在这里边工作的,南京军区工程兵,他们搬到这来。很多。他们搬来以后,里边有一些人是参加过解放上海的,比如400号,有一个叫沈骄邦(音),他本来就是上海籍人,他是参加过解放上海的,那时候他是在南汇,现在叫浦东。当时这个大军进入上海时是他带路,他那个时候已经是个指挥员了。

问:因为他是个上海兵,路线非常熟悉。

答:对,路线非常熟悉,他带过来的。早几年好像电视还做过一档节目,就是讲他,上海解放多少年,上海解放六十周年多少,记不清了,当初就是讲过沈骄邦(音),他就是工程兵,搬到这来。后来呢,这批工程兵被撤销了,有一部分划到警备区去了,这个房子有很多就是属于警备区的了,那时候的居民么,大致就是这样。

问:嗯,林先生我想问一下,你说这些部队的南下干部他们从虹口搬到这里,那么因为当时政府就等于把这个房产,给部队的还是?

答:是给部队的,对,就是到现在为止。

问：相当一部分产权是属于部队的？

答：这部队呢，我再补充一下，这历史啊，是重演，当时这部分产权是给了部队，"文革"时候很多资本家被赶走了之后，实行军管，这个楼也实行过军管。

问：就是这些资本家的房子也实行过军管？以后这个产权就归部队了？

答：对，归部队了，现在楼上很多原来资本家房子现在还是部队的。

问：按道理过去是人民政府统一的接管，因为部队驻军干部，又把房产给了部队。

答："文革"的时候，军管就是贴张封条，我就讲一楼107，原来107住了个医生，"文革"时候被扫地出门，扫地出门以后，这个房子被贴上封条，空了很长时间，之后来的就是部队的（住客）。

问：就是这些资本家的房子以后分就分给部队的？

答：就是，那时候产权非常乱，你知道。拿走以后这房子就归部队了，再没还回来。

问：后来部队又把这个房子分给谁了吗？

答：部队是把这个房子分给他的现役人员，后来是住过一个武警（部队）的。

问：那么我不知道从房地局的角度来说，政府的房产的产权变成军队的军产这些有没有什么协议、产权关系的变更？

答：现在是肯定有的，但是"文革"时候有没有我就不清楚了。

问：如果"文革"时候没有就是说军管会贴了这个封条以后这个房子就归军管了，因为过去资本家租这个房子的时候也是政府给他的呀，哎，那现在军管以后，怎么去证明它是军管的军产呢？

答：它就是属于军产的，到现在为止，它很多房子还是部队人住，他没有还回去。

问:部队人住在那不等于产权是他的呀。
答:是他的,肯定是他的。

问:还是需要一些证明的。
答:因为这个人走了,比如这家人走了,换下一家来,下一家还是部队的人。

问:分配的权利是他部队的?
答:肯定是的。

问:按道理应该是有个产权变更,或者有一个法律的文本的。
答:这很难讲,那时乱得很……

问:如果你现在说我们以法律为依据,打这个产权官司,如果军管会拿不出这个产权证明,原来的产权证明也是政府的,应该是1949年以后统一接收的吧?
答:没有人去打过官司,谁去打官司。

问:我是说如何明确这个产权的关系。
答:当然现在是产权意识非常强,应该是这样,问题是没有人这样做,对吧。再说,按照规定,像这样的房子,它是属于法律保护建筑,那个是不能卖的,都是租赁。但是现在很多楼都变成私产,这个怎么说呢。

问:私产它是指使用权吧?
答:产权。

问:现在它已经变成产权?
答:这个很难讲了,他这个产权买下来他都以那个售后公房的那个标准,对吧,售后公房才多少钱，一千块钱一个平方米啊，他买了，按理说是不能卖的，他也卖，其实管理是很乱。我对那个时候的印象大致如此。闹"文革"，他就闹吗，到处闹嘛，我就见过很多这样的事情，抄家，红卫兵就是呼啸而来呼啸而去，楼上楼下鸡犬不宁。

问：因为这里住的三种人都可能面临这个抄家。

答：对，走资派，部队的人呢，稍微好一点，资本家走资派肯定是完了，包括高级知识分子。走资派么，红卫兵抄家的时候我们就跟着进去，像抄得最惨的就是700号，701对吧，701，701就是那个姓郭的他们那个家，他们家那个楼呢，跟其他楼不一样，就是房子不一样，他那个楼特别大，设计的时候啊，他底下那个隔间特别多，越到上面越少，下面一楼有12号，到上面只有7号，说明这个楼上的房间是非常大的，而且我印象当中呢，他们家是有护墙板的，从地到顶，那个护墙板是很漂亮的。红卫兵到他们家去的时候，我跟着去，这帮人也是挺遭罪的。还有就是703，也是这家姓郭的，红卫兵老去，老去还不断地打。姓郭的他有个爱人叫葛常缇（音），音是这样，怎么写我不清楚，他就是老挨揍。有一次是，我们是外面听到的，就听到里面噼噼啪啪的声音。等红卫兵走了，我们进去一看，他已经（被）打得不像样子了，整个脸面大如斗啊，肿的非常厉害。他住七楼嘛，就往下跳，但又没敢跳下去，就抓住那个栏杆，就挂在那上面，而且那个阳台门是反锁的，别人救不了他。他那个体力，是支撑不了的。他儿子，姚栋，一拳把那个玻璃打碎，还有其他人把他给拽进来。这个人呢，就是性格特别刚强。

问：他是想自杀？

答：对，最后没有自杀。后来就这些人，就楼上所谓的黑五类。你不是插秧插过了嘛，也不能让你闲着，就是劳动改造，劳动改造干什么呢，扫天井，扫儿童花园，就去扫，或者去拔草，那时候儿童花园有草，现在是空的，有草，就拔草，我就遇到过这样的事情。他给我的印象深到什么程度呢，你骂他他会回嘴，你骂他资本家，他会回你嘴，你说有的资本家他胆子很小，忍辱偷生么，他就回嘴，你骂急了他就跟你干,这样一个人。很刚烈的一个人。有一次,这是我自己亲身经历的,就骂他,骂他之后,这个铲草他需要有菜刀是吧,暴起,就是跳起,就冲我追过来了。追过来就跟我说,他叫得出我的名字来,他说林江鸿我要杀了你,那时候我被他吓愣了,愣了转身就跑,小孩跑得快,他在后边就撵。噔噔噔,楼上楼下楼上楼下,才把他甩掉了,以后我看见他我就不叫了。

问:你叫他什么?

答:我叫他资本家啊。这人性格非常暴虐,但是其实是个很不错的人。我了解过,就是在1949年以前他都是帮过共产党的,但是到"文革"的时候没人认这个账。包括这个二楼,有一个女的,她那时候大概是三四十岁吧,好像是舞女出身,叫沈琳琳(音)。她就一个人住着,一套居室,她的爱人在香港,"文革"时候,她也被抄家。其实这人当时,可能是做过中共特科的眼线,但是"文革"的时候也没人认这个账,所以她也(被)整得很苦,最后也是扫地出门,扫地出门以后就搬到淮海路去了。她搬走以后我们还去看过她,那时候她为了少遭点罪,我们小孩子老到她家去嘛,据说她经常在那个柜橱里放上一块钱,这个人很有钱嘛,小孩看到一块钱就拿走了,不来了,很智慧,这个人。

问:这个钱就留给小孩了?

答:小孩么,顽童么,这个钱拿走买冰棒,去干别的事。那时候一块钱是非常值钱的,她就老干这个事情,放一块钱,来拿走,就不来了。吴茵这一家也是被抄家,被抄家之后,他们先是被赶到六楼,住到六楼去。六楼没待多长时间,就又被赶到余庆路。他们家抄家搬走之后,我都去过他们家。当时那个时候家里什么都没有,但是它有一个小屋子,门锁着,这个门关得非常严实,小时候就好奇啊,这门里面锁着什么东西呢,当时没有发财的概念,但是总觉得他这个里面肯定是非常神秘的东西,好在那个壁橱它有天窗,小孩身子轻么,爬上去看那个天窗,一看里面全是杂志,非常高兴。以后,就从天窗里进去,天窗进去之后,因为他那个杂志堆得非常高,大概就是差不多一两米的样子,所以人得蜷着身子在里头。一看,全是民国老杂志,电影杂志,这我印象蛮深的。因为民国老杂志我们不爱看,我们就看现代的《大众电影》,《大众电影》也有一些,但是不多。全是英国人的,翻,翻,翻,不断地翻,觉得好看就往外扔,

问:看到好看的再扔出来?
答:啊,扔出来。扔出来就捡回家去,捡回家去再看,不够再去翻。

问:就在"文革"期间么?
答:对对,所以那一屋子书、杂志后来就没有了。

问:都给你们翻光了。
答:对,后来就没有了。他也带不走,因为属于封资修。其实现在想来还非常可惜的。

问:他当时人已经到哪里去啦?
答:六楼,搬到六楼去了。

问:这个房间就空着?
答:空着。搬到六楼,我们也常常到他们家去。他们家那属于那个叫"文艺封建人物"嘛。上他家他也很客气,我们到他们家干嘛呢,就是也不知从哪搞的印刷机,油印的,印传单。因为他们家楼高啊,印完传单后从六楼撒下去。这个我都干过。把传单弄成一块块墨迹,油印,全是墨迹。

问:你们印些什么传单呢?
答:那时从外面随便捡一个传单,给他复(油)印就是了。不断印呐,印完了撒,撒完再印。这个是他们家。孟君谋站在边上,他脾气特别好,也不说话。他们家还有一个手摇放映机,可惜没有胶片。我们就很好奇,怎么操作,怎么玩儿,他告诉我们

怎么玩儿。手摇放映机,这个印象很深。所以孟君谋确实是个好人,很和气。那时候就是穿一身中山装,我印象当中就是一身中山装,说话的声音有些喑哑。说话是带口音的普通话。他的下一辈再下一辈,就是他孙子的这一辈啊,是,当时这名字就……非常带有时代色彩。不知道是谁起的,还是吴茵给他起的。姓孟叫……老大叫孟苏苏,老二叫孟联联,老三叫孟放放,或者是因为没再有孩子,这个名字就到这为止了。连起来叫苏联放卫星。那是 50 年代的色彩,到后面没有了。因为那个孟联联跟我妹妹是同学啊,他们到现在还有联系。就叫孟联联,但是人家不知道这个名字的来由。

问:我问一下啊。就是你们到小屋子里翻的那个民国的杂志,你觉得比较有新鲜感,看了以后有什么感觉?

答:他那个杂志现在看来,印刷呢,呃,比较粗糙,色彩也非常单调的。但是画的那些人呢,就类似于漫画。觉得很有趣,所以就翻着看,而且那个都是繁体字嘛,具体看些什么我已经忘了。但是我觉得那个图片非常好看。所以经常拿。"文革"中各家搜出来的那些杂志非常多,包括资本家的外国杂志。我们就拿过来翻翻,翻完以后"四旧"的东西扔到天井去烧掉。那时候天井经常烧。就资本家很多这个,他认为是"四旧",扫"四旧",就在楼下烧。火光冲天。包括 "文革"前出的书,他们也烧。过去什么《六金刚》《边疆晓歌》《小城春秋》,啊对,《日月换青天》,这些书,也烧,他们认为都是四旧的东西。我们干什么事呢,烧的过程中抽几本带回家去看。所以我那时候启蒙看了很多这种文学作品,很多都是抄家抄来的。抄家抄来以后大家就轮着翻。而且这个事情非常紧张,给你半天,或给你一天,这么厚一本你必须看完。这怎么办呢,就日夜看,躺在被窝里看,父母灯关了不准开灯,就着路灯看。就这样看完。这样也能看完,然后传到下个人。

■四旧,"文革"中极左思潮的反映。四旧指"旧思想、旧文化、旧风俗、旧习惯"的统称,含贬义。破四旧不仅造成了社会生活的混乱、财产、文物的损失,更可怕的是让红卫兵从学生应该遵守的行为规范里挣脱出来,打破了种种文明禁忌,把虚妄的阶级斗争从理念转化为实行践履的狂热。

问：到了一定的时候就要烧掉是吧？

答：没有，下面很多人等着看。包括《红与黑》，那时候抄出来这种书很多，就看。

问：那么这是当初抄出来的书，当时没有烧掉？

答：烧的时候我们抽出来的。

问：当时的孩子们或者说中学生也还是有一种欲望，想要求知。

答：对对对，他有一种好奇嘛，这些书干嘛要把它烧掉？其实这书我们看来也没什么毛病。你像这种，他说这本书是歌颂贺龙的，这本书是歌颂彭德怀的，我们看了半天，也看不出什么，就觉得很好看。那时候看很多小说，我的眼睛也就是那时候坏的，近视眼。看很多这种小说，就是这个资本家家里抄出来的，他那孩子，他那家庭比较优越嘛，买书他也无所谓，就买了很多书。弄下去就烧，赶快捡，捡完就走。弄了不少书。小时候那个眼光和现在人不一样，那时候就挑自己感兴趣的，并不是说这个有没有价值。还有个集邮本儿，你不是要抄吗，要烧吗？对不起，拿走，带回家去。集邮本，有这样的事情。完了以后呢就很得意，你看，这谁家谁家，留下了。至于非常值钱的那些物品，也没人去拿，觉得没有意思。

问：那些所谓值钱的东西对年轻人没有价值？

答：没有价值。没有意思，都是自己家的臭东西，谁去拿。还有调皮的人就开他们冰箱吃根雪糕。有很多人是遭罪的，遭罪的有时候生活上都很困难。还有那种，家里唯一有点钱的东西他就贱卖。所以 "文革" 的时候你知道，淮国旧商店，它那里很多的旧家具，那时根本不值钱呐。自家扔过来，哪怕是红木的，它也是很便宜的。这个就是在抄家过程中有人熬不住嘛。跳楼，这个跳楼它也不完全就是本楼的，当时周围没有高楼嘛，或者高楼比较少，这个楼非常高，那么就到这跳楼。再说进出呢，

■指 "文化大革命" 中淮海中路上一家专卖旧货的商店。

■ 307 室内保留完好的彩色玻璃

也没人管。不像现在还有门卫说说话什么的，那时候没有。上来之后，弄个窗户，嘣，跳下去。我是见过，见过好几次。大概我自己觉得，回忆一下，大概不下十个人。

问：在你们这个楼？
答：对。

问：我们好像上几次采访，大家回忆好像感觉最多也就四五个。
答：不止，远不止。我自己见到的就可能有七八个。就是那时候跳楼是这样的，人掉下来你知道是什么声音吧，你大概没这个机会，像一块烂木头一样的，啪的一下那种烂木头，或者是，就是那种声音，不是很沉闷的，带一种尖厉的声音，掉到地上。完了之后就会有人喊，有人跳楼了。赶紧到外边去看。有人一喊了，马上看，一看，地上躺个人。有的人下来就死了，有的呢是……

问：抢救？
答：没人抢救呢，还有的是有气息的，还喘气，过一会儿死了。有的人是外头来的，那个时候，705跳过一个，那是他们单位的。单位的人说他生活上有什么毛病，就是他生活作风不正，然后他精神压力大就跑到这来，跟这家人聊聊，不注意，趴在栏杆上。那家人还劝他，你别下去。下去了。有这种人，真的不下十个。你刚才说的那个姚姚，姚姚这个人，就是上官云珠的女儿。

问：对对，上次好多人说过。
答：她在这儿住过的。因为她跟那个705的这家房主，叫胡野檎。他好像是在越剧团当了团长，还是越剧团上级的什么领导，单位的领导，反正跟文艺界有比较广泛的联系。那么他怎么跟那个上官云珠的女儿联系上的，这个细节我不是很清楚。但是范文云（音）肯定在这住。是吧，住过的。

问：她的母亲好像是给她介绍过的,好像。
答：对,我们见过。我们见过她的,楼上楼下的。

问：后来她(姚姚)因为车祸死的。
答：很凑巧,车祸我是目睹的。

问：真的啊!
答：恩。

问：怎么会目睹啦?是车祸?马路上。
答：对,骑车,9月13号,1974年,我到那儿公干,我就是有工作啊,路过那地方。就听到有声音喊,出车祸了。

问：你当时是中学?
答：不是中学,1974年那时我已经成年了,20多岁了。1974年。

问：已经工作啦?
答：恩。我就路过,她是在南京路和……不是,南京路当中有一条那个路……江宁路。我在拐角上,我正好走到那边,完了以后,当时她怎么触碰我是没看到,我看到时她已经倒在地上了,卡车就停在边上。整个脑袋压烂了,很惨的。后来有一个,我记得是有个男的,是个成年人,拿着块草包,拿了块蒲包,盖在头上。因为太难看了,盖在头上。那时候下了雨。

问：对,他们说她就骑个自行车穿个雨衣,雨披被卡车挂到。
答：对,被卡车挂了一下倒在那地方,当时警察也是这么说的。当时我是不知道这是姚姚。因为她压死了我就不知道,我觉得她整个身体是完整的,就是头不行。回到家，正好看到705，这个胡野檎他儿子，叫胡兰儿（音），现在是音乐学院的键盘系的一个教授，弹钢琴的。脸色惨白地出来，我问他干什么去啊。他说"别说别说别说"。我说，你家有什么事儿。他支支吾吾就走了。后来我就知道了，他们家出事了。出事之后，后来我就又碰到他一次。碰到一次我说你身子怎么样。

问：这人是姚姚的谁啊？

答：姚姚寄住他们的家，就是姚姚寄住在胡野檎家，胡野檎儿子叫胡兰儿（音）。后来他告诉我，他说自己要去参加追悼会啦。我还问他脸部怎么样，我说我看到的是不太像样的。他说修的还很好，大致上是原来的样子。这是他亲口告诉我的。不知道怎么弄的，他们就是把她修复好了，火化。这个事情不是像陈丹燕那种描述，我见过她写过这个，诸如此类的。她说被压成了饼状，完了是用铁锨铁铲把它铲起来，把它放到什么什么里头去。没有，就是头部。这个我是亲眼看见的，总是不会错的嘛。就是姚姚的事情。很可惜的。那时候姚姚正好找到一份工作嘛。她很高兴嘛，完了以后就出这样的事情。

问：这人真是命很惨。

答：对，很惨。她妈妈呢，很多人说她是在这儿自杀的。她没在这自杀，她是在建国路自杀的。这个很清楚，她从来没在这自杀过。上官云珠我们小时候也没见过她，但是我们知道有这么个人。小时候看过她的电影，印象很深，《春满人间》《南岛风云》都是她演的。

问：还有《一江春水向东流》。

答：我小时候没看，那是改革开放的时候看的。郑君里他们家也倒霉了，"文革"的时候把他赶到武康路去。他们家你可能不知道。

问：郑君里好多人都说过。

答：他们家江青来过。

问：到他家里？

答：那时候 1963 年。

问：六三年 "文革" 之前？

答：1963 年江青来过，这个时候她还是比较友好的。她来时郑君里没在家，她是来找黄晨的，就是郑君里的爱人。之后是郑大里开的门，他是郑君里的儿子，他把门打开，问你们找谁，她说我们来找黄晨同志。他说你们是哪的，这两个便衣说江青同志来看黄晨同志，郑大里非常惊讶，怎么江青会来呢？赶紧回去告诉他妈，他妈正好在家，在家是躺在沙发上，因为有病。一听江青来了，说"应该是我们来看她，怎么是她来看我们？"去迎接把她迎进来之后让她到里屋，她这个屋子实际上是两个屋子，让到里屋之后两个人坐好，两个便衣就在外面，大约谈了一小时，出来了，出来之后黄晨就对郑大里说你去送送江青阿姨，郑大里打算送，江青说你不要送，你要送我会紧张的，之后跟着两个便衣走了。郑大里反身到阳台，下面停着一辆很大的吉普，上了吉普就走了。之后到了晚间，郑君里回来了，然后黄晨就告诉他有这么回事，郑君里当时非常惊讶说她来有什么事吗，黄晨说是来了解上海文艺界的状况，来调查。

问：当时江青是以什么样的身份？

答：不知道，反正来作为调查研究，因为据说郑君里和黄晨都是党性极强的人。不该问的事就不问，他们也没讲，之前就没有讲，这事就没有了，江青确实来过。

问：那你是从哪里知道的？

答：我跟他们有个圈子，这个圈子叫六一届，原来是世界小学六一届。郑大里是六一届圈子里的人，我当然知道了。

问：那这是郑大里自己说的？
答：对，他自己说的。

问：他亲眼看到过？
答：对，他接待的。所以江青到这来过。这事很多人都不知道。

问：这倒是真的，没人说过。它比较隐蔽的，对吧？
答：她来之后，实际上按照郑大里的说法，就说那个时候江青已经开始惦记他了，他的父母了。

问：对，她怕他三四年内……
答：后来抄家的过程是晚上，我们不知道。那天早上，我到楼下去，听小伙伴讲，昨天郑君里家被抄了，郑君里有个孙女叫郑媛媛，我弟弟的同学，现在在加拿大，那时我觉得她挺可怜的，他们家被赶到武康路，淮二小学（淮海路第二小学）后面的一个屋子里，我们那时上学的时候，有时候可能看到她几次，很可怜。

问：这个楼还来过什么名人？
答：这是来过这个楼的一个名人，江青应该算是名人。来过这个楼的还有一个名人，但是没进来，进了楼下的一个理发店。蒋经国。

问：是吗？蒋经国怎么会到理发店里？
答：剃头啊。

问：怎么会来这里剃头？
答：住在宋庆龄故居。

问：当时的宋庆龄故居是什么？

答：叫中信局招待所。1945年，抗战胜利之后这房子就收了，之后就归国民政府了，政府当时是把它作为招待所，大约是四五、四六年，这时蒋经国到上海"打老虎"，就住在这。当然头发长了就要来剃。

问：当时这个理发店叫紫罗兰？

答：对，就叫紫罗兰。

问：紫罗兰我小时候都还有印象。

答：紫罗兰，这里边是老师傅做的。他说他们见过蒋经国。他说是什么模样呢，大氅（军大衣）笔挺，样子非常神气，进来先跟大家打招呼，问好致意。然后师傅把他引到座上，他就一边剃头一边和师傅聊天，就这样，走了以后，付工钱，付完工钱跟大家再见，走人。师傅对他的印象就是一切都很规律，大致来过的名人也就这么两个。

问：我们上次听说孔二小姐的后人来看过她住过的这个房子？

答：那个孔二小姐我是听楼上见过她的人说过。蒋经国来呢，很多人说蒋纬国住那，实际上不对的，人亲眼见过怎么会错呢。蒋经国住对面，确实来过。但是这个是楼下剃头师傅说的，他说有这么回事情。来过这里。

问：您刚才讲了两个阶段。中华人民共和国成立初期到"文革"之前，你把这个楼的基本情况和人，特别是名人的情况都介绍了一下。第二个阶段讲了"文革"。是这样的，我觉得现在可以讲讲改革开放以后。我想你是不是还对改革开放以后这几十年这里的一些变化和情况还有些印象，因为听说你后来住出去了。

答：住出去我还经常回来，因为我老婆还在这。它这个楼呢我，印象当中它是六四年有一次大修，完了以后，八二年有一次大修，〇八年有一次大修，这三次大修是我印象最深的。

大修跟市政府颁布的所谓优秀历史保留保护条例有很密切的关系。所以〇八年这次大修它基本是修旧如旧，没有做很大更改，据说是修完了之后那年赶上了邬达克的后人来上海，他曾经看过邬达克在上海现存的那些建筑，包括武康大楼，他们也来看过。据说是，他们来看过之后感到非常满意，大修完了之后，它们基本是保留原貌。当然跟原貌也还是有很多差异。我小时候的印象，这个走廊的墙是紫红的，上白，下面是紫红的。

问：包括你前面讲的，这个楼的很多设施什么的，烫衣板啊，这种窗的毡，都已经没有了。

答：对对对，都没有了。六四年大修变成下面是绿的上面是黄的，后来八二年就变成下面灰的上面白的，这次也是下面灰的上面白的。对这个大修我觉得有一个很可惜的事情，原来我们小时候记得楼下有一个很大的匾，就是在那个大厅，进门的地方，上面就有"武康大楼"四个字，这次大修把它摘掉了，没有了，很奇怪。

问：太可惜了。

答：完了就变成武康大楼下面的牌子，诺曼底公寓。

问：那块匾被拿掉之后，保存在哪里？

答：不知道。去向不明，我也不知道这个匾到哪去了。那个匾是汉白玉的。上面大字是金色，武康大楼，是汉隶。完了阴刻，挖进去的。

问：那个是大楼建造的时候就在的？

答：哦，不，建造的时候叫诺曼底公寓或是叫东美特公寓，这是中华人民共和国成立以后的。

问：四九年以后改为武康大楼？

问:五三年以后。

问:被人竖了块匾。
答:哦,对。一块很大的,大约这么宽,没有了,这个很奇怪。这为什么要去掉呢?

问:是啊,这也是个历史见证。
答:还留着就是了。也不妨碍你边上写上诺曼底公寓。那我再讲一下这个。

问:它是不是拿到什么城市博物馆了?
答:额,不知道。后面就是不断地下面写牌子,有一个是英雄历史保护建筑会小牌子,叫铭牌嘛,还有个是区政府颁的,市房地局颁的,还有个区政府颁的牌子,都说是东美特公寓。其实这种称谓呢,我觉得应该是,最好是统一一下。东美特、诺曼底实际上是一音之转,都是一个读音啊,干嘛用两种文字呢,对嘛,你就用诺曼底可以了或者用东美特,所有都叫东美特,就可以了。它就非用两个,那么现在就造成一种误解。

问:有两个。
答:好像这个楼建起来之后叫东美特,后来改成诺曼底了,最后改成武康大楼。

问:这是音译的问题。
答:嗯,音译的问题。过去很多这种音译,当然有的是意译,什么《黑奴吁天录》,《汤姆叔叔的小屋》,是吧,当然你这个音译的话嘛,可以用括号讲,也可以叫这个,它没有这么写,我觉得,这好像是个失误。改革开放以后,我们知道了这个,楼上的事情就是开始有一个禁区被突破了,慢慢我们就知道,其实楼上有些人物,是非常值得一说的。一些人物,比如说,602,叫沈仲章,你们知道这人吗?

问：沈仲章？

答：沈仲章，这就是极有故事的一个人。他是这样，我把这个人历史讲一遍啊，可能比较啰唆，想到啥讲啥。他是江苏吴兴人，现在叫湖州，但出生在苏州。长大了以后就考入唐山的交大，之后转到北京大学，在北京大学学这个，他的主要贡献是音韵，师从谁呢，刘半农。

他有语言天赋，说这个，他在的时候自学的英语就非常好，之后再去学德文，学梵文。梵文是非常难学的，所以他是极有才华的一位，当时胡适也对他欣赏的，包括傅斯年，对他非常欣赏。抗战前夕，打算把他送到美国去深造，结果就因为抗战，这个事情就耽误了，他就没去成。他曾经跟刘半农去西北考察，考察音韵，少数民族的这个读音啊，发音啊，包括民歌，那个时候没有录音器，他们叫录音筒，这个录音筒是什么东西我没见过，反正是可以采访录音，让他去过，回来之后刘半农就死掉了，得了恶疾嘛，就死掉。他帮刘半农整理书稿，这是他干的事情。回过头来讲，到了抗战，他做了一件事，到现在为止，应该是功德无量的事情。当时，北大藏了一部分从居延挖掘出来的书简，日本人很想要，他们觉得这个事情非常危急啊，必须要转移走，这个事情就托给了沈仲章，当然还有工友，用了几麻袋，把它从北京运出来，当时三七年"七七事变"，这时北京已经完了，很困难，偷偷摸摸偷偷摸摸，运出来以后一直运到香港，在这过程中他是历经磨难，这一批书简得以保存。后来这批书简到哪去了呢，曾经好像去过美国，后来又回到台湾，这批书简叫居延书简，非常有名的。他就做了这么一件事情，这样一件事情当时傅斯年、胡适，都非常赞扬，国宝嘛，保留下来了。这几年，后来就是因为有这个事情，中央电视台专门做了个专栏，叫《往事》，有么个节目，就把这个事情说了一遍。因为沈仲章这个人，他是非常低调的人。沈仲章这个人，他自己呢，在北大干什么呢？他在一个叫音韵校音室还是音乐校音室，他是在里面当助教的。后来，打算在香港出版这本书（居延书简），当时太平洋（战争）没爆发，打算出版，出版以后他就回到上海来联系出版商，那个出版商我不知道，反正是来联系，联系以后呢，接着就是香港沦陷，他就回不去了。回不去了他就留在上海，留在上海之后，这后边的历史我就不是特别清楚了。

问：那就没关系，到时候我们再谈。他一直住在这里？

答：他一直住在这儿。

问："文革"当时呢？

答："文革"当中，他的罪名就是资本家。

问：哦，他不是音乐教育者，为什么是资本家？

答：他当时在上海生活无计，以后他就干过什么木材厂，后来他就成为股东，他当时去从南方倒木头什么的，反正对那个厂是很有贡献的，他自己有股份。他还有一份职业是在上海观隆照相器材厂，他在里面是不是有股份我不清楚，他最后是从观隆器材厂退休的，他还是音乐学院的客座教授。

问：噢。

答：是这样一个人，多才多艺，"文革"的时候他就肯定是受冲击的。那就据我了解，他跟徐森玉、戴望舒、傅雷都有很深的交往，包括跟鲁迅，当时他到鲁迅家没见到鲁迅，他是送东西去的，在三六年以前，鲁迅是三六年死的。他当时跟一大批名人都有很深的交往，所以我就说他是个名士，但是他从来不说的。他这个人，大隐隐于市，他不说这些事儿，但是他身上有很多很多的，叫新文学史料，新文学史料有很多失传了，他就是一个知情人。他晚年做过一件好事，当时这个刘半农的碑，在北京香山，在"文革"抄家，不是抄家，"文革风"的时候被砸碎。他的后人打算重建，当时北京有朋友也找到他，他在里边是出力的，就把这个碑建起来，刘半农的碑，现在在香山。他做的这些事情，当然你也可以理解为未忘师谊，对吧，他是这样一个人，傅雷写过一封遗书，这个你们应该知道，遗书当中就提到沈仲章。准备上吊，死了，写了封遗书，

■徐森玉，（1881—1971）男，名鸿宝，字森玉，浙江吴兴（今浙江省湖州市）人，中国著名文物鉴定家、金石学家、版本学家、目录学家、文献学家，2018年5月，上海市社会科学界联合会公布了首批"上海社科大师"人选名单，徐森玉当选。

他说遗书交代了很多很多事情。这个钱要还,这个事要放在哪里,当中有一条,把我的手表,我曾经修过一个手表,完了以后,把钱交给沈仲章,沈仲章帮他修的。

问:他会修表?

答:对,那时候傅雷写错了,傅雷写的是606,实际上是602,你在网上可以看到,就傅雷遗书,他里面就提到了沈仲章。他跟那个施蛰存关系也非常好,他跟很多人关系都非常好,这个我们在"文革"之前并不了解,"文革"以后我们才慢慢知道……

问:那他住在602?

答:602。

问:他住602的时候你们也应该见过的。

答:他家里我经常去。

问:他家里几个人?

答:他们家,他的爱人,他有三个孩子,一个孩子沈亚宁,沈亚明,沈亚馨,两个女儿一个儿子。儿子呢比我长几岁,我跟他儿子关系非常好。

问:那沈仲章什么时候过世的?

答:好像是八几年。

问:那很早,二十几年前。

答:八七年。他的女儿现在在美国,大女儿还在上海,他的大儿子已经故去。

问:那他这个房子现在还有人住吗?

答:他是这样的,这我清楚。他的房子是租赁的,他在这个地方住的时间非常早,租赁完了以后"文革"的时候他家被抄家，被抄了以后把他们赶到107，就是楼下的107，因为我家原来住在一楼，近嘛，所以过从甚密，我经常上他们家去。但这老头呢，这些事从来就没跟我说过。我就觉得他非常和蔼，很可亲的这么个人。我说他太冤枉了，他经常挨揍，我在楼下扫天井，就看见有人揍他，用笤帚抽他，抽得很厉害。他不以为然，是非常豁达的人，在音乐上造诣极深。"文革"以后，他这个事儿就不算事了。那么他就到上海有个叫虞今琴社，虎字头下面一个吴，虞，他就是这个虞今琴社的顾问。他好像音乐上非常行，据说是因为，他当时在北大，拉二胡拉得特别好，刘天华经常做了新曲让他过去试拉。刘天华死了以后，据说他就此不拉琴，就是不拿琴了。他心里非常悲痛，后来他是虞今学社的顾问，音乐才能非常好，这样个人，很谦逊的这么个人，可惜走得太早，很多事我们现在也就无从谈起。好在他的女儿在美国，武汉的新文学史料，经常写她的父亲和这些名人之间的交往。包括跟赵媛媛。他跟赵媛媛在香港期间就非常熟。赵媛媛是直呼他姓名，就是他的原名叫什么，不叫他仲章。实际上沈仲章比她小很多，好像是这样的。这个人就是个文化人。但是我们没法了解他，很可惜。但是这些事都是改革开放以后我们才慢慢知道的，你到网上去查一下沈仲章，打三个字，下面会出现一大串，全是他的事。

问：改革开放以后，这幢楼的人员又有一次变化。

答：对，洗牌呀。这个很简单的，楼层洗牌嘛，不就两项因素。

问：政治、市场？

答：对，在我看来，说白一点就一个钱一个权，或者兼而有之。过去靠权，对嘛，一下给你分进来了。改革开放后，靠钱啊。我一下两千万买一套，不是吗？我无所谓。

问：就是刚才说的，你印象当中五六十年代是相对比较稳定的。

答：对，非常稳定。

问：那么我就觉得我们刚刚讲过的那个原因，"文革"时这幢楼的变化还是政治的原因，对吧？

答：对。

问：有一些被赶出去了，有一些被强占了，有一些重新分配进来了，都和政治相关，但是改革开放以后呢，相对来说主要是市场，就是由于不同阶层分配。有钱的人，房产可以流动了，那么又一次大的变化。

答：对的，一点不错。

问：买房开始用钱，有的包括一些外国人，租也可以租了，对吧，这个变化也是非常大的。那么为什么五六十年代当时也有些政治运动倒没有动房子？

答：没有动。比如说105，105住过一个画家，你们现在一般知道秦忠明，秦忠明他的前辈是谁呢，王挺琦，不知道是吧？王挺琦也是上海戏剧学院的，他是搞舞台背景的，他是所谓现代戏背景的创造者。传统戏剧一个桌子两个正反，都是虚拟的，但是话剧不一样，话剧必须要有背景。背景画是怎么画，他就是做舞台布景，是首创者。他是这么个人，跟那些著名的画家一起，比如早几年已经故世的赵无极。

问：嗯，对，在法国。

答：还有一个是早年画油画，后来画国画，老是撕自己画的那个人叫什么？

问：老什么？

答：老撕自己的画，不满意就撕，这个人，非常有名的……

问：已经死了吧。

答：死了死了死了……

问：是不是朱屺瞻？

答：不是，后来是好像在北京，这个让我想想再告诉你。后来是留学美国，留学美国后也是学画画的。学画画火了以后，当时是刘海粟，想到美校就职，他那时叫训导长，在那儿当过训导长。那么1949年以后就把他分到戏剧学院。当时刚解放的时候有一个叫华东文管局，下面有一个类似于教研组，规划组，之类的，找很多知名的画家，五人组，他是其中之一，非常有名。这个人叫王挺琦，他就是右派，完了以后家也没搬，什么时候搬出去呢，"文革"的时候扫地出门，扫地出门之后，秦忠明搬进来了，就是这样。

问：他也是"文革"以后扫地出门的？

答：对对。

问：还不是五六十年代，反右啊什么之类的。

答：对对。那时候，吴茵也是右派，她没搬走，当时右派也有几个了，那时候没有什么连根拔。

前面说到的王挺琦，因为他是常州人，去年常州专门为他举办了王挺琦先生画展，他的遗作展过一次。他的孩子还有他的夫人，他的夫人都九十岁，都出席了。你在网上查一下，他儿子好像后来留美了，叫王大宙，是华东师大设计学院荣誉教授，经常举办画展。可能是他父亲跟他有这个遗传，画得非常好，因为小时候我上他们家去过。我没见过他父亲画的画，我见过他孩子画的画，就画得非常漂亮。我印象很深的是什么呢，到他们家去以后窗台上放着什么水彩，一排，我一看，我说这个画是谁画的，这是谁谁谁。为什么我说画这么好，画的是对面的墙，宋庆龄故居，我印象很深。王挺琦，他也没搬走。还有一个遭罪的，就是500号，我们也可以称之为文化人。她这个人，现在已经列入上海妇女英烈录，叫黄莎（音），听说过没听说过？

问：黄莎（音）？

答：她是这样的，过去上海有份报纸叫《每周广播》，她是创办人。改革开放以后，她又创办了一份杂志，叫《为了孩子》。她当过妇联的秘书长，她绝对是个文化人。

问：也住在这里？
答：住在这里。500号，但是现在已经故去了，九七年，九七年故去了。

问：诶，林先生，你是从小跟父母住过来的吧，你父母是干什么的？
答：我父母南下的啊。

问：哦，也是南下的。所以你们相对来说"文革"没有受到冲击。
答：额，"文革"冲击少一些，并不是说没有。我母亲就受到过冲击，当时也到家来砸门，也有过。黄莎的事情可以在网上看一下，她的事情很多，就是个文化人。平时寡言少语，但是性格非常刚正，非常耿直。我听她的女儿说过这么一个故事，她曾经还是学生读书的时候，在读一本书，两个日本人兵过来，问她你在看什么书，她就直言回答人家：我看的什么书不用你管。好像是看的一本日语书，之后日本兵也没说什么，但是把他们家人给吓坏了，真的把他们家给吓坏了。后来她加入了新四军，曾经在南大，在里边搞过学运，出过杂志，对吧，四五年抗战胜利之后曾经有过一个计划，策应新四军入城，当时这个国民党政府是在重庆，南京这儿管不过来嘛，曾经做过这个事情。她做过很多事情，她就是个传奇人物。这个呢，我有些是听她女儿说的，有些是在网上看到的，但是这个人呢……

问：见过？
答：见过，不但见过，还接触过很长时间。当时这些陈芝麻烂谷子她不会给我们说，她是个长辈嘛。我觉得武康大楼的诸人物当中，这个人也是一个比较突出的人。

问：你说的这几个事情，《每周广播》《为了孩子》，这些都是改革开放以后的比较有影响的。

答：对对对。非常有影响。当时改革开放以后她那时候自己撰稿，自己采编，她非常忙，而这个人也是非常有才华的。自学德语非常好，很厉害。一个老太太还能弄成这个样子，非常了不起。就是有个毛病，抽烟，抽烟抽的非常厉害，一直抽一直抽，跟她的丈夫是对抽，她爱人也抽烟，好烟给丈夫抽，辣烟自己抽。

问：后来活了多大年纪啊？

答：今年故去的，七十多岁。这人我认为是改革开放以后的新气象，她就是一个典型。

问：文化的复兴啊。

答：对，文化的复兴从她这能看出来，改革开放以后，有些人就开始蔫了，所谓蔫了就是趴下。为什么呢，他在"文革"之中这个倒行逆施太多，住过新楼的，你们大概不知道这人，叫黄克（音）。黄克他这个人是这样，他在"文革"的时候在区里当区长，那时候叫革委会主任，就是革委会成立以后叫革委会主任，他那个是属于升迁比较快的那种人，在"文革"当中他非常的嚣张。这个陈丕显的孩子，叫陈小金，当时这帮干部子弟啊，都集中在郊区，指定让他们揭发，这就是黄克干的事情。把这孩子逼的，孩子是天真烂漫的么，他知道什么，就逼他们揭发，"文革"期间非常嚣张。完了以后，我遇到过这样一个事情，就是，小孩子调皮，他住新楼的，外头有一脚手架，我就去爬那脚手架，爬上以后呢，他女儿就把那窗关上，我不是进不去了嘛，进不去我就往下爬，脚手架断裂，我从楼上掉下去，好在楼下铺了这么厚一层的，不是草甸，那个篦笆做的垫子，竹子的那个席，很厚，砰地上去就是手划破了，没事，当然我还去找他了，到他家去敲门。门打开，第一声就是，我是黄克，你想怎么着。"文革"以后，这个人就完了呀，对吧，这是一个。还有一个"文革"当中，这是我们这一辈的人在"文革"当中，我刚说的是住在博物馆里头的，大名鼎鼎，那时候你们不知道，在这一带红卫兵当中，王春林（音），这是非常有名的一个人。他是五十一中学的，当时干部子弟们就是每天穿着军装到外面拿着武装带跑来跑去吗，挂着红袖标，"文革"之后就说他那个参军，后来是听说，作为什么二种人三种人之类清算的。

问：你对隔壁那个西侧楼还有什么印象？

答：西侧楼，它这个楼是三〇年建的，它跟那个新楼是一体的，只不过当中是不通的，当中其实也通，不能说不通，它这样的。这是淮海路，这是武康路，这边盖了三层楼，这边盖个五层楼，当中呢是二层楼，二层楼呢，上面是屋顶花园，它是这样一个格局。屋顶花园两侧，它有个通道，从一楼到二楼，所以那个汽车一般来说从下面的坡道进到二楼，停到里面去，两面都有坡道。现在这个靠东的坡道已经被拆掉了，靠西的坡道还在。"文革"以后，不，是中华人民共和国成立以后，没人用私人汽车了，就废了，废了之后它就作为职工住宅，分给普通老百姓，里面住的很多都是普通老百姓。因为汽车间边上的辅屋啊，它就是辅助用的，它不是住人的，但是后来因为住人嘛，住得很多，所以这里边就非常拥挤，里边采光也非常不好。因为汽车间，它没法改造。也没厕所，原来的厕所它只有一个，靠窗户这边有一个，后来被改成什么倒粪的了。它就是这么个地方。里边住的这些人呢，当然有的可能是以前家境非常好的，家道中落，最后沦落到那里面去的也有。

问：这个沦落到那里面去到底是政府分配还是他们自己的选择？

答：政府分配，那都是政府分配，里面住的还有大楼的水电工，也住在那里头。所以它这个楼，通过那个坡道它可以进入到五层楼，不经坡道从里面直接走是走不过来的。一般人想，这是新楼，这是武康路435号，实际上是一体的，整个楼就是一个建筑。这个楼"文革"以前，它这里有个很大的地方，是堆博物馆东西的，我们小时候看到，就是在那个坡道上停着两墩大炮，就是林则徐放的那种炮。

问：怎么会有炮呢？是博物馆把东西寄放到这里？

答：博物馆的炮。铁炮，铸铁炮，上面有洋字的啊。它就是在坡道上放着的呀，我们小时候走着走着就走过去，在那个坡道上，两个很大的铸铁炮，你看过这个鸦片战争或者是什么林则徐禁烟之类的，就是那种炮，你动也动不了那个东西，"文革"以后被移走了，那么这家人后来也就搬走了。

问：这个侧楼和旧楼有什么来往吗？还是基本上不来往？
答：有来往，这个来往是基于同学。

问：有些在一个学校？
答：在一个学校，我同学里边就有，就是我这一届的同学里边就有两三个，当然来往，到现在还在来往。

问：这个没有那种特别的阶层意识啊？
答：没有，我们小时候没有阶层意识，没有什么你高我低的，现在人好像动不动就来这个，或者是你爹怎么样了，你家多少钱，过去没人搞这个，就是觉得好交，就可以在一块玩。那么后来，因为房子小，你到上面看过有一个小屋，那个小屋就是大概60年代末或70年代初的时候，因为下面通风不好，房管部门就开个口子，改善通风采光。为了盖这个小屋呢，就把二楼花园的草坪全部铲除，本来这个二楼花园是一片草，有土，那时候我们可以想象70年代就有屋顶花园。

问：当时这个屋顶花园对这个公寓是派什么用处呢？
答：就是让你转转，休憩的场所，我们小时候，大人在里边晒被子，晒衣服。我们这么大的人在里面就是玩那种游戏，捉人啊，或者在里面做功课，因为有草嘛，所以我们的印象很深很深，一片草坪，而且还是有人来修理的。"文革"时有一段时间就是家庭养鸡，小孩养鸡就跑到那个草坪上斗鸡啊。

问：那个游泳池是给小孩用的还是？

答：不是，那是一个喷水池，不是游泳池，那个喷水池是可以往里面放水，然后作为景观的，1949年以后就没用过，一直这样。后来里边人生活条件好了，开始装空调了，就把那墙弄得很破败。武康路大修的时候，只是修表面，因为那个墙上都是泰山砖，可以修一修的，但没有修。实际上现在是有这个工艺和材料的，但是没有修。

问：林先生，你作为一个房管局的这么资深的一个人员，据你了解这个大楼的档案是不是还保留完整？当时的实际图纸有没有？
答：没有，我只看到名录，就是名录。

问：那么这种名录你认为可靠吗？
答：可靠性非常强，因为它是这样的，我去了解过房地局的档案，它的档案呢，有一个时间划定，若干年以前的，是划到市档案局，它这只留明目，文件是看不到的，若干年以后的，它里面有档案也有名目，现在解锁非常方便因为有电脑嘛，都是录入，打一个字进去，哗地就出来了。

问：那就是说，这个武康大楼实际的图纸，如果去查的话，还是能够查到的吧？包括当时施工的方案啊。

答：肯定肯定，因为我看过那个档案里头有人很怀疑密丹公寓，就是说密丹公寓是不是孔祥熙买下来的，当时我是没看到直接的材料说这个楼肯定是孔祥熙买的，结果是1949年时，档案记载有居民举报说孔祥熙的儿子，叫孔令侃还是孔令伟，他们看到孔令侃了，举报，叫警察来抓，这个档案里有记录的，我看到过。说明这个楼，孔祥熙可能是真的买过，但是这个武康大楼谁买，我是没见到，没有，我看到的明目里没有。因为我特意跟那个档案馆的同志说，我要把武康路的档案看一遍，拉出很多的名目。近代就有的，巴金的房子，交换的，它住的谁，最早是谁，后来是谁，再后来是谁，都有。后来又包括把它改成巴金纪念馆，这个纪念馆，报告我都看过，很详细，因为这个时间近嘛，那个时间就太远了。

访谈后记：
林先生说话时，两眼有一种锐利的光。他们是从小生活在武康大楼的一代人，林先生是比较突出的一个。退休后，他萌生了对这幢楼历史的兴趣。以自己的方式做探寻、研究。他对这幢楼的人和事的记忆和描述十分生动，特别是他亲历的那些事。比如郑君里儿子告诉他，江青曾在"文革"前夕来他家里探望，坐了约一个多小时。聊了什么？现在无人知晓。这件事与30年代与蓝苹（即江青）共事过的郑君里、赵丹等人后来在"文革"中的遭遇有无关系？毕竟他们多少都知道江青当时在上海的底细，江青是否此时已准备销毁和掩盖自己的历史？
林先生是个很实事求是的人，"知之为知之，不知为不知"，他虽然查阅过许多历史资料，但在社会缺少严谨的氛围下，他对资料的准确性有时也表示怀疑，他说有些事需要更多的材料来佐证。他的贡献还在于提供了一些公众很少知道的人物在武康大楼住过的历史，如沈仲章这个人对中国历史文化的贡献绝不亚于已知的文化艺术界名人。他的故事若能拍成电影，当会十分精彩。

周炳揆与夫人的合影

4 周炳揆

1950 年出生
香港 AZ 电子材料集团中国香港地区总裁
淮海中路 1850 号，1956 年入住

访谈者：陈保平

我们当时进来，就是这样一整套，也就是说现在看到的这么一个格局，基本上整体格局没有变过。爸爸是搞工程建设的……对一些老的建筑，有他自己的一些观念，要保护好。

住在武康大楼 / Living in I.S.S.Normandy Apartments

■ 房座椅

问：您是什么时候搬到这栋楼的？

答：说来也凑巧，我们搬过来是1956年6月17日，今天是6月18日，我算了一下，我们搬到武康大楼已经是59年了。我幼儿园读到中班过来的，在这里上幼儿园再到小学再到中学，一直到"文革"。"文革"期间比较走运，没有"上山下乡"，被分配在大中华橡胶厂做工人。改革开放后再读书，后来考到市政府去做公务员，外经贸委公务员，再出国读书。后来回来了就在外资企业工作到退休，现在退休了5年。基本上我从小到大，到工作都是在这儿的。对这幢大楼也有非常深厚的感情。

问：您小时候对武康大楼的记忆是怎样的？

答：当时，刚搬过来觉得大楼很有趣。特别是从一个小孩子的眼光来看，因为下面有个半圆形的券廊，现在还在。当时比现在更有趣一点，半圆券廊（内）有一些小摊。那些小摊就卖一些小东西，吃的东西还有玩的东西。我印象特别深的就是买一种叫"游戏棒"的玩具，大约2分钱一捆，比火柴略微长一点，两个人拿着游戏棒可以比谁的游戏棒更坚固。那时问妈妈讨了钱就去买这个东西，楼下有好几个摊。还有，我的记忆当中，到了下午有人做臭豆腐干，煎豆腐的时候那个香气啊，整条街都是。（臭豆腐干）2分一块，只要2分钱丢在筒里面就可以拿一块吃。跟我斗游戏棒的小朋友也住在大楼里，也有我的同学。我在淮海中路第二小学，现在叫乌鲁木齐路幼儿园的地方。

有些小学同学现在还保持联络。我现在有一个习惯，写一些回忆，投在《新民晚报》。大概两年前，有篇文章就回忆了一个我小学里的同学。我们读书的时候下午要上四节课，他呢，只上三节课就离开了，老师也不骂他。后来看到他就在兴国路那边帮人家炸那个油墩子，我就明白了，他就是上三节课以后就去炸油墩子了。兴国路这个地方原来就是菜场，路边的小吃摊很多。他家境比较困难，我记得有一天，我问母亲要粮票，拿了大概三四斤粮票给他。他家就住在当时的1754弄，现在可能改掉了。他家里就一间房间，大概比我家客厅还小，他妹妹、母亲……挤在一起，很贫困。父亲据说是"反革命"被抓进去了，全家的生活都是靠他母亲拉那种"劳动车"，很微薄的收入。

■劳动车，又叫架子车，一种用人力拉推的两轮车，或用脚踩的装货的三轮车。

住在武康大楼 / Living in I.S.S.Normandy Apartments

■ 保留完好的房门细节

所以他上三节课后必须去弄油墩子,帮助维持家里的开销。我为什么要讲这个故事?(因为)我和他有很长的交往,后来他在兴国路摆摊卖鱼啊什么,我们也经常去关照他的(生意)。后来 80 年代改革开放了,他在那边烘山芋,我看他衣服沾了很多火星,就找了几件旧外套送给他。他硬要请我去泰安路兴国路的一家饭店吃饭,他说:"你以后外套不要送给我了,我赚的钱一定比你多。"那时候,八三年八四年吧,他已经在浦东买房子了。我一听很吃惊,八几年我的工资 40 块不到,他已经在浦东买房子了。但他 30 多岁的人,但看起来六十几岁,头发都白了。为什么呢?每天早晨他要烫山芋,要在开水里烫,还要刮鳝丝,所以他能够买房子,可以想象他付出了多么辛苦的劳动。所以,有一些小时候的同学,还有一些故事啊,始终在我的脑海里,也是跟武康大楼有关的。

问:(小时候)有没有带小朋友回家玩?

答:那时放学以后,有一个课余小组,就是大家(一起)做功课。在我家做,也到其他同学家里做。像我隔壁 602 室,那是我们一位姓沈的同学(家),我们也到他

■ 保护完好的门把手

家去做功课。谈到602呢，我就要补充一段了。那位沈先生，也是上海很有名的一个人啦，他是收藏照相机的。在"文革"抄家的时候，被抄出来几十台照相机。他家里还有录音的设备，那时候录音不像现在这么普及，那时候的录音都是那种弹片样的。（因为）有这样的设备，当时有很多音乐界的人士都到他家里访问。我那时喜欢摄影，和他成了忘年交。

问：你好像不仅喜欢摄影还喜欢古典音乐，这个和602有没有什么关联呢？

答：我想应该是有关联的，从小在这个环境长大，多少都受这方面的影响。

问：后来沈先生怎么样了？

答：沈先生应该是这样的，他属于工商业者，在"文革"时呢，算是资本家，受到冲击。（但）他个性非常乐观，记得有一次路上碰到他，说要去吃一毛二分钱一碗的葱油拌面，他说这个是他最喜欢吃的。而且尽管他当时的生活非常拮据，"文革"的时候，但他还是有很平稳的心态。改革开放以后，他也是落实政策什么的，原来的一些朋友也不断来找他。总的来讲，他的后半生还是非常愉快的，后来他们家把房子卖掉了。

问：（你们家）是买下来还是分的房子？怎么一个过程还记得吗？

答：当时我们是租赁的。我们原来住在陕西北路，五几年的时候，那个房东要收回房子。武康大楼是我父亲当时的工作单位分配给他的，他当时在职位上有了一个提升，可以分到武康大楼的房子，但是租的。当时我和爸爸妈妈来看房子的时候，印象最深的是大楼地板很干净。这么大的孩子马上就躺下去，就是因为地板很干净，那个时候印象蛮深的。我爸爸（搬）进来的时候，还享受"供给制"。啥叫供给制，一个

■供给制，中华人民共和国建立初期对部分工作人员实行免费供给生活必需品的一种分配制度，供给范围包括个人的衣、食（分大、中、小灶）、住、行、学习等必须用品和一些零用津贴，还包括在革命队伍中结婚所生育的子女的生活费、保育费等。

房间（提供）一个电灯泡，一个月（收）电费一毛钱。我们这六七间房间，六七个电灯泡，随便你用的，只收七毛钱。那时没有电视机，也没别的电器设备。所以我到了武康大楼，印象最深的就是电灯泡都是 100 瓦的。这个（供给制）大概只执行了很短的时间，后来到了五七年以后就取消了，灯泡都换了，用自己的了。

问：有没有好奇这个房子以前是谁在住啊？

答：详细的情况并不知道，后来听周围邻居讲，原来的住户五三、五四年去香港了。就是 1949 年时还比较稳定，但到了五三、五四年以后有些原来(住)在这里的一些人就出国啊，或者到香港去了。

问：你那个时候来的时候，这个房子当时的格局是怎样的？

答：我们当时进来，就是这样一整套，也就是现在看到的这么一个格局，整体格局基本上没有变过。爸爸是搞工程建设的，所以他对这种上海的建筑和一些市政规划都很重视，对一些老的建筑，也有他自己的一些观念，要保护好。所以这方面，我也是受家庭的影响。我没有像很多家庭（那样），把这堵墙推倒，整个厅扩大，改变这个房屋的结构，我觉得这不是一个好的做法。90 年代的时候，大家都喜欢装修房子，把房子搞得很现代化。当时我还记得，我们要装修房子的时候，装修工建议把所有的墙全部敲掉，把这些门也全部敲掉，"我给你重新做现代化的布局"。我说你什么都不要动，你装修原来怎么样就怎么样做。

问：小时候你住在哪个房间？

答：我就住在这儿（现在的客厅）。

问：慢慢长大后，对这个房子有没有新的感觉？

答：其实，这个房子，刚搬来的时候，我和我姐姐都住在这个房间（现在做客厅了）。那时一家有六口人，爸妈、祖父和三个小孩。现在的书房当时是祖父的卧房兼

■ 周炳搽的书房,左边的家具是他爷爷留下的,右边的家具是周先生结婚时的家具

■ 门厅的过道

书房，现在这间房间还原封不动做书房的原因，是为了纪念祖父。祖父在书房里看书写字，到了晚年以后，身体不太好，就在书房里面养病。我和他的接触比较多，他教我英文，从很小的时候就教我英文。还给我讲《三国演义》，当时天平路淮海路那个书亭，他带我去买《三国演义》连环画。我记得大概一套是60册，它是跳着出版的，不是一、二、三、四连续出，所以我们经常去。一个星期要去两次，去看有没有新的，有新的就买，后来就收齐了，60册全部收齐。现在的这个书房，在当初做书房的时候，我特意做了一个红木的书桌。这个书桌与祖父当时的书桌完全一样的，位置也一样。当然式样不可能百分百一样，但是仿造他书桌的式样，凭我的记忆，还特意让家具公司做了一个垫脚板。为什么呢，因为当时祖父在垫脚板上面放了一个饼干箱，里面有饼干。我小学的时候放学回家，他会给我吃两块饼干。饼干味道特别好吃，那时是三年困难时期，六〇年、六一年，两块饼干不够（吃），这个饼干箱对我来说是太诱惑啦。他在看书的时候，我就钻到下面去，拿箱子。那时候我想祖父也不知道我拿他饼干吃，他老了，好像反应都比较迟钝。现在，我感觉祖父他是完全知道的，装作不知道。有时候什么也不做，什么也不讲，也是一种爱，他就是让你多吃饼干。

问：爸爸妈妈啥时候过世的？

答：爸爸是九五年去世，妈妈是2001年。6月5号（我）在《新民晚报》上有一篇文章，写的就是书房。这里我就回忆到，祖父和我小时候的记忆，教我英文。祖父是民国初年研究英文语言，编英文杂志，商务印刷馆的。他是清末的秀才，在中国读的大学，后来自学英语，再后来到了商务印刷馆。陈望道介绍他做上海大学英语系代主任。我父亲是交通大学（毕业的）。我的小孩在美国工作。

问：您和太太也是在这里结婚的吗？

答：我们当时结婚的时候就住在当中的一间房间，也就是我们现在卧室。那时应该说是两代人住在这里，我祖父在"文革"以前就去世了。结婚是在改革开放以后，各方面比较宽松。我印象比较深的一件事，是我们结婚时，淮海路的人民照相馆可以拍婚纱摄影了。那时那个摄影师，因为我认识他，他打电话告诉我刚来了一套新婚纱是干净的，让我们马上去。我们马上就过去拍了，不像现在好像拍照要拍几百张几千张，当时几张就拍好了。婚纱有头纱。我们家里面始终和长辈的关系都相处得很好。五个兄弟姐妹中我是最小的，大家都经常回这边，武康大楼是聚集的中心，可能是因为父母曾经住在这边，大半生都是在这里度过的，所以大家都会来我家聚会纪念父母。现在父母都去世了，这样一个习惯，延续到今天。

问：你们家聚会的习惯是怎样的？是一起吃年夜饭呢，还是找一个日子聚餐？

答：都有。我印象比较深的一次年夜饭，当时我爸爸"文革"以后恢复工作，以前抄家的东西发还了，上面贴了标签，标签都没有撕掉就还给我们了，有字画也有玉器什么东西。还有一年除夕，也是吃年夜饭，那时好像还没有春节晚会，我爸爸说大家吃完年夜饭后，有余兴节目。他把抄家送回来的东西，送给我们每个子女。他采取抽签的办法送给子女，给我们做一个纪念。这些都是我父母非常珍爱的东西，父母就这样把这些东西给了子女。

■陈望道，（1899—1977）男，中国著名教育家、修辞学家、语言学家，《共产党宣言》首译者，曾任民盟中央副主席。

◼ 厨房

问：您小时候和现在这栋楼变化比较大的是什么？

答：变化蛮大的。我觉得从大楼本身来讲有变化，大家都知道的。原来没有空调，房子是干干净净，现在大家装空调室外机啊，哎呦，走廊里也有各种各样的线路、管道。但是有一点非常好,政府也出了大量的资金,几年以前也重新做了规划,这些都是非常好的举措。他们没有把这栋楼改得很现代化,把墙都敲掉。多次的大修,能够修旧如旧,这一点我觉得徐汇区房管部门同志做得相当不错。所以现在,像我们平常走出去,看到人家把这儿当作一处旅游景点,大家都来这拍照,而且能看得出很多人是从很远的地方过来的。从我们三代人住在这里这么多年数,我们觉得这栋房子能得到现在这样的重视,我们从心里面觉得很开心。当然了,你说住在这里,对这个房子,更重要的是对这些住在房子里的人更有感受。

最大的变化还是人的变化,邻居,特别我们家左右两边的邻居的变化。我刚刚讲过沈先生一样的房子已经变了,现在是另外一个人家。原来600号的邻居,也是上海很有名的一个医生,他在"文革"期间搬掉了。但我觉得,我不是说现在不好,现在有现在的好。你比如说,为什么我现在还要生活在这里,我喜欢武康大楼的一个原因,是住的人的多样性。这里各种各样身份的人都有,有公务员、搞艺术的,也有一些技术人员,也有很多外国人。所以我喜欢武康大楼邻居的多样性。

确实,后来邻居间打交道没有原来那么频繁,那么多,主要是因为工作压力非常大。特别是进入90年代以后,我几乎没空余时间,常常出差,每天早出晚归,很少有机会跟邻居进行比较深入的沟通。可能我太太沟通会多一点,情况也不完全一样。但这不妨碍你觉得自己生活的环境有一种多样性。像是我们隔壁的人喜欢养鸟,我就觉得很有趣,这个鸟笼就放在走廊里,他这个兴趣已经几十年了。603和楼上也有两个老外,我们经常谈话,有时他来家里喝茶,经常有。很多外国人很喜欢上海的这种老房子,他不一定是住不起其他的更豪华的房子,他喜欢和当地的居民住在一起。我和他们接触的原因呢,我们可以英语沟通,他们可能觉得英语沟通的人不多,他们就喜欢来问我。

问:通常会问你什么问题?

答:有时候他们碰到一些房子的问题,比如房子哪里坏了,要怎么修,他会把我作为第一个咨询的对象。比如下水道,比如一次窗台漏水什么的,我当然就帮他联系一下。我觉得他们住在这边,有时也会觉得有些不方便,他们也需要有一些能和他们沟通的人。所以这个，在武康大楼（住的人）的多样性，可以接触各种各样的人，这个可能也是它的一个特点，与原来"文革"以前的状况可能并不完全一样。

问："文革"中房子受到过破坏吗？

答：运气比较好的是，这套房子在"文革"中，也没受到破坏。而且房间的水波纹的玻璃窗都是原配的，很多人家都看不到了，他们玻璃破掉一块，再去配，配上去和原来的不搭。这有点运气，这个时候正好我爸爸"文革"中受到冲击，房源紧。我爸爸请单位里的"造反派"用这间房子做办公室，我们当时住到旁边的两间里。那个时候办公室里的"造反派"比较正规，做了两三个月后的办公室后，他们觉得这里不方便。设计院一般都在市中心，所以他们后来把办公室搬去黄浦区了。爸爸作为工程局的人对设计比较熟悉，和他们的关系比较好，他们走了，房子又还给了我们。房间钥匙和一些设施一直保持到今天，原配的水波纹玻璃都保留到今天。我希望这房子能在我手里保护好，让这个房子有个历史的意义。

问：很多人会研究武康大楼，您会这么做吗？

答：我对这方面有一定的兴趣，我看过网上的资料，对武康路武康大楼的一些研究。我觉得他们对事实的把握并不是非常准确。我举个例子，大家可能都知道，原来那个电影明星叫上官云珠，在"文革"时期受迫害，比较惨的，她后来是跳楼自杀的。我也看到网上有介绍，说她就是在这幢楼跳下去自杀的，其实这个完全是错误的。武康大楼有人跳楼自杀，确有其事，这个跳楼的人就从7楼跳下去了，我当时也看到了。那时大概七〇年七一年，我20几岁。有很多事情都是张冠李戴。他跳下去的时候，下面原来有两个篷，这个篷呢，是早上卖早点的，现在拆掉了。他跳下去的时候并没有死，因为那个篷等于是起了一个支撑的作用。后来怎么样，我就不知道了。但这个不是上官云珠，她也不住在这里。

问：您在这栋楼里还碰到过其他的名人吗？

答：那应该有,那时文艺界的人不少。老早有一个演老太婆的演员,她的先生叫孟君谋,我和他们有一点接触。他们夫妇对人很和蔼可亲,我当时只有十几岁,在他们家打乒乓(球)。他们家书多,借书看。印象很深的有一次,那时我只是中学生,五十一中学,电梯里碰到她,讲话大大咧咧的,她听说我蛮喜欢写文章,就叫我欢喜写就大胆写。他们家《人民文学》的杂志很多,叫我拿去看,我当时开心得不得了。"文革"后,都没有什么书。1957年第7期所有文章仔仔细细地都看了。比如宗璞写的《红豆》。

问：你小时候在武康大楼成长过程中,还有什么回忆或特别印象深刻的事情?

答：我对武康大楼的感情很深,因为在这里很久时间,有好的印象,也有负面的感觉。"文革"时发生的事情,凡是抄过家的人都不许坐电梯,下面有红卫兵站在那边。像我父母亲工作回来,已经很累了,不好坐电梯都要走上去,觉得我住在武康大楼真是受罪。工作压力已经很大了,下班回来还不能坐电梯,差不多有一年的时候。红卫兵在下面甚至可以搜查你,你带了点啥回来都可以搜查你。对我们小一辈还好,但对我们上一辈受到冲击的人采取很严厉的措施。比较走运的是,这个时间很短。后来有一个"清理阶级队伍"特别恐怖。有人讲武康大楼是"上海跳水池",为啥叫我们上海跳水池,"文革"后期,大概六八年到七二年,大概有10个人跳楼。有个邻居,我和她常有接触的,跳了下去。还有人不是住这里的,因为这里房子高,跑进来就跳下去。熟悉的那个跳楼的邻居是504的,像现在的楼组长,人很好。因为她有文化,那时(有文化的)大多数都是资本家的家属,她先生是资本家,他们对她进行各种人身攻击,这个是我亲眼看到,很多带有人格侮辱,她就受不了。最后触发她自杀是因为她儿子,和我也蛮熟的,不知道啥事情,把她儿子当"反革命"抓进去了,这个让她崩溃了,觉得一点希望都没了。

问：改革开放以后,觉得这里对你来讲变化大吗?

答：改革开放以后,这里面可以分几个阶段,变化最大的是在90年代。房改政策出来了以后,房子可以自己买下来,变化相当大。很多人家搬出去,将房子卖出去。我有个体会,再搬进来的人家层次有一些差别,积极的一方面,现在给人的感觉,武

■ 房內的走廊

康大楼有点比较市民化了。

问：过了"解放初期"、"文革"、改革开放到现在，人身上有啥没变化的吗？这60年里，居民的特点是什么？

答：我想讲一件事。我在七十年代"文革"当中我去王勇家拜访。他的祖父叫王人艺。早时有个王人美，王人美的哥哥还是弟弟就是王人艺。他是上海音乐学院的一个小提琴教授。我和王人艺接触，不是因为音乐。他有两个爱好，一个是拉小提琴，一个喜欢围棋。那时我有个朋友是业余围棋三段，我就把他介绍给王人艺。"文革"时外面风声紧，我到他家去，毛主席语录在墙上贴好，他夫人邓宗衍，也是武康大楼的一位老居民了，给我们喝茶。喝茶的时候，在70年代每个茶杯下面有托盘，用茶壶倒（茶），漏掉一点水，手里有一块布来擦。当时我体会到上海人家有一些生活习惯，不管你"文革"怎么样，搞得天昏地黑，她都会坚持的。我对他们家印象深刻。还有就是，我们一楼有个老寿星，邵洛羊。他比我们在这栋楼的年数还要长。

问：对这些老人家你们还熟悉吗？
答：熟悉的，像我们这样的大概也就五六家了，不大会超过10家的。

问：改革开放以后，这栋房子里面的人员变化比较大。随着国家的房改政策，你现在买下来了？
答：买下来了。

问：买下来后很多人都装修。可以说，我们听居委会书记介绍多数人都装修，只有您这间保护得最好，我想问为啥道理这么多年，从令尊到您这一代从没想过要装修？
答：我这个房子你们看到的格局，这个装修是在2000年（做的）。当时我请了

■王人艺，（1912—1985）著名音乐家，原名王人蒸，湖南知名教育家，毛泽东主席授业恩师王正枢之子，著名电影表演艺术家王人美胞兄，原籍湖南浏阳大瑶。

住在武康大楼 / Living in I.S.S.Normandy Apartments

■ 周炳揆：还在使用的老式钥匙

好几个装修队,让他们提出一些建议。当时一个搞装修的人,自以为自己外面帮人家装修得很好,老新潮的,建议我把墙头都敲了,重新分割和组合。我让他啥也不要动,我装修就要按原来的样子装修。我后来没有请他们,但我知道这里有几套房子就是像他讲的重新分割。一方面是有家里的影响,我爸爸是工程设计人员,他对上海的市政建设,对上海的城市规划,对市政建设很关心,他设计了很多自来水厂。他就一直讲这个房子是什么样子就什么样子,不要去动它。这是受到家庭影响,还有我本人比较接受中国传统文化的影响,两方面相互影响。

事实上,我认为20世纪20年代,设计的房子的观念很先进。一进来生活中需要的都有,比如说保姆间、厨房间,还有两个小间(储藏间),都考虑进去了。我觉得现在装修并不先进。当时设计这个房子的时候,这些功能都用上了。只有住在这里住的时间长了,人家看觉得这里是缺点,其实都是优点,包括它的层高。很多人家为了中央空调,做了吊顶。中央空调是舒服了,但我坚决反对,顶是绝对不动。现在只有我还在用窗式空调,为啥坚持到现在呢,是结构简单,不破坏房子,不打洞。人家把百叶窗丢了,我把人家丢的捡回来,要是我家的坏了就可以用这个补。

问:据居委会说,这栋大楼外面在世博会的时候,把阳台上的铁栏杆拆掉很多。(这是有点可惜的)

答:有一些变动呢,是无可挽回了。为啥呢,原来有水汀片,有热气,锅炉房老早变成荣升饭店,现在变成精品店。70年代最后,水汀片从大楼里移出去了,1949年后大概就不用了,供暖设备都没了。

问:房子会一直住下去?有没有别的考虑?

答:对我们来说,因为这个房子应该讲是父母亲留给我的,我们也非常喜欢这个房子。刚刚我也讲到了,这个房子等于是除了居住的作用以外,还带有对长辈的纪念。我是希望在自己的有生之年要把房子保留好,至于我身后的事情,我就不做安排,应该顺其自然。

■ 窗台；书房一角

问：周老师，您看看还有什么问题吗？我们作为口述历史，保留下来可以让后世了解的事情，或者您还有什么想法，可以说一说。

答：我有两个问题。

有一个问题呢，武康大楼在武康路上有个2层楼的车库，1700个平方米。搬进来的时候，我们在这个车库里有一间房间，把没用的东西堆在里面。后头五八年的时候，"大跃进"的时候，居委会就把它要走了。当时我爸爸周家民，我妈妈杨美贞与居委会特议过一个口头的协议，达成一个交换。我父亲上班时候有一部车子接送，这个位置给他放车子，上面的房间已经收掉了，等于住进去一家人家，楼下我爸爸单位驾驶员把他送回来以后，车子就停在汽车间里，一直停到"文革"。"文革"时他坐26路去上班了，这件事就没有下文了。我讲到这个不是说我要把房间拿回来，这个两层楼的汽车房和武康大楼是配套的，当时大楼设计已经考虑是有汽车的，有斜坡的。汽车间二楼还有游泳池。

问：现在汽车间派啥用场？

答：现在到二楼的平台花园去看，都住了39户人家。（按：现在这个房子属于高建物业的，付租金住）我觉得，这个汽车间和游泳池、设备什么的，是不是有可能恢复原状，把设备保留，挽救下来。

第二个事情，是我们最后一次大修在2008年、2009年，世博会的时候。他们蛮负责的。但做的这个空调架子很难看，视线都挡掉了。没几家人家用，结果就变成垃圾桶。这个当初就不该造，花了钞票去造这个，没意思。今后再有机会大修，可以不用做这样的东西了，不讨好的事情。

问：当时有没有人让您做世博人家？

答：没有，当时我一直出差。

采访后记：
周炳揆家是我们访谈对象中房子保护得最好的。他在这里住了60年，至今保持房屋原貌。除了统一拆除的热水汀、烫衣板等，他没有动屋里的任何结构。他不忍墙面打洞，宁可用窗式空调。于是你就会想，为什么他就保护得好？是不是与他的家教有关？他祖父是清末秀才，后来自学英语，有中西方文化的涵养，知道什么是有价值的东西。父亲是搞工程设计的，一直就爱惜好的建筑，常常言传身教。周先生虽长期从事外贸工作，但热爱文化艺术，有很好的品位。从谈吐中也可以发现，周先生是一个特别重感情的人，无论对祖父、父母、同学、邻居，包括这幢楼，都怀有深深的眷恋，爱人惜物，他都做到了。

5 董大南 王大欣 周本义

董大南（华东师范大学教授）、王大欣（退休职工）
周本义（上海戏剧学院舞美系主任、教授）
淮海中路1850号，1956年入住

访谈者：吕正　陈保平
访谈时间：2016年6月22日

咱们搞口述历史很有意思，对教育有意义，也能够把文化脉络传承下来，但是核心真的是很沉重，哪怕简单到极点，也很重。

问：既然你们打电话来了说要讲一讲，那我们也听一听，好吗？

董：我想是这样，周教授你年纪很大，80多岁了，所以就让周老师先讲，他在中国舞美界德高望重。他对戏剧学院的历史、对有些人"文革"中间的表现（很了解），他所讲的可以印证一下我们所听到的、在报纸上或者电视上看到的是不是事实。他更了解。

周：去年（2015年）戏剧学院成立70周年，我在戏剧学院就待了65年。我戏剧学院刚毕业，戏剧学院就派我（出国），（我是）上海（当时）唯一的留学生，跟朱践耳一起，他是学音乐，我是学美术。所以我对戏剧学院的情况还是比较了解。

（我叫）周本义。央视曾把我当个人物，采访过我，上海（电视台）台（把我）作为历史人物也采访我，采访我"文革"当中（的事），他说没有人讲的，一定要我讲。这个不错。我觉得咱们搞口述历史很有意思，对教育有意义，也能够把文化脉络传承下来，但是心情真的是很沉重，哪怕简单到极点，也很重。我跟他们都没有联系（指坐在对面的董、王两人），但那一天无意当中，我看新闻频道突然采访到某人，听到他讲话。我突然间感到不平，我说这样讲要伤害他们的，他们是受害人，所以我马上从114查到（电话号码），打电话给栏目组。然后我接到了邮件，他（节目组）说你反映什么节目的情况，我说口述历史，他又把电话接到一个宣传部门。我说你们找错人了，你们只要到派出所一查，就清楚他是哪一年进去的，那一年能进武康大楼的才不正常。我只想说一点，就这个事情他讲了两点，说第一：他受迫害，他也是专案组的、"文革"中最（可）信任的成员。都是整牛鬼蛇神的。

问：就是"文革"当中的专案组。

周：都有分工。

董：他是分管我父亲的专案组。

周：他说分配（房子），从六七年到六八年左右哪有分配房子的？

问：那个时候他还是年纪很轻咯？
周：他是学生，刚刚留校。

问：哦，应该已经留校了，否则他不会拿到房子的。那这个房子是怎么到他手里的呢？
周：是强占的，包括我的房子也是（他）强占的。当时有一个想法，就是谁关在牛棚，谁就没有自由。他们想要房子就可以抢，我被关在学校里，而且抢我房子也巧的。

问：你是住在哪里啊？
周：我是住在那个华山路，那个海园。他们坏就坏在（他）晓得我快要解放了，我回到牛棚一个星期就宣布解放了，就趁我还没解放，把我的房子抢掉了。

问：那把你房子抢掉以后，你住到哪里去了呢？
周：我住在一个三层楼，假三层里，头都抬不起来的。七年，我头都抬不起来，七年！就这样，我还没有计较。抢我房子的这个人如愿了。所以我要是（计较）恩恩怨怨的话，心情就不会像今天这样，就没有今天这样的身体了。

问：嗯，这个很不容易。
周：后来我就一头栽在艺术里，因为我毕竟要对得起国家。国家培养了我，这四年本科到苏联。一看人家水平高，我马上给大使馆写信，从研究生改成本科，我从头学。

问：你在苏联待了几年？
周：我待了六年。八运会、农运会都是我总设计的。我在上海，为什么中央台当我是一个人物呢，就是舞美界算我是"泰斗"，是这么一个意思。

我看了那个报道以后，我觉得应该采访的是他们（董大南、王大欣），他们是有相关性。他们一家我是用四个字概括，爱国、敬业。尽管他父亲那么爱国，（他）1946

年从耶鲁大学回国报效祖国,被打成右派,他的子女还在不断地为国家作贡献,尽一切可能为国家。他还有个弟弟,也是从美国回来搞教学,还能这样我觉得不容易,真正应该采访的是他们。最好是那一代的老人,但是有代表性的老人,都已经去世的很多了。那么就是他们这一代了,否则对他们是一种伤害。

董:那么周老师您先休息一会,很累的话就让我弟弟先开始。您听一下也好,感到累的话就先休息。陈老师,今天非常感谢。

王:开始我们不知道,外面的人看了电视、听了广播,打电话告诉了我们以后,我们才知道有这么一件事。

董:这个口述历史项目定得很好,因为很多当事人现在老了,陆陆续续地老去,陆陆续续地走掉,所以这就是挽救历史、保留历史,给我们的国家、给我们的后代留下真实的记录,特别是口述历史可以给相当一批还没有话语权的弱势群体留下真实的记录,这是非常好的一件事情,这是我的第一个想法。第二个,你们选了武康大楼,这个点选的也非常好。武康大楼就像红楼梦里的大观园、潇湘馆一样。虽然它很小,但它是中国社会的一个缩影,尤其是整个中国文化界几十年在沉浮的一个变化的缩影,是一个非常典型的缩影。在武康大楼、武康路、湖南路这一带,它住过历史上的民族英雄,比如说黄兴(搞过黄花岗起义)。

问:嗯,对,那也是个保护建筑。

王:但也住过民族败类,就像汪精卫伪政府的那个周佛海,那个部长、汉奸,他也在武康路、湖南路。武康大楼也是一样,虽然他们都是一个大楼里的住户,有顶天立地的男子汉,也有小爬虫,什么样的品格、什么样的人品都有。如果你们能真实地把这些东西记下来,那也是一件很好的事情。(它)就是这个社会的万花筒,什么样的人物都有。好,那我们就讲一讲和我们有关的这个事情,我们后来听他们联系我们讲了以后,就看了录像、录音,我们觉得既然要讲口述历史,我们要给历史留下真实的记录,这是一个很严肃的事情。虽然口述历史有些地方不可避免会有些地方记不清、记不准,这都可能,但是不能故意歪曲历史,说假话,这个是不允许的。我们本着替历史负责，我们决定这件事还是要站出来，把当时的实际情况跟你们反映一下。希望你们这个项目没有瑕疵，至少减少瑕疵，搞好。那为什么讲我们要反映呢？第一点，他在"文化大革命"中间没有受到迫害，自始至终没有受到迫害。他没有进过一天牛棚，他没有受过一次批斗，他没有关过一次监牢，这更不用说。他没有被抄过一次家，他没有写过一次检查。

问：他是"造反派"吗？

王：他一开始不是造反派，但是后来为了获得造反派的好感，就批评他们的那个恩人，那个书记，然后才获得了造反派的好感和信任，安排到"文革"的专案组一直做到四人帮粉碎。

问：专案组？

王：专案组当时还是很有权利，能控制人家升不上大学的。他在"文革"中没有受过（迫害）？你就问他，你关过一天牛棚没有？你受过一次批斗没有？你们找戏剧学院所有任何人问一下。你们问一下任何一个戏剧学院的教授，他在"文化大革命"中间受过一次批斗没有？他关过一天牛棚没有？

问：当时是怎么和你们家发生关系的？

董："文革"初期成立了专案组。他和另一个人成了我父亲的专案组的成员。第一个问题就不多讲了。第一，他没有受过迫害。第二，他的房子不是分的，他是抢的。为什么这么说呢？第一，刚才周教授讲了，整个戏剧学院从六七到六九年这三年中间，没有给任何人分过一间房子。他说是戏剧学院分的，我们查过后勤组，他（指他兄弟）去查了所有的当时的记录，六七到六九年期间整个戏剧学院没有给任何一个人分过房子，你们去后勤组里查一下记录，我们都查过。第二，造反派、后勤组现在还活着的人（我们也）问过，他们也证实了，没有给他分过，他那个房子是自己占的。第三，这个房子，六七到六九年在整个上海都有过占房风的，不是戏剧学院，是整个上海都有。你们回顾一下这段历史，很多人的房子被抢。整个武康大楼，也不是我们一家，有很多人被抢。比如我的同学乔界文（音），他在207还是208，我们是×××。

王：他父亲是原上海第八人民医院的院长，跳楼自杀了。

问：他在武康大楼里跳楼的？

王：他在医院里跳楼的。他的房子就被抢了。我举很多例子。我们一楼隔壁的107也被抢了。所以整个这一段时间，整个上海很多房子都被抢掉了。

董：107房子被抢掉了。

问：哦，谁知道名字啊？

王：名字叫不出来，以前就在我家隔壁的。

问：现在还住在那儿吗？

王：现在不清楚了。现在我们搬出来了。所以当时在武康大楼里面贴着大字报的、冲进来抄家的，拖出去戴高帽子的，坐飞机死的有很多很多。在这样子一个阶段，怎么可能会有分房子的？这个时间点是不对的。第三，他在电视上讲，他是六七年分进去的。他是六八年五月清理阶级队伍的时间进去的，当时我父亲是关在牛棚。

问：你父亲在戏剧学院做什么？

董：教授。

问：就也是舞美系的，也是跟周老师一起的教授？

周：他是我的老师。

问：比你还年纪更大一点？

董：年纪更大一点。

周：如果活到现在就100多岁了。他也是后来就死了。

问：那是中华人民共和国成立前就搞舞美的？
周：中华人民共和国成立后。
王：不是，他搞舞美的专业是？
周：他是搞规划的，画画，中华人民共和国成立后院系调整（院系调整为1952年）。
王：转到这个文艺心理学院来了。所以就是讲当时是清理阶级队伍的时候，六八年五月，我父亲是关在牛棚里面，而他……因为当时在社会上就有一股抢房风，他跟我父亲说：“我要监督你们牛鬼蛇神的一举一动，所以你们必须把一间房间让出来”，是在牛棚里把他喊出来，叫他让出来。所以从这一点看，这个不是分的。然后我们当时也问了戏剧学院其他人……

问：那么这个房子在他之前是你们家的啊？那你们家当时是？
王、董：全部都是。三间，就是三间一样的。一套全部都是我们家的。
王：第一，我们查了记录，没有他分房（的记录）。第二，他故意隐瞒了这个时间点，他说是六七年，其实是六八年七月。他是六八年五月份清理阶级队伍的时候，把我父亲从牛棚里赶出来，说："你们必须给我一间房子，我要监督你们的一举一动。"这是一个。第三，他说他当时是怎么受迫害，他讲造反派为了让他付更多的房租就迫害他，让他搬进去。

问：高房价的？
王：这我就不用解释了，在那个时间点有这种迫害吗？把你从一个普通的房子调到高档的武康大楼，是为了迫害你，让你付高房租，这个能叫受迫害吗？人家都是被赶出来，一家一家的，不是我们一家，当时有很多人家被揪出来，门口被贴着大字报，进去抄家，拖出去，开着黄鱼车，把你的东西"哗"一下扔出去。在这种情况下，到底是进去的人受迫害呢，还是出来的人受迫害呢？好，第三点，他在电视里面也讲，（他们）把最坏的一间（房子）给他，（是为了）迫害他，你们去看过了（房子）。而当时是这个样子，他找了那个侯某某，两个人进去挑，（他们）看了三间，当时还在讲哪间房子好，他们说这间好，是他们自己挑的，而不是造反派迫害他们，给了他们一间什么坏的（房子），这个不是事实。它里面的所有的家具，就是当时橱还是什么，（他说）这个东西我们要，你们不能搬出去。

你说武康大楼的房子，它一楼，一间间房都不一样的，就是有壁橱的就没有家具，没有壁橱的就配家具。

问：你说这个是谁配的呢？

王：就是房子里面配着的。

董：房管局就配着的。搬进去比如厨房间有桌子，就是砧菜的桌子、方桌，它全部都配好的。随后他叫我们出去以后，就把当时房管局配的所有的东西全部都归他。

王：具体不去讲了，你们看了就知道了。就是他自己选的，那些家具不是我们迫害他给他的，而是他自己勒令我们不能搬出去，留给他的。时间不对，他不是六七年，是六八年，你们到派出所公安局你们去查一下，六八年七月，而清理阶级队伍是六八年五月，就从全国开始。他为了避开这个时间点。他不是六七年搬进去的。好，这也不去讲了。那么第三个就是他进来以后，也不是我们来迫害他，我举几个很简单的例子。第一就是当时六八年七八月份，上海文艺界批斗上海民族乐团的指挥兼副团长何无奇，当天他就……我父亲姓王，叫王挺琦，他就说"王挺琦，你给我出来。"我父亲就出去批斗，他押着我父亲出去批斗。当天晚上，我父亲浑身是血回来。我们问他谁打了你，我父亲不肯讲。第二天，有火车路过，何无奇不知是卧轨还是撞死了，就死了。就是那天批斗何无奇，他这样喊（我父亲）出去，批斗完以后他浑身是血回来。到底是谁在迫害谁？我父亲不肯讲是谁打的。

问：是被拉出去批斗了？

王：批斗。是他亲自说"王挺琦，你给我出来！"然后就把他押着就出去。上海民族乐团的指挥兼副团长何无奇是什么时候（被）批斗的，你们可以去查。还有当年有一次他家里架了一个晾衣竿，动了一下位子。回来他就怀疑是我弟弟，怎么把他的晾衣竿动了位子了，我弟弟正好上小学放学回来，他马上拉着他在厨房转，"谁叫你动我杆子？"当时把他打得一塌糊涂，其实我弟弟什么事情都没有干。不去讲了。

董：对，不去讲了。我就按照他的思路讲的三代人，那我们是第二代，第一代是中华人民共和国成立前的那些人。他就是"文革"中特定时代的产物。假如你们是很认真去把历史还原的话，你可以在武康大楼查一查这段时间进去的人。

问：嗯，这个很有道理。
董：因为这段时间有很多的资本家搬出去的。比如说我的一个同学在二楼拐角上，我现在记不得是几零几了，也搬出去了。等于说总共七个楼面，平均每一个楼面都有抢房子的，都有出去的。各种各样，有资本家的，有……

问：那这个抢房子的人基本上都是他们单位里的还是外面的人？
董：这个我们没有做过调查，这个我不能瞎说。

问：那外边的人怎么好随便来抢呢？
王：当时的房管所认识就……

问：哦，跟房管所（的人）认识就可以了？
王：就是讲他是这个特定时期的代表人物，但这个代表是个打引号的代表。

问：那后来是什么时候你们家离开武康大楼？
王：是六九年的下半年。

问：怎么一个情况说说看。

住在武康大楼 / Living in I.S.S.Normandy Apartments

■ 大楼外立面

王：是戏剧学院那个时候……

问：我想问一下他占了你们房子的时候，你们一共是几间房子？
王：三间。他占了中间这一间。

问：那么你们还自己住在（另外）两间？
王：他现在是把两间打通了，以前中间是一道板，所以后面是一间黑的。假如说要偏房的话，就把后面这一间给他。

问：现在看起来就像厅一样。
王：以前是一个大的厅。

问：就是看上去是两间，实际上是三间。
王：20平方（米），20平方（米）一间。走进去是一条过道，左手边是厨房间，再左手边是厕所间。就这个边上，我们当中是隔开的，现在把隔开的弄开。因为隔着的话，后面正好是电梯，是一片黑的。

问：那他进去以后，你们就是住在？
王：我们就让出来。就等于说是一间黑一间白，就待在这一边。因为我是六九届，我是七〇年插队，随后到六九年的下半年正好造反派，就是侯邦其出来当道的时候，他要戏剧学院附近的一套房子，比如说张三的房子，他就把我们这套房子腾出来，就叫我们滚出去，把我们这套房子和房管所交换了，交换后给了这个人，这个人的房子就给戏剧学院侯邦其了，我们就彻底出去了。

问：你们到哪里去了呢？
王：我们就到愚园路，一个人家原来补皮鞋的小房子里面。就天井里面，很小很小的。

问：怎么会找到那个地方去的呢？

王：这个地方也是戏剧学院的。

问：他占房子也好，你们搬出去也好，这个过程戏剧学院当时的所谓革委会都知道吗？

周：我插一句，"文革"当中这一段是无序的，乱到什么程度呢？乱到一个人一句话就能定你身世。比如我，我是出去找我的证明人，已经关到牛棚了。我发展的地下团员有在上海，我是在中华人民共和国成立前就入团了，发展的地下少先队也有，但他们一句话，"你出去搞反革命串连，关起来"，就关起来了。所以当时是完全的无政府主义。当时的无政府主义权力大到什么程度？每个革委会成员或专案组成员，他为什么要去钻营他父亲呢？因为他是他专案组的，利用他专案组的身份就可以钻了。

问：我就是想了解这个，他可以抢，其他人也可以抢，为什么他抢到了？

董：他要监视敌人的一举一动。

王：他跟侯烽鸣两个人，他们两个人是我父亲专案组的成员。他就和我父亲说你知道"文革"是特殊年代，叫你走就走吧。

问：所以你和他们作邻居，做了一年多了？

王：嗯，一年多。特别好玩的是两次搬房子都是三天，就是三天你必须从这边搬到那边去。第二次也是三天必须搬过去。

问：当时你们父母和你们总共几个人住在那里？

王：我有五兄弟。

问：都住在武康大楼？那么后来他抢了房子你们就挤在一起了。

王：嗯，对。

问：那就七个人？

王：他已经在新疆了。他回新疆去了。

问：哦，那么就六个人。

王：我们后来换的那个房子在愚园路，是在原来人家一个天井里。这个里面是没有煤气、没有厕所、没有浴室，什么都没有。我们那时候人都住不下，就躺双层床，就是叠起来睡觉的。上卫生间、洗澡的话就跑到外面的厕所和浴室，（房子里）就什么都没有的。

王：陈老师，我们第二次搬出去"文革"期间，那时候你就是没有还嘴的机会。

问：你们也就是到愚园路那个房子，那个房子也是戏剧学院的？

王：对。

周：就像我一样，我在愚园路，也是戏剧学院里，小三层，头都抬不起来。扫地出门以后在那里待了七年。

王：那个房子是戏剧学院的，一个小天井，上面搭棚着叫我们住进去的。

周：跟你们一样，三天，我还在下面搞那个，在帮"革命小将"烧饭。作为牛鬼蛇神押我上来……

问：70年代末的时候不是"文革"结束了嘛，有些人抢的房子是要让回来的，那个时候发生了什么？但他为什么继续住下去了，你知道吗？

董：当时戏剧学院做坏事的人很多，据我们所知绝大部分被抢房子的人都没能搬回去。我们也向戏剧学院提过申请，当时是何添发做党委书记。但是何添发是个老好人，我们比较不硬的就是：第一，我们父亲在"文革"中死掉了，那么我们提出申请只能作为遗产申请，这是第一个。第二个是因为这个是公房，假如是私房的话又好办了。这么几个原因套在一起，所以戏剧学院落实政策就给我们分了个新公房，在愚园路这儿。

问：另外给一套房子？

王：不是，就六层楼的这种新公房给两套。

周：也给了我两套。

王：也给了他两套，它（戏剧学院）给了我们两套。

问：那他的户口就一直在里面没动？

王：他没动。

问：那个时候三间房子都归他了吗？

王：没有，还有边上两间大的（房子）是经过不知道多少次的周折以后，到了农业银行的房管科，我当时也是通过朋友查找，最后联系到农业银行的房管科，也给具体管这套房子的人打了电话，然后这幢房子变成农业银行的编外财产。

问：编外财产是什么意思？

王：农业银行又不是造房子的，就是（房子）七转八转的，房子有调配的，一调二，（调来调去）很乱的，就成了编外财产了。那个具体管的人他就跟我直接讲说：你能不能给我……当时开的好像是25万还是30万元现金，我把这套房子就给你。

问：谁说的？

王：就是农业银行具体的（房管科的人）。后来我就征求了家里人的意见，因为我也是比较血气方刚的，他们就一致反对我，生怕我买下来了以后就和他干起来，因为我家人都移民到美国了，就我一个人在上海。他们都反对这样，那我就没有做这件事。可能后来这房子就一直空着，后来不知道怎么就延续下来了。

董：至少说明一点，第一这个房子不是当初的戏剧学院分给他的。也不是造反派为了整他把他整进去的。而他说的他受迫害的全部这一切东西都不是事实。那我们归纳一下就是他讲的每一点，除了他住在里面是真的，其他任何一个东西（都是假的)。房子是抢来的,然后说偏房,你们也去看过,哪一间算是偏房?然后他说是造反派镇压(他)。就是他的每一个东西感觉讲的(都是假的),就是武康大楼这一段1967—1968年的变迁,假如你们要记录的话……

问:噢,有意思。
董:有不少的人搬出去。

问:我插问一句,那现在你们的户口应该是在哪里?
王:我在上海。

问:那你的户口本上是体现的出哪一年进武康大楼,哪一年离开武康大楼是吗?
董、王:应该有,查得到。

问:所以你的户口应该是呈现得出这样一个历史过程的?
董、王:那当然。这肯定查得到,这个不用怀疑。

问:你们这个房子是几几年,这个房子原来是戏剧学院分给你父亲的?
董:是高教区分给他的。从五六年一直住到六九年。最后彻底出去是六九年。

问:你们进这个×××室的时候,那个105室是彻底空的,没有人住的样子呢,还是已经住过人了?
王:应该是空的。我记得我小的时候隔壁104是好像是新疆人,(他们)烧羊肉味道很重的。

问:新疆人啊?这怎么会?
董、王:嗯,是104。但后来这家又走了,我们搬进来之前是空的。

王：所以武康大楼你们要写这个历史，那个时候下面，大厅门前还有白俄卖面包。

问：都已经四九年以后了。

王：是四九年以后。

问：他们这种店是面包房是吧？

董：不是，就是推着车子在那卖那个我们上海人讲的罗宋面包。

问：是白俄的人还是中国人啊？

董、王：是白俄。

问：那时候已经解放了还有白俄？

王：初期呢（还有白俄）……那个时候武康大楼里面有很多所谓的文艺界的人，比如郑君里、吴茵、孙道临，这是早些时候的事，我们去的时候已经搬掉了。关于郑君里我还可以讲一个小故事：就是有一次，武康大楼旁边不是有个新楼吗，上面有座花园，那个花园可能是挖一个天窗给那个汽车间。郑君里就住在新楼，有一次我弟弟被几个混混在楼下打了，郑君里看到特地跑来叫我们解救。

董：在那个时代，里面住的就是文艺界比较有名望的知识分子，演员，艺术家比较多。

周：他们父亲是属于这个档次。

问：嗯，在高教局的。

周：有文化底蕴。

董：所以那个时代的艺术文化底蕴是很厚的。我们对面就是宋庆龄的房子，每天早上都有一大群白鸽过来。

王：每天放鸽子，和平鸽。每天放。还啦啦啦地响的，有脚铃的。

问：你们在对面都可以看到？正对面就可以看到？
董：嗯，正对面。当时就是这样一个环境，要讲口述历史呢，那一段就是很有文化底蕴的一个环境。六六年以后，又是一个大换血的时间，如果你们真要把那段口述历史弄出来也是很有意思的。很大一批人被批斗、被抄家、房子被侵占掉。

问：对，这个我们也了解。
王：还有就是你们写的那个历史，上面掉下一个牛奶瓶（这段历史）。我在网上看到，那个时候淮海路是迎国宾的一条路，某些档次的人会夹道欢迎，当时好像是苏加诺还是别的什么人，就是没有夹道欢迎的，然后外宾来了以后，不知道几楼的人扑出去看，然后一个牛奶瓶掉了下去，正好打在了他的车边上。当时很紧张。

问：是发生过这件事情，只是时间点是在？
王：发生过的。
董：其实当时这里面还有很多被搬出去的人，如果你们有条件采访一下这些人，这些人很多都是很好的知识分子、艺术家，他们都是很有内涵的一些人。所以他们也会给你们反映一些事。那文革中间那些搬进去的人……我不讲那很多被批斗的、被抄家的人，文革中间搬进去的人你们也可以采访，但是要真实地反映这些人是什么样的一些人，他们做了什么事……（这样）也可以，当然要不要像这样被播出是另外一回事。但最起码（知道）他们是怎么进去的，他们做了些什么。而不能就变成他们是受迫害进去的，说是为了让他们多付一点房租，让他们受迫害进去的，这简直很荒唐。
周：就是这段六七年以后出去这批人，然后进来的这批人，这一段时期，不一定触及他们太多，但是写的巧妙的就有教育意义。这是历史。

问：实际上这一段我们也是花了工夫了解，比如说，武康大楼自杀的有好多人，

■ 大楼内侧结构

有的人说6个,有的人说8个,有的人说10个都有,但是肯定有好多人自杀,有些是自杀死亡了,有些是自杀未遂。有的在"文革"当中。像郑君里,在"文革"之前,有一个居民跟我们说江青到他(郑君里)家里来过,当时郑君里到外面去了,是他夫人在。她实际是在"文革"之前已经来了解一些上海文艺界的情况,她可能也是实际上是为了"文革"在做准备,或者是来打探一下她自己在上海的情况怎么样。像这种事情,有人说了,或者有人搬掉也看到过了,但是还没有确凿的事实证明,做口述史就是有这个问题的,你要如何证实这个事实呢?

王:武康大楼跳楼的,我目睹的就有三个。

问:你当时年纪多大?

王:十四岁。我目睹的是三个。第一个跳下来的是从后面,打在那个电线上,这个人当时没死,后来我不知道。

问:这人是什么身份你不知道?

王:不知道。(他)是从七楼跳下来的。

问:你怎么会看到的呢?

王:很响的,"砰"一击,那一击像打雷一样的,就是碰到电线了。为什么他没死呢?就是地上有个卖菜的篷,他从电线上碰一碰,再摔到篷上,从篷上再摔到地上。

问:是从七楼顶上还是从七楼走廊里(跳下来)?

王:从家里面跳下来的。就是你从楼梯走过去105的对面的地方上到7楼,在这个位置跳下来的。

问:下面就是武康路?

王:对,武康路。随后呢,还有两个都是中午的时候跳的。而且他们不是武康路上的人。

问：（他们）是到武康路来跳的？
王：对，有两个。

问：这是为什么啊？
王：而且全部跳到后面的一个天井里面。这两个人是今天先跳一个，明天又跳一个，而且两个都是女的。神奇的是两个人跳下去以后一滴血都没有，就"砰"一声，一点点血都没有。一个是我们几个人看到的，另外不是出借死人的车子吗，就停在我们105室下面，我是正对着的，不是有一面国旗吗？就在国旗这个位置。所以我只能说，有6个还是8个人跳楼我不清楚，我能知道的是3个。

周：所以在这样一个阶段里，各种各样的人受批斗也好，抢房子进来，干脆你不讲也没什么，他说他受迫害进来，这对历史就不太严肃了。

问：你爸爸当时是戏剧学院的教授咯？
王：舞美系教授。
董：我们希望你们能把这件事情能很好地还原一下，武康大楼是很典型的一个地方，人物也很丰富多彩，写好的话对整个社会是有了解历史（的好处的）。

问：枕流公寓故事也是很多的。
王：对，枕流公寓。
董：那周老师、陈老师，很感谢你们关心我们的……这整个过程。

问：你们讲的这些情况对我们来说也是很重要的。我们做这个口述史的想法和意义，实际上刚刚董老师都讲了，都理解的，就是想找一个比较有代表性的点，来倡导一下，让大历史以外的普通的百姓也能再来诉说自己的历史，来补充我们的历史。历史不一定都是历史学家写的，也不是只有历史教材、历史读本里面，很多老百姓是没有机会说历史的，我们是想倡导这样的叙述历史的方式。不仅是武康大楼的，其他上海好多地方都可以用这种方式，让人民自己来说自己的历史。这是一个探索，选择武康大楼是因为我过去住在五原路，对湖南街道比较熟，就相对来说这个环境比较熟一点。武康大楼又是一个保护建筑。

采访后记：
这个访谈是在计划之外，也是出乎我们意料的。口述史的新闻播出后，华师大有位教授打电话给我，说有位美国华裔学者从国外引进来华师大做教授，他们一家从小住武康大楼，看了报道后有些情况想与我们聊聊。因为说涉及事实的真实性，我觉得应该接受他们的要求。后来联系了几次，在酷暑的一个下午，约他们到丁香花园旁边的夏朵咖啡馆谈了一个多小时，采访小组的几个主要成员都参加了，他们同意我们录音。他们事先做了准备工作，去查了档案，询问了相关老人，写了书面的材料。开始他们情绪比较激动，聊了一会后，他们的情绪也平复下来了，说："这些资料如何用，你们从实际出发吧，我们只是希望你们的口述史不要有谎言，要对得起历史。"我们考虑再三，觉得没有理由不把他们的述说放上去，他们是当年的亲历者，也是受害者，如果隐去这一部分口述史，对他们是极大的不公平。再说，每个人都有诉说的权利、辩解的权利。对口述者来说，应该凭良心说话，做到文责自负。我们能做的就是把不同的述说放在一起，让读者去判断。当然，每个人的口述都会有记忆的差错，难以避免。

许宝英肖像

6 许宝英

1935 年出生
上海市普陀区中心医院护士长
淮海中路 1850 号，1959 年入住

访谈者：陈保平

08年发生了火灾，就我704（室），因为电线老化了。还是之前的老电线。所以他们后来帮我重新装修了，东西烧掉了很多，吓死我了。我当时正好不在家，去旅游了。

打蜡地板的地拖

问：您一直在普陀区中心医院（工作）？

答：普陀区中心医院开院的时候我就在。后来新开了中医院，他们院长到医院来要人，医院里不肯放。后来农工（民主）党的赵天琦（音），直接跑到中心医院党委办公室找党委书记。他说："你们这么大的医院，我们就问你们要一个人，你们也不肯给吗？"这下，我们这边的护士长跟我说一定要过去。那个时候我在办公室，当然服从组织上的分配，就去了。

问：你当时就住在这边了吗？当时的房子是您老伴单位分配的吗？

答：我五九年就住在这里了，这房子当时是属于部队的。本来部队的房子就很紧张，也不是谁都能住的。后来工程兵迁到南京，有人搬出来了，房子空出来，所以我们就能搬进来了。

问：这时候您的老伴是在上海工作吗？

答：不是的，他总是在山里的。

问：搬到这里的时候，也就是你们结婚的时候，他的单位落实在什么地方？

答：就是部队，山里。

问：那么就是因为跟您结婚了，而您定居在上海，所以作为家属就分给您了。他也能偶尔休假回来，对吗？因为他是一直待在外面的，而您一直在上海工作，所以单位就考虑你们在上海安家，是吗？

答：是的，他们曾经动员我去南京，但他又不在南京，他如果在南京，那我去那边也是蛮好的。我是上海人，我去干什么呢？我去那里没有意义。当时我们已经住在这里了，他们再来动员的，可是我后来也没去。

问：您结婚之前住在哪里？

704 室进门的过道

答：住在普陀区曹家渡，国棉六厂。我们要结婚却没房子，他是一定要回来的。开始的时候我是在外面借房子的，后来部队知道了就分给我们了。

问：武康大楼的房子是不是有相当一部分是属于部队的？
答：是的。我们楼上本来是两家人家，后来"文革"，陈志山（音）、梁万登（音），他不是资本家嘛。还有以前的701和703，他们是弟兄俩。这弟兄俩是造纸厂的资本家，"文革"时被红卫兵赶走了。他老婆想不通，也批斗他，他女儿也六亲不认了，造他的反，他就想自杀。他爬到我们七楼的阳台外面，拉着（墙），吊在外面，就在我们隔壁。围观的人是人山人海。实际上他也怕的，不想死，如果想死的话，手一松就下去了。结果后来人家把他拉回来了。最后两弟兄就搬出去了。

问：那么当时他们的房子是他们自己的吗？
答：应该不是自己的，要是是他们自己的话，之后就还给他们了。因为不是自己的，所以他们最后就走掉了，再没回来。

问：没回来的话，那房子最后怎么处理了呢？
答：那就被警备区收去了。

问：我估计，这里的产权有不少是归部队所有的，是吗？
答：我们这里的产权属于上海市房地局，警备区也是租来的，没有产权。我们属于三房客了，可以一直住下去的，但是没有产权。

问：到现在也没有产权？
答：没有，就是付租金，但租金最近两年他们也不来收了。

警备区是中国人民解放军在重要城市或战略要地设立的军队组织，除了与军分区有共同的任务外，还担负重要城市及战略要地的警备任务。

问：您所谓的"三房客",大房东是上海市房地局,房地局让警备区使用,警备区再分给你们家属,是这样的关系吗？

答：对的,你想想看,我们在这儿也住了50多年了。

问：像您这种类型的,在这栋大楼里有多少?

答：我们七楼（有）四家,等于是四个门档子（单元）。六楼是两家,五楼也是两家,四楼好像没有吧,三楼也有。每一层楼都有,但四楼有谁我一下子想不起来了。

问：这栋楼上,像您这样来自部队的,大家彼此熟悉吗?

答：有的因为"文革"都搬出去了,而且当时我们都在上班,不太了解。对于哪几层楼有谁我还是知道的。四楼的400也是警备区的,反正每层楼上都有的。比如说楼下的秦忠明,就是"文革"的时候人家搬走他搬进来的,他就是戏剧学院的。705的那时候到香港去了,605去俄罗斯了。那时候我们还叫苏联,作为专家派出去的。好多外面有点关系的人都搬走了,那些亲戚朋友在美国、中国香港的,都走了。所以现在很多人我都不认识,有的人说（房子）出租了,有的人说卖掉了。

问:不管是搬进还是搬出,房地局给警备区的这些住户的房子都是不能卖的,是吗?

答：都不能卖的。说起来也怪,住在一楼的警备司的司长,不知道他是怎么卖掉的。其他人家都不可以买下来,不知道他怎么买下来的。

问：使用权也不可以买到,对吗？像楼下秦老师他们都是自己买下来的,买得早就很便宜。

答：对啊,就是有一段时期大家都说要买房子,他们就全部买下来了。一楼的那个司长不知道怎么买下来了,后来就卖了,现在不住这里了。警备司的,但具体（住）几号我不清楚,他姓沈,名字我也不知道。

住在武康大楼 / Living in I.S.S.Normandy Apartments

■ 卧室

问：那么是要了解一下，为什么他可以卖？

答：是的，碰到以前工程兵部队的，他们都说："这个房子连房产证啊什么都没，怎么办？"可是这有什么办法，警备区又不肯给我们。这房子给我们的话，他们就吃亏了。实际上我觉得应该交给房地局，让房地局收房租，我们也就不说什么了。房地局其实要他们（警备区）退（房）的，他们不肯。因为如果这里要装修或是什么，他们是不肯出钱的。房子他们在管，但又不肯出钱。我听说陈思杉（音）在要求，要求他们把房子交给房地局。陈思杉（音）是警备区的，也是离休的，他后来转业到地方去了。听说他要求把房子交给房地局，这样就可以卖了。因为他有好几个儿子都住在一起，所以这个要求也不算过分。如果他可以动了，其他人也都可以动了。我们都希望他可以动，不知道最近他怎么样了。

问：我听下来，大致算算，这栋楼上大概有十几户的房子是属于警备区的吧？

答：十几户肯定有的。下面不算，是七层楼。反正每层楼上都有，十几家人家肯定有的。这件事不知道会怎么解决。

问：至少房地局那边的想法是对的，收回来了就能统一进行资源调整。对居民来讲也可以享受同样的政策，或者是买使用权，或者是产权。当然现在的价钱和当时又不一样了。

答：那肯定不一样了，这我们倒是情愿的，因为这里地段好。

问：我们看您的房子还是不错的，你装修过吧？

答：因为着火了，2008年发生了火灾，就我704。因为电线老化，还是之前的老电线。所以他们后来帮我重新装修了，东西烧掉了很多，吓死我了。我当时正好不在家里，去旅游去了。就是五月一号那天凌晨，老伴在家。（孩子）打电话给我，我说我明天的车回来，他说叫车来接我，我问什么事啊，他说没事，爸爸牙齿痛，谁给他打针都不行，就要你给他打。实际上他在骗我，我又不知道（发生火灾了），回来以

■ 704室洗手间

后看到烧得一塌糊涂，东西全烧了。这些家当都是后来买的。这间房和隔壁都烧了，现在这堵墙把两间隔开了，着火的话就烧不起来了。一开始这两间是通的，但是因为是（木）板隔的，所以全部烧掉了。

问：烧起来的时候，您老伴在吗？

答：老伴听到咯嗒咯嗒的声音，一开始还以为是老房子里有老鼠，所以他就敲了敲墙，但还是有声音，他就起来看了。看到火已经蹿起来了，他就叫隔壁的人，隔壁的还不知道，被他儿子喊起来以后，他儿子也进来了，两个人逃到阳台上。

问：为什么不逃下去呢？

答：我们那扇门打不开，第二道门已经打不开了，不知道为什么。还好有个阳台，否则老头子就要呛死了，那个烟太厉害了。后来他就叫"救命"。对面的宋庆龄故居里有警卫，打电话叫车子，救火车来了很多，但是没水。

问：怎么会没水呢？

答：对啊，之后到泰安路还是其他地方接了水来，才开始浇，浇灭了就好了。之后就帮我们装修了，就是2008年的事。

问：您搬来这里这么多年，第一次失火，这也是个警醒——这地方（消防）用水不方便。

答：是啊，这事情出了，后来他们就来弄了，当时水确实不好。

问：（发生火灾）那真是吓死人了。

答：真的，我到家以后，夜里我女儿叫我过去，在干休所住了一夜。

问：虽然说这是件坏事，也是一件好事。武康大楼这一栋楼，要是救火没水被烧掉了,那真是太可惜了。

答:是的。当时就是没水,后来才接了水过来的。

问:现在这种防护设施应该都装好了吧?

答:对,后来是应该都装好了。假如没有这个阳台,那老伴老命都没了,半夜里出不去要被呛死了。他年纪大了,听到声音醒过来了。

问:家具啊什么的他们就没赔?

答:是的,家具都是我们自己买的,没赔。

■ 704 室厨房

问：实际上这电线老化也不是你们的错，本身年数久了。

答：否则他们连装修也不装修了。也过去好几年了，七八年了吧。

问：这个壁炉好像是老的，你用吗？

答：是老的，这个壁炉很好的，但是不用了，现在有空调了。当时用还觉得蛮好的。

问：我还想问问，您和老伴在武康大楼住了50多年了，你们最主要的感受是什么？为什么还觉得这地方比较好，这么多年都不选择离开？

答：是这样的，警备区分了房子给我们，弄好了以后，我对老伴说，我们搬过去，让子女住在这里。他说他不要，他喜欢这里，这里出行也方便，在这儿住也有一定年数了，比较习惯，不想搬，所以就一直住在这里了。后来四楼有人把房子卖了，是403，大概有180个平方（米），当时听说卖了180万元。不得了，这房子有这么好？一万块一平方？当时觉得一万块是很多钱。

问：什么时候？

答：很多年前了，我记不清了，反正过去很多年了。大概是2000年以后，总归是在失火之前。她爱人以前是城建局的局长，党委书记，后来过世了，所以就把房子卖了，去外面其他地方买房子。180万元卖掉的，那就可以到外面多买一点，几万块就能买一个套间了，直通间，买了还有钱剩余，所以当时蛮多人家都（想卖）不想要房子了。但是现在想想懊恼了，因为再也买不回来了。四楼卖掉的那个，就像我这里的一间，一模一样的，就这一间就要200万元了。不是因为这里的房子价值高了，而是觉得这房子住起来比较有味道。与别的地方比，觉得它比较好，所以不愿意走。

问：照理说现在两家人家，厨房间等都是公用的也不太方便，卫生间是单独的吧？

答：卫生间是单独的。不过隔壁有一个小房间，原本是储藏室，现在他们就是在那个小房间里烧饭，洗洗东西什么的会过来，但是大家凑在一起也热热闹闹的。

问：这么说来，你们老两口也是很不容易的，几十年来能和邻居们这样相处。

答：我们不太到人家家里去。我们俩比较谦让，对别人也比较宽容。所以我也总是劝人家（邻里间宽容一点）。像上次老头子脑出血，因为我们隔壁人家（厨房）那个大台子放着，担架都不好进来。要是别人家，随便是谁都不会同意的，走路也不方便，七拐八拐的。还有一趟是八楼有一个老头死了，他们家的子女就把老太赶走了，我当时都不知道。四楼一个姓董（音）的看到我，就冲我发脾气："你怎么搞的？她都被她儿子赶走了。"我说："什么？什么？"我没听懂他在讲什么，他的意思好像就是，大楼里的事我都要管，"你怎么不管的啦！"他也是居民，不是居委会的，他还怪我。后来我说，怎么管呢，这是人家的家务事，他们到底是怎样的我也不清楚。我对他说："你当我是什么人？我比居委会还厉害吗？居委会都管不了，我怎么管？"他说："你不是大楼的大组长吗？"说得好像大楼里的事都是我管的。我说，我是多管闲事，有些事我是管的，但是有种事管不住，也管不了，人家也不给我管，对吧？

问：你是你们七楼的楼组长？

答：是啊，是七楼的楼组长，居委会小支部的委员。这件事情以后，我就跟他解释，我不是全楼的大组长，但是有的事情如果能帮到别人的，我总归肯帮的，我就是好管闲事的人。

问：现在医院里的许多护士，很多人说她们对病人冷冰冰的，你肯定是对病人很好的。

答：我们刚开始当小护士的时候，在医院里有发护士篮，里面放毛巾、针筒什么的，要帮人擦背，帮助大小便什么的。因为刚刚开始工作，这种基础的工作都要做的。现在的护士都不做这些了，都是护工做的。当时我们还要喂饭，大便不通，挖大便这种事都要做的。所以现在我听说医院里的人被打，我看看她们冷冰冰的样子，我也不太舒服。

我退休以后，有两个老医生说，你现在不当护士长了，你要是还在当，那是当不下去的。现在她们都是抽屉拉开来，拿张薄薄的纸，拿来吐瓜子，以前我们都不舍得用的。酒精棉都不舍得用，自己用都是自己去药房里买的，公家的东西怎么能随便这样拿呢。现在不一样了，很好的纸，她们吃东西时就拿出来用，用好了就卷卷扔到垃圾桶里。现在不一样了，情况怎么变成这样了。

我们院长凭良心讲人真的很好，叫安之彬（音）。我上次开阑尾，她来给我倒马桶，我觉得蛮难为情的。我当时等于是被借出去一段时间，后来普陀区中医院并到甘泉地区了，我要退休了，就想回老单位。但当时也不怎么顺利，我当时是副院长，负责护理部，她来跟我讲，现在都算中心医院了，所以我等于又回到中心医院了。中心医院之前是中医院，也收病人的，他们当时没有护士长，我要去帮他们把样样东西（工作）都弄起来。当时是对口检查，现在不知道查不查。我们是要互相查的，我们拿的分总是比别人高的，要做就要做好。毛主席说，全心全意，没什么活络心事。"大跃进"时，早上7点去接班，夜里要待到很晚，晚上很晚还要开会，礼拜天只休半天。很多人都被叫出去抓麻雀了，我们人少了，一天上10个小时班，周日休4个小时，还要帮中班做事情。那时让我们去睡觉也睡不着，到几点钟又要爬起来帮病人测体温，大小便，等等。事情很多，总是夜跳班，日跳班，现在这种班都不大有了。病人们说，你来我们就开心了，就像我们的女同学来了一样。后来我从隔离病房去了门诊办公室，"文革"期间不叫护士长，叫组长。我要去接待别人，我们党委书记讲，我要帮他顶掉半边天，接门诊的矛盾啊什么的都要到这里来。

问："文革"时，你们家有没有受到什么冲击？

答："文革"时很怕的，隔壁吵，也不知道是谁。（老伴）在部队，偶尔回来。总归是怕的，假如他们突然冲进来，和红卫兵又讲不清楚的。

问："文革"当中，除了之前说的有个造纸厂的人要自杀以外，还有什么？

答："文革"的时候，我还没过40岁。那时候有造反派，我们700有个人叫周爱娟（音），我一直记得她，揪了个青脸孔。404的也是造纸厂的，姓戴（音）。

■ 卧室的门

这老头也倒霉的,他是普陀区政协里的,拎了个包进来,我正好在下面看到。他的保姆变成造反派,要检查他的包,检查完了就扔到门口马路上。当时造反派你跟他有什么好讲的,但我心里想,人家年纪那么大了,你这样做干什么呢,狠得不得了。这保姆是无产阶级,就是这样子。

问:这栋楼上经常有人来抄家,是吗?

答:我听人说有人要到我家来抄家,但是后来没有来。护士喜欢穿得好看点,剩下也没什么了,家具都是这种三夹板的老家具了。他们觉得这说明我有资产阶级思想,但是单位里不会有人这么想的。只是我们楼上有个别的人有这样想法,但是后来也没人来,我就不作声了。我喜欢穿点好看的衣服,但是思想比有些人还清楚(进步)。

问：您有几个子女？

答：我有一个女儿，一直住在外面，我姑妈帮我带的。工作很忙，夜里开会要开到很晚，我又不能不参加。医院的"造反派"要我参加，因为我是军队家属，部队规定不可以参加，所以他们就说我是"保皇派"。我们院长出去搞过"四清"■，回来以后一直斗他，黑板挂在脖子上。我们喊要文斗不要武斗（没有用），他又不是真的犯人也不是罪人，干嘛这样。我们这种人比较实在，不能因为"造反派"时髦就参加。医院里有红衣"造反派"的，我任何派都没参加。

问：我看有人写武康大楼的回忆录说，在"文革"中这里像"上海跳水池"，你就只看到一个人跳楼？

答：不止一个。第一个人是来找705胡野檎（音）家，他当时是越剧院支部书记。（来的）大概是一个编剧，因为写才子佳人被批斗，他找书记来讲，结果胡野檎不在。那个人想，找不到书记，他回去也没有好日子过，就跳下去了。我们楼下当时有个店叫永丰，卖鱼卖肉。开始他掉到电线上，然后再跌到篷上面，挡了一下，所以当时没死。后来送到光华医院，但是抢救无效还是死了。他不是被抄家的，他是被批斗的，他要是不跳（楼），也就撑过去了。第二个人是徐汇中学的老师，被批得很厉害，在6楼。我都没去看，看了难过。第三个是504的华（音）家，我们以前都叫她华太太，她是小老婆，是资本家的姨太太，有一个儿子、一个女儿。他们说她是特务，被赶出去，关在别处。后来斗得她实在吃不消了，跑到武康大楼来跳楼的，不知道从几楼跳下去的。这三个是我印象比较深的，其他人我不太清楚。"文革"前没人跳楼，"文革"后也没有，批斗、关牛棚吃不消了（才会做这个选择）。

■ 即四清运动，是指1963年至1966年，中共中央在全国城乡开展的社会主义教育运动。运动的内容，一开始在农村中是"清工分、清账目、清仓库和清财物"，后期在城乡中表现为"清思想、清政治、清组织和清经济"。

问：许阿姨，您住在这里这么久了，实际上经历了三个阶段，一个是1949年后，你们刚刚搬进来的时候，年纪比较轻；第二个阶段就是"文革"，熬了十年，您带着小孩、姑妈在这儿；还有一个就是改革开放以后。这三个大的阶段，您觉得哪一个印象比较深刻，或者说这三个阶段有什么不同？

答：现在做生意的做生意，有钱人多了。有人"文革"进来，等于说抢了一间房子，现在有钱了，再买几间，这种情况也是有的。改革开放以后就有这种事情了，因为有钱了，武康大楼房子的买卖就开始了，就开始流动起来了。以前都是没什么变化的，因为以前大家都是拿工资的，没什么人去开厂啊什么的。

问：那么在楼里邻居关系呢，这三个阶段中您觉得哪个阶段是比较好的？还是说差不多？

答："文革"前，邻居们都不大出来的，家里都有保姆，就算出来了也不大碰得着。到后来大家都差不多了，都是部队里来的就交流多一点。比如701，他一个人在家，我就把电话给他，我说随便有什么事，您打电话给我就行，我可以想办法通知医院或者什么，来帮您解决问题。隔壁邻居，比如家里有小孩在幼儿园，方便的话我会帮忙去接，这种相互之间都挺好的。我们隔壁人家，是静安区的人大代表，人也蛮好的，我们住在一起挺和睦的。我们装修的时候，楼下厨房都（分割）独用了，我们还是合用。热闹点没什么不好，邻居都比较和睦。去年，楼上楼下（大家一起）做练功十八法（健身），大家都熟悉了，都是年纪大的。今年，又有人生病了，人更少了，只剩三四个人了，他们也不做了，那我就自己做，经常出去走走。

问：生活方式上的变化呢？

答：老人是没什么可变的，年轻人有夜生活，我们这种年纪的也就没什么，顶多看看电视，到九十点我就睡了。因为生物钟嘛，睡得太晚对身体不好。楼里面有的人不大接触，所以也不太认识，没什么好讲的，认识的碰到也会打打招呼。我还好动，有的（邻居）90多岁了，行动不便，我有时就去看看他们，跟他们聊聊天，讲讲玩一玩。

现在他们觉得我年纪大了，80岁了，不让我做志愿者。世博会的时候我正好腿骨折了，他们说（志愿者）有工资的，既然有工资的话就让有需要的人去吧（我不去了）。我还去巴金纪念馆做过一天志愿者，维持维持秩序。他们看看我样子觉得大概还可以，但后来看到我的身份证后说，以后需要你的时候再叫你吧。我想算了，不去就不去吧。

问：许阿姨，您这个阳台好，直接可以看到宋庆龄故居。

答：现在看不清了，树多了，长得太茂盛了，以前我们刚搬进来的时候可以看到的。

问：这几十年你都看到了什么？

答：宋庆龄家有个李妈，李妈块头很大。三年自然灾害的时候，他们家养鸡。养鸡就要拿鸡蛋，还有喂食什么的，她年纪大了，走起路来就走不大动了。有一次琼花开，宋庆龄回来了，毛主席也来了。我们（距离）太远了，看不清楚，只是看到车子进去。后来听说，余庆路、淮海路，这附近路上的灯都关了，说是毛主席来了。周总理也来过，居委会的人也不知道，所以也没人来关照我们什么。我们只知道马路上关灯了，来的一定不是一般的人。宋庆龄的秘书，他女儿和我女儿是南模中学的同学。后来宋庆龄年纪大了就一直住在北京，这个小姑娘就一直陪着宋庆龄，陪到最后，她姓单（音）。总的来说，我们住在这里挺幸福的，平时没觉得，现在大家重视了。世博会的时候，为民服务，还做了晾衣架，让居民生活方便。有人曾经为了外面的空调架子年年都吵架，因为没有水管，水会漏到人家家里去，所以这个矛盾蛮厉害的。现在有了这个，矛盾就少了。管子坏了，他们自己买了接上去就好了。这都是有利有弊的，装空调总归要敲（一个洞的），现在大家统一装了一个漏子一样的东西，看上去也不难看。

问：您作为楼组长，一共管楼上多少人家？

答：我们楼里一层楼有十多家人家，有的人家（住了不止一家），702住了三家，像我们706就住了两家。

问：楼组长主要做点什么事情？

答:最近最忙了。最近小柏(柏祖芳)来跟我讲,要投票了,楼组长也是选的。现在大楼没有大组长,(因为)我们的业委会到现在还没组织起来,大组长归居委会领导。楼组长每层一个,现在没人负责楼组长,本来有个党员活动小组,有个姓陆(音)的老师,以前是宛南小学(音)的,后来去别的地方当校长了。他管理起来比较好,但后来他走了,就没有头(组长)了。所以我就组织起来,一个月一趟(小组活动),但没了写(文稿)的人。我就找了隔壁的陈思杉,他也是党员,老干部,以前大概是警备区青年科的科长,专门搞宣传的,写起东西来很快。我请他出来,他也愿意的。我们就这样一直继续下去了。2009年下半年,因为世博会这里开始大修,党员活动小组就停了。本来在后面有一间房间的,后来也没地方活动了。等到修好了之后,我就跟居委会讲,小陈,是不是要恢复党员活动小组,但是到现在都没有恢复。现在有什么事情,居委会直接来管。有时候我好管闲事,就去管管,我岁数也大了,之后也不想弄了。

问：您印象当中，"文革"前你们这里有没有居委会？

答：有的。"文革"前的居委会，每个礼拜四都是干部劳动，在公共区域比如天井，或者其他地方打扫卫生、开会，等等。居委会不只负责一栋楼，每栋楼有一个小组长，小组长负责算水费。以前这里的自来水，紫罗兰（理发店）和我们合用一个表，他们很费水。房子要出钱，一间房交3角；我两间，6角。一个月抄了多少，再按人头算水费。另外有什么事他就来通知，像紫罗兰这样的事他也要来处理，大家吵啊闹啊，所以到后来分了小水表。之前是整个大楼一个水表，大家都不节约，都乱用水，现在就节约多了。

问：那么"文革"中有居委会吗？也是有个小组长来管的吗？

■ 卧室

答：也是有居委会的。那时候对面 707 是小组长，他是上海科技情报所的书记，后来走掉了。他退休的时候当过小组长。

问：改革开放以后，党员活动小组是这里主要的组织，有什么事情大家都（一起）商量。活动小组是不是也有负责人和组长？

答：有的，之前是五楼的一个老师，后面就是我在召集。但是 2009 年迎接世博会大修以后这件事就停了，现在就只有楼组长，没有党组长了。党员活动小组提醒一下，对党员能稍微起一点作用。我也听说，居民也提出了党员应该有个组织，大家有什么困难也可以找找党员。我觉得这也应该的，能出多少力就要出多少力，大事做不了，也要做点小事。我也跟小柏说，可以换人嘛。但楼上没人，有人的话（就给他当）。六楼有一个年纪轻的，刚刚退休，我跟小柏说以后让他做小组长，他有朝气，我岁数大了。

业委会一直没有。因为业委会是要买房子的人家组织的，买房子的人家少，也组织不起来。大楼里人员流动也比较多，把房子租给别人很多，707 和 705 还是外国人。他们住在王文娟楼里的，晚上吃烧烤，在平台上，就在汽车间屋顶上。下面都是柏油、油毛毡，烧起来怎么办，后来就禁止他们烧烤。而且他们玩得很晚，答应几点走，但还是走得很晚。我听了这件事，又下去多管闲事了。担心他们影响到居民的生活，还好没打扰到邻居们休息，就是烧烤的烟雾太大，墙上都是油毛毡，要是烧起来就不得了了，后来我就跟他们讲下不为例。他们来自好几个国家，有一个中文还讲得很好，他们都相互认识的，都喜欢吃那些炭烤出来的东西。

问：上次听居委会的人说，有两只鸡飞到宋庆龄的花园里去了，这是怎么回事？

答：那是自然灾害的时候，分派（配）的东西都不够吃，养了几只鸡，生蛋。头一只鸡是飞过去的，还好对面的工作人员送过来了。他们说你们楼上一只鸡飞过来了，

上海科技情报所属上海图书馆，是全国第一家省市级图书情报联合体。

我说是我们家的。第二只鸡，飞到下面，但是因为大，分量重，摔昏了，它摔到地面就跑进紫罗兰。紫罗兰就是以前的那个理发店，我就赶紧跟下去了，问他们要，他们说没看到。我看到它进去的，就说你们这样不行，这不是吃白食了吗。后来他们倒是拿出来了。想想也很有趣，当时老爱人从安徽拿来的鸡，我们不吃，就养在阳台上。所以我女儿小时候也不算苦，蛋炒饭总是有的吃的。

我上次去对面，姓郭的工作人员说，你真幸福，就住在宋奶奶对面。我说，我也是没办法，以前那里都是不让进去的，但是里边的人都很好。有一次我买了两盆花，就到他那去，请教那里的姚师傅这花怎么养，所以有点熟。他说你以后就直接来好了，我说我也不能随便来，有事才来，也已经来了好几次了。总的来说，住在这边挺幸福的。

问：您最早住到这里的时候收房租吗？这时候大概是多少？

答：收的，很便宜的，大概是3块几。刚进来的时候，水电费部队都给报销的，后来他们搬掉了就不报了。后来（房租从）3块多涨到12块。现在就不收了，不知道怎么办。

问：水电费是自己要付的？

答：五九年后就自己付水电费，装了小火表，大家就分开了。我是五九年搬进来的，煤气在搬进来的时候就有了。这个煤气滑稽了，没火，到吃饭的时候，大家用的时候就没火了。因为大家同时在用，所以煤气供应不足，一点火都没有，而且这种情况持续了蛮长一段时间，这是在"文革"初期。我们打电话给煤气公司他们不理我们。这下大家急了，每家人家都签字，让孙道临带到人大去。孙道临带着信去了以后马上就有人来修，就解决了。那时孙道临、王文娟在，有什么事情、活动也找他们。当时孙道临已经身体不大好了，他的胡子一半黑一半白。他很幽默，说这是他的特色。我们关系都蛮好的，那天还合了影。我老伴碰到孙道临的时候总是打招呼。那时候杨富珍还来过我家两次。她是住在余庆路上的。她以前在普陀区做书记，后来我在普陀区中心医院认识了她的爱人，她的爱人是搞消防的，沈德强（音），后来她叫我到她家

许宝英家的阳台

里去,所以她作为回访也到我家来,也去过孙道临家。他们当时是人大常委,所以和孙道临一起去他们家。

问:除了孙道临、王文娟、杨福珍,您还和哪些名人接触过?

答:王盘声,唱沪剧的,也算名演员了,也住这里。但"文革"的时候房租付不起,搬走了。"文革"的时候真受罪,他爱人卖羊毛毯。她吃惯用惯了,她爸是老演员。王盘声又是她爹的女婿,又是她爹的学生。我们大楼里在"文革"的时候还搞向阳院,在汽车间平顶上唱歌跳舞,会唱歌的人都被请出来唱歌,邵洛羊的女儿也被叫出来唱歌,那时候的向阳院想想也蛮热闹的。"文革"时大家也不管了,有钱没钱的都一样,好几家人家都是造反派抢进来住的,被抢的都是资本家。很多人都来敲门问:你们住了几家人家?有多少人?我说我们是部队的房子,如果是资本家的房子他们就抢进去了。现在很多资本家的房子,抢进来了以后就放在那了。一楼有一家,抢进来以后,他买下产权就把房子卖了,卖了190万元。他卖得比四楼那家晚,403是卖得最早的,他卖了180万元,不得了了。■

采访后记:

许宝英80多岁了,身体很健,看上去只有60多岁,坐在沙发上与我们聊,满脸笑容。她曾是普陀区中心医院护士长,热情、敬业,凡事先公后私,关心公益。她与老伴在武康大楼住了60年,至今向警备区交房租。她文化虽不高,但有着一个普通人的善良与正义。比如,她表露了对"文革"中"抢房子"人的不满;对部队一些官员当年违规买房的不解;对警备区没有将房产统一交给房管所有异议。她述说这些时很平静,并不表示愤慨。甚至对于这幢楼电线老化导致的房子被烧,救火又因附近没水招致家具全被烧毁,只获重新装修,没有任何赔偿的事情,她也仅仅淡淡一笑,表示了无奈而已。她不像今天年轻一代有较强的个人权利意识,她更看重在为他人的服务中体现自己的价值。这一代人正在渐渐老去。

唐桂林肖像

7 唐桂林

1957年出生
徐家汇街道零陵居委就业援助员
武康路435号，1959年入住

采访者：吕正　陈保平

以前这里（指汽车间）连墙都没有。四九年之后才隔起来的，（过去汽车）这边跑道上去，那边跑道下来。这房子结构炸弹也炸不掉。

问：能介绍下您住在武康大楼的情况吗？

答：尽管那个时候物质比较匮乏，但是大家蛮开心的，邻里之间大家都互相关心。这家有点什么吃的，那家有点什么，大家都串来串去。特别是过年，情趣特别浓。所以我自己对小时候还是非常记忆犹新的，也不会忘记，因为儿时的记忆留藏在心底也是对自己的一种鼓励。

问：你们住在这里五十几年，有什么感受？

答：不同时期有不同时期的感受。开心还是小时候开心，尽管物质匮乏，东西少，紧张，但是人与人之间，大家还是比较（亲）的。因为我们这条弄堂里大家都互相关心，互相之间都有来往，过节过年大家都这家看看，那家看看，有种邻里情。不像现在大家都搬走了，过年的时候一看都冷冷清清的，都没人了。老的都没了。现在在楼上住的，还有几个小的，老的都没了，搬走了。

问：唐家住在这儿最多的时候是几代人一起？

答：三代人。我妈、我哥、孙女，都在这儿，三代人。最多的时候五个人住在这儿。爸爸很早的时候生毛病，过世了。他以前好像是毛巾厂（的），再之前好像是煤矿设计院的，后来到毛巾厂退休了，因为生毛病嘛。

问：唐阿婆好像是一直做家庭主妇的，是吗？

答：她以前也是有工作的，后来退休了，也是退休工人。

问：那您介绍一下你们家三兄弟是什么情况？

答：平常呐，我们三兄弟，包括我妻子、女儿、阿叔、我侄女，还有我侄女的小孩。他叫我妈叫太太的，他们对我妈都很好，平时也带她出去玩玩。基本上我们每个礼拜天、过年、过生日都到这里聚会，来看看妈妈。因为这里地方小，但是一代一代家里人多了，以前五个，现在可能七八个了，我们就到外面吃。因为她年纪大了，烧不动了。平常没空的话就打个电话来，问候问候她，礼拜天来看看她，帮她烧烧饭。包括我，因为她年纪大了，儿子来吃饭么无所谓，媳妇来吃饭总是要弄得好一点的，那么我就来帮帮我妈，来烧烧弄弄。再说我妈也蛮坚强的，有什么事尽量不麻烦小辈，自己克服。总之，我妈心态很好，都82岁了看不出的。

问：那您是否能回忆一下，就你们三兄弟住在这儿的时候是怎么住的？像这样的一个房子。

答：这个房间一开始是从当中隔开的。后面就朝外面拦了，人少了，逐渐搬出去了，就朝外面拦了。我父母就住在这儿，三兄弟就睡在这后面，当中有时候也拉一拉帘子。因为小孩都大了。这里比较热。这是小时候，读书的时候了，我是两岁住进来的。

问：热的时候怎么办？

答：下面洗车间很宽敞的，就拿个躺椅啊什么的，在下面扇扇，要阴凉很多。上面很热的，你看我们的房顶，做了个顶，隔热，要好得多呢。有时候电风扇打开了也没用，那时候还没有空调。后来条件好了，大家要装空调，就装了个空调。

问：那么你们三兄弟住在这儿有什么好玩的事吗？那时候邻里同年龄的小朋友多吗？

答：多哦，你看现在还有三四个人，不管玩什么我们都老开心的。在弄堂里大家小时候都串来串去的，特别是碰到礼拜天。以前没有双休日，礼拜天休么大家就打打闹闹，弄弄玩玩。男孩子都比较皮，我还算比较好的。他们还说我有些小姑娘兮兮的，玩么就稍微文雅点。那时候全是烂泥地，我们就打打弹子，捉捉知了。就在武康路，就在对面。以前不是一块块砖头，是烂泥，挖个坑，打打弹子，有时到400弄里面去抓知了。

问：你小时候在这里有没有关系特别好的小朋友吗？

住在武康大楼 / Living in I.S.S.Normandy Apartments

■ 桂林与母亲

答：现在这里的话，隔壁的两个，姓吴。还有几个么，都搬走了，基本上没了，只有三四个住在这里了，老的一批都搬走了。这里的房子条件也不太好，女同学都出嫁了，住好房子去了。毕竟工薪阶层，我么，是靠福利分房正好是最后一批，一个人4个平方（米），总共20平方（米）不到，差了0.3（平方米），分了一套。

问：像我们现在看到的阁楼啊什么的，阿婆说搭建了已经有三十几年了。
答：是的，蛮久的。我哥结婚之前就搭了。因为我哥结婚的时候，我和我们兄弟俩人睡在阁楼上。

问：你还记得这大概是哪一年的事吗？
答：我侄女也三十几岁了，小孩也马上读小学了，应该是30多年前了。

问：那你哥是80年代结婚的吗？差不多七八十年代结婚的？
答：差不多。70年代末。

问：那时候在这里结婚是什么样子的，怎么结的？
答：那时候结婚也蛮热闹的。我哥结婚就是在这里办的，这里两桌，隔壁办了一桌，邻居办了一桌。那时候人少啊，就在家里借个房间吃饭好嘞。这里一桌那里一桌，再在邻居那儿一桌。我哥好像请人来烧的。等后来我们条件好了以后，就去天津狗不理包子店吃饭了。我结婚的时候就去襄阳公园对面的天津狗不理包子店，也是个酒家。

问：摆了几桌？
答：我结婚的时候比较多，十几桌。那时候东西也便宜。

问：那么等于说有段时间哥哥已经结婚了，住在这里，你们两兄弟还住在这里。这时候的生活是什么样的？

答：不久我哥搬出去了，我就搬到这里了。我刚结婚的时候是借房子的，住在外面，在植物园那里借房子。后来我哥他们搬走了，我就搬到这里了。哥哥搬出来的时候，当时分在建业里，就是建国西路，现在不是改造了吗，但是他那时候没户口，因为那时候是属于集体的房子，粮店里的房子，没户口，再说了煤卫设施也没有的。这时候正好有一批房子，他们中层干部搬新房子了，都搬出去了，我才拿了一套这个房子。我现在搬到徐家汇零陵路那里的房子了，现在是两间横套间，朝南的。

问：你还有印象吗？这里一楼是什么情况？你们一直叫洗车间，洗车间的。

答：以前嘛，下面是粮店啊，也很宽敞的。现在都变掉了，都借给外地人了。以前的汽车间地方也蛮大的，蛮干净的。汽车没了，就是通的，打通了像仓库一样的。居民也没几家，里面的东西么，以前上海食品厂的仓库都在里面，里面蛮空的，还可以摆摆脚踏车什么的，天热在向阳院看看电视。以前电视机不是老少的嘛，下午、晚上啊不是看电视嘛，这个角落暗暗的，小朋友凳子都摆摆好，看电视最好了。

问：那您说的"发现古董"是怎么回事？

答：是文物。以前"文革"的时候，抄了很多，但是后来也运出去了很多。就藏在这个仓库里面，很里面的。

问：那你们怎么会知道的，人家藏在里面的东西。

答：藏在里面嘛，有时是要搬出去的，这里的门和前面都是通的，里面这种泥塑的东西有很多，也敲碎了很多很多。

问："文革"的时候，您还有什么记忆吗？是什么情况？您那时多大？高中？

答："文革"嘛，造反呀，"文革"的时候，我岁数么……我是五七年（生）的，"文革"是六六年，我那时9岁。我学校就在对面，那时候是武康路小学，现在搬走了。"文革"时，吃饭的时候是不回家的，都关在学校里的，学校的墙上都打洞了。

以前我们这里走廊很宽的，"造反派"都睡在这个楼道里的。早上就走了，人很多的。

问：您到对面的大楼去造过反吗？

答：我这个人笨笨的，不造反。我这种人呢，对领导的话还是比较听的，我们武康大楼这里比较靠近康平路，事情总归会比较多，以前冲击很多。

问：您小时候去对面楼玩过吗？

答：对面的都是以前的同学，也不大去的。

问：他们会过来找您玩吗？有小朋友吗？

答：也不大来的。以前有两个，后来结婚了，就搬走了。这里旁边有座新大楼，武康大楼有个新楼，就靠近后面。有时我逛菜场的时候碰到她，问她过得好吗，因为大家小时候读书的时候关系还蛮好的。

问：是怎样的一个同学，可以介绍一下吗？

答：是个女的，她身体不大好，我妈妈也认识。因为我也是属于比较善于交际的人，善于交际的人接触的人比较多，也蛮讲得来的。她现在大概也搬走了吧。人也很老实的，大家在学校里的功课就是你教教我，我教教你，大家关系都蛮好的。现在碰到呢，就互相问问身体怎么样，情况好不好，小孩现在怎么样，好不好。反正像我们这种人，总归问问家庭情况，身体状况好不好，总归要问一声好，对不对？下次有事的时候，大家电话联系联系。

问：这时候（在武康大楼）公共地方要抢吗？用上海人的话来讲，不是说地方都是要抢的吗？

答：不抢的，我觉得小时候的人这一点倒蛮好的，不抢的。哪像现在，在门口我连自行车都不能放。

问：是不是因为大家规矩都做好了，你不放我也不能放，大家都不放的。

答：小时候的人和我们现在的人都不好比的，到底是思想都不一样了，你说对吗？你说现在房子这么紧张，那以前还不多弄点啊，对吗？以前的人不像现在的人那么要啥，很简单的，也不抢地方的。

问：但是我听阿婆说像门啊什么的，那时候是你弟弟自己弄出来的。这个角落是用什么东西搭出来的？

答：是我弟弟弄的，就是用木头搭的。还有壁灯，这上面的灯以前还是亮的，像霓虹灯一样。

问：您的女儿现在多大了？

答：25岁。工作了，但还没签合同，应该说有着落了。

问：她是出生在这里的，还是出生在你们后来借的房子那里的？

答：出生在这里的。

问：所以毛毛头（婴儿）的时候还是在这里过的，那么那时候是怎么过的？局促吗？

答：也就是这样子，天天都是这个样子，我妈照顾她。那时候，我们好像拉块布到这里，这块布白天就拉开，我妈就睡在这里，我弟弟大概就睡在外面。我们三个人睡，女儿呢就睡在那个角上，角上放一块板。

问：是什么样的板？洗衣板吗？

答：不是洗衣板，就是那种稍微大一点的板。像这种大的门板，夜里就搁块板，白天就撤掉，否则没有走道了。

问：她像这样，一直睡到几岁啊？

答：吃不准，大概一直睡到我们搬走，肯定是读书前。读书前我们就搬走了，住了没多久。

问：您女儿有没有和您聊起过她印象中小时候武康路什么的是什么样子？
答：她没印象的，她已经没有印象了。

问：如果带她回来，比如吃吃年夜饭啦，或者平时看看奶奶，她会和你讲什么吗？
答：我总是会关照她去看看奶奶，有时候礼拜天不给她去么她也不开心。奶奶要去看的，两个小孩对老人、对叔叔也蛮好的。因为我兄弟对两个小孩都很好的，对我侄女、我女儿啊。

问：所以你们三兄弟生的都是女儿？
答：是的，老大、老二生的都是女儿，老三没结婚，一个人。

问：那么在汽车间里您有没有印象特别深刻的邻居？就是说他们家的事、变化啊什么，大家都有印象吗？这种有吗？
答：以前小时候，因为大家玩得好，相互之间串串门。家里吃的东西变化都挺大的，因为到人家家里，他们都老客气的。我们串门的时候都是吃饭的时候，跑来跑去的，看到他们家里烧的菜都蛮好的。他们的特色菜、热氽（板）鱼、油煎的，都比我们的好吃，烧得很好吃。有时候端来给我们吃的，他们很客气的。现在么，小辈不在，我们也不串门了。过年呢，我们要去看看他们，都八十几岁了，平时也去看看他们。

问：那时候吃到热氽（板）鱼是不是算很好的了？
答：那时候是很好的，大概是他们从外面带回来的。哦，他们家里这种菜是属于家常菜，蛮好吃的，我们也觉得蛮开心的。他们有时候有点这种好小菜，总归会拿出来分享的。我们小时候过年真的很热闹。煤球炉一摆，炒炒长生果什么的，过年的味道很浓的，不像现在过年没啥年味，大家都搬走了，常客没几个了。

问：煤球炉炒长生果？

答：就是煤球炉上面（放个锅）摆长生果炒炒。以前的年货都是自己炒的呀，不像现在条件好什么都去买，蛋饺、肉圆什么的以前不都是自己做嘛。包括现在肉圆，我妈年夜里都一直自己弄的。

问：你们三兄弟谁的厨艺更好？

答：我在三个人中算比较好的，我哥烧也会烧，烧得不太好，但是过节呢，一般都是以我为主。因为过节我五六点才能到这里，吃晚饭呢，老年人蛮辛苦的。吃中饭比较好，碗洗好，睡一觉，舒服啊，没事咧。如果是夜里的话就很讨厌了。我哥就早上来帮我妈弄，冷菜什么都弄好，热菜半成品么到时候一烧就好了。

问：您家讲究吗？比如说吃年夜饭讲究吗？几菜几汤？冷菜、热菜？

答：无所谓的。因为有时候大年夜侄女也不回来的，要到她婆家去，有时候没几个人，就我和我老婆两个人与女儿。有时候还有我的兄弟，我哥哥嫂子，大年夜没啥人，年初一人多一点。

（以上为吕正采访）

问：我们在做老百姓的口述史，不管主楼、辅楼，就是想了解这里的居民对这里的记忆，什么时候搬进来，到现在有什么记忆，就随便谈谈你们的生活，对这个楼、对这附近的感受啊什么的。这个辅楼我们知道的，住宿条件比较艰苦，这么多人住。从你母亲住进来有多少年了？

答：五九年就住进来了，那时候我只有2岁。我五七年生的。我妈有3个儿子，当时都住在这里。

问：多少平方?

答：19.7（平方米）。

问：只有19.7（平方米）？五个人住啊？那真的是很不容易。

答：我哥哥结婚的时候，我和我弟就睡在阁楼上。

问：当时五几年进来的时候是怎么进来的？

答：也是单位里的房子，老早我爸爸的房子是天山路的房子。

问：那么天山的房子比这个大还是小？

答：差不多大。我爸是煤矿设计院的，在徐家汇工作，离这里近一点。

问：当时也就是单位里帮你们调的？

答：自己换的。

问：哦，是你们自己换的。因为他单位在徐家汇，可以近一点吧。那当时单位里分给你们的房子，房子的产权是公家的还是什么？

答：公家的，到现在还是公家的。自己付钱，付给房管所。一个月大概32块，以前很便宜的，3块几。

问：刚刚阿婆带我进来时，这一带的房子里面面积都差不多的？

答：差不多，但是下面的还要小。

问：下面还要小啊，那上面要大一点。您知道这里大概住了多少人？

答：上面住了21家，要有100多个人，平均一套房子四五个人。现在没了，现在都借出去了，借给外地人、外国人。出租是可以出租的，我们条件差，外面买不起房子，就不能出租了。

问：五几年搬进来的时候，你们这里有煤气吗？还是烧煤球炉？
答：煤球炉。

问：那煤气是什么时候装的？
答：这我倒是忘记了，大概是30年前，七五年装的，那是"文革"中就装了。那时候我们过年的时候还用煤球炉的，炒年货的时候都是用煤球炉的。

问：在这住的人是不是和你们差不多时间搬进来的？最早搬进来的人……你们搬进来的时候这里有人住吗？
答：都有人的，我们是和别人对调的。

问：下面的这些商铺，以前有吗？
答：以前楼下粮店是没有的，五九年搬进来以后没几年就办向阳院了，我们晚上就在向阳院看电视，下面很大的，都是搭出来的。以前是站在门口一直能看到里面的。

问：那么现在这种食品作坊啊什么的是谁开的？是居民还是……？
答：以前是没有的，以前连粮店也没有的。（先是）第八粮店，后来是二十五粮店，外面搭出来，里面和外面一起开粮店，开了几年就关掉了，又开了别的。这是单位里的职工，是单位自己承包的，后来不做了，就租给那些小菜场的人。单位租给个人（里面的职工），个人再租给人家。

问：这单位是什么单位？
答：粮食局，就是当时开粮店的。以前是没（卖）蔬菜的，蔬菜是去年才借给人家私人的，这个老板在开，那个老板借给别人，以前不卖蔬菜的，只卖卖油啊什么的。

问：这房子以前都是汽车间，那怎么会有二楼呢？汽车又不能停到二楼来。

答：旁边有个坡道，弄堂那里有个坡道，开上去的。以前这里都是没有的，连墙都没有，1949年后才打通的，这房间隔起来的，那边坡道上去，这边坡道下来。这房子结实，用炸弹也炸不掉的，敲掉的时候很厉害（指费力）的。这个墙现在不好装修的，一装修隔壁人家就要被打坏了，因为现在是烂泥砌起来的，（这是）用铅丝网，装修也不大好装修的。

问：唐先生您工作变过吗？还是一直在那个单位工作？

答：我的单位以前在虹口区，西宝兴路火葬场后面。那时候是同心路，太远了，正好那时候有上调，就调到粮食局了。当时就在酒家里面做采购，后面公款吃喝少了，生意不好就下岗了。我现在是协保，已经好几年了。在这里8年，我已经出来快20年了。我在居委会做了8年；在粮食局也做了五六年，也有十几年了；我在外面做保安也做了5年了，加起来也快20年了。

问：您"文革"当中还在读书吗？

答：读书的，读小学。

问：那边主楼发生了什么事情，传来传去的你们都听到过吗？就是武康大楼主楼里的事情，你们都听到过吗？

答：以前是"造反派"啊什么的，听到过的。这里知识分子斗得蛮厉害的，跳楼的也蛮多的。

问：这些你们小时候都听到过？跳楼啊什么的你们去看吗？

答：去看的。知识分子跳楼啥的。

■协保，进入城市再就业服务中心的托管人员，泛指区、县所属企业的下岗人员中1997年男性年满40周岁（含40周岁）、女性年满35周岁（含35周岁），按规定于2000年6月前与企业签订协议保留劳动关系的人员称之为"协保"人员。

问：您知道里面有哪些知识分子吗？

答：现在没了。以前电影演员住在那边的很多的，秦怡、谢晋啊，很多人都住在里面的。

问：那你们小时候看到过他们吗？

答：不大看到的。

问：你们也不大去他们那边的大楼玩吗？

答：不大去的。他们那里档次和我们不一样。再说了，去到那边门都是关的，他们又不像我们这里，他们都是一家一家的人家，我们这里反正有什么事情大家全都知道。

问：那您以前读书有没有同学是大楼上的小孩，总归是有的吧？

答：大家不大走动的。班级里的人家里我也不大去的。

问：就是说大家还是没什么关系的。虽然你们这栋楼叫武康大楼辅楼。那这里你们熟悉的邻居还有吗，还住在这里的？

答：只有两三个人了。都差不多，就是小时候一起玩的，一起读书的，现在还在。

问：这两三个人是做什么的？

答：都下岗了。两个都在做保安，我们都是没技术的。

问：那么您读书只读到中学？

答：那个时候我们只有初中，上面没了。

问：这房子的地板，一进来就是这样的吗？

答：不是的，是我弟弟弄的，自己铺的，以前都像外面一样是水门汀（水泥）的。

问：现在铺了地板稍微暖和点，否则水门汀很冷的。
答：对啊，而且水泥上面灰多。今天你们来，我妈擦过了。

问：是啊，看上去很干净的。
唐母（阿婆）：这地板铺了30多年了。

问：这倒是不错的，水门汀上面铺地板。那么这些窗啊什么的呢？
答：都是自己弄起来的。

问：哦，我想以前的厕所间都没窗的，以前的厕所间是一通间的，不是两间的。
答：以前这里开灯的，结婚以前这上面开灯的，阴天没太阳家里就要开灯。这上面像霓虹灯一样的。这玻璃管上面是灯。

问：哦，就是弄得好看一点是吧？
答：弄得喜庆点。

问：这都做得蛮好的。那差不多了，谢谢！ ■

采访后记：

辅楼（即汽车间改造而成）的居民生活条件都比较差。几年来，政府一直想恢复这里的原貌，但动拆迁涉及的利益矛盾比较尖锐，所以开始一直没有同意我们去辅楼采访。但这是武康大楼的一部分，住着100多位居民，我们不想放弃。后来我们与街道、居委会多次沟通，得到他们理解，帮助我们选了唐桂林这一家，并对摄像机如何进入现场做了准备工作，未引起周围邻居的围观，采访进行得很顺利。

唐桂林人偏黑瘦，很老实的样子。他说话有点啰唆，反复陈述，大都是青少年时的记忆，过去的邻里关系。他似乎特别怀念那个虽然贫困，但人际关系充满温暖的年代。一家三代，蜗居在这么逼仄的见不到阳光的空间，家庭关系还这么和睦，这在今天似乎难以想象。有时你会觉得武康大楼主楼宽敞的走道，对住在这里的100多人来说，是否过于奢侈了？他们许多人或许一辈子也没走过那条明亮、宽敞的长廊。

童荣生肖像

8 童荣生

1930年出生
上海同仁医院医生
淮海中路1834号，1963年入住

访谈者：吕正

那个时候没有概念：武康大楼有名气或没有。当时我们觉得这房子环境好，高度高，光线好，房型也比较好，格调也好，我们倒不要求现代化的，所以我们基本没变，像人家阳台门、窗等，都装的玻璃拉门什么的，我们都没有，过去武康大楼房管所管理得很好。

问：童医生，还记得您是哪一年到武康大楼来的吗？刚刚到武康大楼来的时候是什么情况？

答：大概就是60年代初，具体哪一年忘记了。大概六二、六三年的样子。

问：您刚到武康大楼来的时候，大概是什么年纪？刚刚20多岁，还是小姑娘的年纪，还是30岁左右？

答：当时我已经生了小孩了，大概30多岁。

问：当时有几个孩子呢？

答：4个孩子。

问：当时已经有4个孩子了？

答：对。当时已经有4个孩子了。我们开始住在老楼的6楼后来再搬过去的。

问：那当时是怎么样的机缘才住到武康大楼来的？

答：因为他（爱人）是上海警备区部队的，部队那边的房子要扩建，所以就搬出来了。

问：那您还记得当时住在6楼的时候，那套房子是什么样的情况吗？

答：那时候是两家合住的。后来正好这里有个机会，大概 "文革"前，这里有一家搬走了。这家原来是电影导演——郑君里，那时候他们就离开了。我们就从合住的那家搬到这里独门独户的一家，从老楼搬到了新楼，这样过来的。

问：那等于这边是四个孩子加你们老两口住在一起，总共六口人住一套房子。

答：对。那时候小孩子还小。

问：您是上海人吗？

答：我是南京人。读书以后分配、结婚，然后跟着我爱人到了上海。

问：那您和您爱人是自由恋爱还是组织介绍？
答：是自由恋爱。

问：那您能回忆一下住在武康大楼前是住在哪里吗？
答：我们住在警备区宿舍里，上海常德路。上海警备区里面有一个家属住的宿舍。

问：那时候挤吗？
答：那时候还好，不是独门独户的。比如说，这栋房子一层楼、二层楼、三层楼，混合住的，不是像现在这样子公寓式的房子。之后警备区要扩建了，部队就把我们分配到这里。所以我们现在这个房子是租的，不是个人所有，不可以卖的。我们是付租钱的，房钱是部队收的。

问：现在每个月要交多少钱啊？
答：那我不知道，是他们单位每个月从我（爱人）工资里扣的。不过很少。部队的房子。

问：那当时搬过来的时候，有事先来看过房子吗？
答：没有。过去我们很简单的，到哪里就到哪里，没什么要求的，合租就合租。那时候我们4个孩子就两间房子，厨房间合用的，卫生间合用的。

问：那在这之前，您有没有看到过武康大楼？
答：没有。那时候武康大楼也没有什么名气，无所谓的。

问：那您1949年以前生活和居住在哪个区的？

住在武康大楼 / Living in I.S.S.Normandy Apartments

■ 607 室窗台

答：以前我住在南京，1949年后工作还是在南京。在南京的时候，我们是调干生，国家培养的。那时候正好是50年代，就是培养一部分（人才），领导比较重视的，调干到医学院，通过考试然后分配。

问：您原来在同仁医院的工作是？
答：做内科医生，做到退休。我们那时候像区级医院，分科不是很细的，（先）普内科，以后再逐步分科的，我是搞呼吸的。

问：那时候刚搬进来，住在6楼，房子也比较小一点，那像家具什么的东西怎么办？
答：我们那时候家具都是部队的。房子、桌子都是部队的，我们（自己）不买的。

问：现在这种老的家具还有留吗？
答：没有了。我们到这里来（武康大楼）的时候也很简单，吃饭的方桌子，长板凳。过去像我们都很不注意家里的摆设，后来时代不同了，慢慢地就重视了。他们老战友到哪里就带点东西来。像我们这个凳子，你坐的这个凳子一套都是从福建（带回来的）。老早老李（爱人）是从福建调过来的，（这些凳子）就是他战友从福建运来的。我们才把长板凳都处理掉了。这些椅子是我儿子买的，放自己家觉得太大了，就拿来了。这个沙发也是人家重新装修不要了，我们拿来的。所以我们很简单，那时候头脑很简单，分配到哪里工作就到哪里，从来不问不管。那时候我和他认识，他还在福建，所以不考虑外地恋（异地恋），有房子没房子，无所谓的。所以那时候很简单。

问：那时候您搬过来的时候有四个孩子呢，一个个多大啊？
答：孩子现在都分开来住了。

问：那时候多大啊？老大那时候是几岁？
答：那时候十几岁吧，都没有工作。

问：最小的那个呢？

答：最小的大概只有三四岁。我住在警备区的时候，最小的孩子大概只有两岁。

问：那还蛮辛苦的。

答：那时候我们用阿姨。长住阿姨，因为那时候我们工作，（孩子）都丢给阿姨的。

问：四个孩子里面男女比例是什么样的？

答：两男两女。

■607 室地板的细节

问：那搭得很好啊。

答：也没有什么，它就是那么自然。那时候没有什么计划生育，要学习苏联，做"光荣妈妈"，根本就没什么要求的。生得越多越好。以后生最后一个孩子的时候开始要注意了，要求计划生育了。

问：您带着四个孩子和老李到武康大楼的时候，这栋楼里孩子多么？
答：基本上每家都有两三个、三四个。

问：待在里面，小孩们都互相串门吗？
答：小孩都玩在一起的。大的孩子就叫姐姐叫哥哥，不像现在这个样子的。

问：您比较有印象的是谁家的孩子？

答：就我们楼下的孩子，比较熟悉。

问：男孩子还是女孩子啊？

答：女孩子多吧。只有一个男孩子，她们三个女孩子。大姐姐、二姐姐、三姐姐这样子叫的。我们住在6楼然后搬到2楼，7楼也住过。

问：所以你们在武康大楼住了3套房子，哪套房子住的最好？

答：还是这套房子。

问：从住的角度来说，这套房子好在哪里啊？

答：比较安静，而且环境什么的都比较好。用东西都比较方便，而且这里看起来比较整洁。

问：走进来看到这个房子的格局完全是当时的格局？

答：我们基本上都没变。那时候没有概念，武康大楼有名气或没有（名气）。当时我们就觉得这房子环境好，高度高，光线好，房型也比较好，格调也好，我们倒不要求现代化的。所以我们基本上没有变，像人家阳台门、窗都装的玻璃拉门什么的，我们都没有。过去武康大楼房管所管理得很好。

问：那时候管得严吗？

答：有一个专门的老头子负责这里的水管、卫生，叫老叶（音）。开电梯都是有专门的工作人员开的，不是住户自己开的。有自来水不通什么的，叫他（老叶），他就来了。那个时候房管所管理得很好。我记得有一家是2楼还是4楼的，他们装修，把这个阳台的玻璃门都去掉了，改成了现在的拉门。后来房管所发现了，叫他们把原来的装好，把新的拿掉，他们也没有办法。管理得很好，现在门都是随便换的。

问：你们居民都提到过老叶,老叶是一个怎么样的人?

答：老叶很好的,前段时间我们还在路上碰见。

问：他年纪应该也很大了?

答：也很大了,退休了。人很好的。过去老职工都很好,和居民什么的关系都很好。我们见到他的时候,年纪也蛮大了,走路也有一点驼背了。现在没有人管了。

问：那时候带着孩子在这里生活方便吗?买东西什么的。

答：这里方便,那时候我们上班,反正都交给阿姨。(孩子)大了以后,我们就没有请阿姨了。后来阿姨也很紧张,不太容易找到合适的。反正小孩子也大了,我们上班就给他们安排好,有时候很简单,就弄个西瓜,切一半大家吃,买点面包交给他们,也过来了。

问：四个小孩在哪里读书?

答：都在上海。

问：都在附近读书吗?

答：都在,南(洋)模(范中学)什么的。有一个小孩后来去日本了,80年代末去的,就在那里读书。其他都在上海。

问：您当时工作算不算忙?我们当时采访有一家人家,许宝英许大姐。她好像是做护士长的,她说在医院工作特别忙。

答。忙。那时候我们年纪轻,刚开始是住院医师。做医生是从实习医生、住院医师、主治医师再到主任医生一层层上来的。我们那时候毕业没多久就是住院医师了。过去住院医师要求24小时住院。我们那时候值班,后来没那么严格要求了,没什么事情也可以回来。但是值班的就要24小时,比如我今天值班,24小时在这里,上午

住在武康大楼 / Living in I.S.S. Normandy Apartments

■ 童家的私人物件细节

192

还要跑回去，等于 30 多个小时。

问：三班倒的？相当于厂里面的三班制？
答：我们是 4 个人轮的。

问：其实老李的工作也很忙，在部队里工作。
答：所以那时候我们都交给阿姨。那时候绒线衫哪有什么时间拆了弄，坏掉了拿点针线缝缝，无所谓的。

问：比起你们，4 个孩子倒是在楼里面生活的时间更长？
答：对的。

问：你们回来，孩子们有给你们讲讲楼里面的事情吗？
答：他们小孩子在一起玩。怎么讲呢？空下来一起串串门，老早我们楼下都熟悉的，1 号也熟悉的，后来搬掉了。

问：和邻居认识的多吗？
答：那时候认识的还不多。

问：比较有印象的、认识时间长的邻居有哪些？
答：认识时间长的搬走了。就是刘老师，你们采访过的。7 号反正住过，很晚搬来的。前面一家我们叫梅阿婆（音），有五六个小孩在这里，不是她的五六个小孩。她女儿、儿子的小孩等于她的孙子、外孙都住在这里。和他们很熟悉，小孩子都蛮熟悉的。我们到这里来以后邻居都不太熟悉。搬到这里来了以后独门独户，小孩子也大了。

问：孩子有在这里结婚、从这里嫁出去的吗？

607室的客厅

答:结婚了,都住在外头。大女儿住在楼下。

问:他们有没有在这里成家的?
答:基本上都在外面成家。

问:这栋楼里面您比较有印象的有什么东西?或者以前的,再也看不到的、变化比较大的?
答:原来老楼里面符合当时年代的文化方面的习气太少了。过去阳台很整洁,不乱的,有人管的。进来的走道、门都是一样的。以前都是玻璃格子,现在几个楼都换成防盗门了,为了安全,像这样子的玻璃门不安全。反正他们房子买下来的,自己所有的,大楼也不管了,也没有传统的意识,保留文物这个概念。

问:现在大家都习惯房子是涂料刷一刷,以前这是用木板的吗?
答:嗯。以前是用木板的,我们一直保留的。我们觉得这个比较卫生,蛮好的。所以我们里面装修的时候也用了这个。就外面这间是木板隔的,里面是石灰涂料的。

问:像上海比较潮湿,用这个木板会不会容易坏?
答:这个不潮湿,主要看房子。假如本身房子墙不好,这个木板就会潮。因为我们房子在楼上,主要看墙的质量怎么样。

问:你们怎么保养的?
答:我们也没怎么保养,就是打扫卫生的时候擦擦。

问:那是自己弄还是阿姨弄?
答:老早自己用吸尘器,他(老李)年轻的时候,每年春节前的传统惯例。

问：老李有90了吧？

答：没有，八十七八岁。不过里面装修的时候，这个（木板）涂过一次，像上桐油一样。

问：我觉得看上去很亮，像新的一样。

答：里面装修的时候按外面的板型、颜色装的木板，涂了像桐油一样的东西，外面也涂了一下。我觉得住在这里面还是比较安静的，摆设也比较有文化气息。

问：您搬过来的时候有没有注意到武康大楼还是住着不少名人的？您有碰到过谁吗？

答：我们楼上住着王人艺，王人美的哥哥。前面1号（住的）就是（唱）沪剧的王盘声。

问：您喜欢听沪剧吗？

答：我不喜欢。我喜欢话剧、电影类的，戏曲我不太喜欢。再就是上面王文娟、孙道临。我们这家是老导演郑君里。

问：他们家为什么搬走？

答：他们为什么走，大概是"右派"还是什么，我搞不清。不知道什么原因走的。他们走了，我们发现楼下7号没有这个环境好，（房子）正好空着，我们就上来了。

问：那大概是到武康大楼几年以后的事情啊？

答：也忘了。楼下住了一两年都没到，也是60年代。那时候我们也没什么东西。搬（家）也简单。

问：你们有6个人了，每人拿几样东西也很（容易）。

■ 607室客厅一角

答：住在7号的时候也都是公家的东西。

问：那您有没有和他（郑君里）打过照面？
答：没有。我们来的时候房子已经空出来了。

问：那和王勇的太奶奶熟悉么？
答：那个我们熟悉的。王人艺我们也熟悉的。那时候空下来邻居走走，关系还蛮好的。我后来退休了，王人艺生肺癌死掉了。他的太太，我们叫她王师母，关系也蛮好的。那个时候我心脏不好，开刀，病假在家就走动走动，我到她那里去，她到我这儿来。那时候也没有什么事情，也没电视看也没什么（娱乐）。她也一个人，那时候王勇也跟她住在一起，王勇那时候还没结婚。

问：我们这次也要采访王勇。
答：王勇不在家。

问：那王勇等于您看着他长大的，小时候他是什么样子的？
答：小时候很好玩的，那时候他爸爸妈妈也在。他爸爸叫王家祥（音），妈妈叫什么想不起来了，她在上海音乐学院拉大提琴。和他爸爸妈妈都很熟。他爸爸现在在深圳，妈妈在上海。

问：反正他现在一个人住。
答：对。他现在一个人住。他大概回来很晚，回来的时候我们都听得到上面的声音。这里隔声很差，有时候上面走路也听得到。因为我们新楼房子不如老楼。老楼质量好。新楼我们3楼质量比2楼好。2楼都很差的，听王师母讲都是过去的名人的佣人住的，保姆什么的。

问：那她有没有和您说过这个楼这一层原来是干什么的？

答：我不清楚，王师母都知道。我们这里本来是法国人住的，这栋楼原来是法式的。法国的一个老太太还来过的。

问：哪个年代的事情？

答：好多年前了，老太太来看看，她以前住过的。

问：80年代还是90年代？

答：好像是90年代，改革开放以后，老太太来看过。小时候住在这里的。

问：那你们和她有交流吗？

答：没有，就知道有这个事情。

问：像这种以前住的人回来看看的情况多么？

答：不知道。

问：那您和老李平时有什么爱好吗？

答：他喜欢书法。所以这些（书画）都是"文革"时候人家送给他的。那时候画家都受批判，老李对他们都很好的，他们都很感激他，就画一幅画送给他。

问：感觉"文革"的时候虽然外面风声很紧，但是大家还是有走动的。有人来这栋楼里闹吗？

答：没有，是不是到其他地方不知道。

问：是不是有部队保护的关系？

答：没有，没什么保护。

问：也有人跟我们说这栋楼有人跳楼自杀。

答：自杀并不是因为受批判，是因为精神病，脑子不太好，不是因为"文革"。其他我也不了解。

问：那到了改革开放的时候，您觉得这栋楼变化多吗？

答：过去这个楼不是随便可以住的。一定要有一定地位、一定文化层次的。不是现在想租就租给你了，以前还要审查的。国外有联系的就会成为关注对象，有谁来就要注意了。现在是随便了。

问：这个房子好像大修也修过好几次了？

答：大修也是修水管、电线排布，真正的很仔细修没什么。我听他们说6楼的有一些老房子水管也不行了。外面刷了一下，走廊（刷了一下），修得也不好，走廊粉（刷）得都掉下来了，就是世博会以前修了一下。

问：对，有人说世博会算是大修的。

答：阳台玻璃门以前没有的。本来是敞开的，一半的阳台，出去就是露天的。

问：修了以后隔声好一点了？

答：隔声好一点，其他也没什么。里面也没动，他们也不可能给你修的。

问：好像住在这一排基本上都是对着宋庆龄故居的。您（住进来）那时候60年代宋先生还在？

答：没有。我过来的时候已经不住在这儿了。

问：您在这栋大楼里会参加居委的活动或者是邻里之间的活动吗？

答：以前"文革"中间参加过什么向阳院的活动，以后就没有了。

问：他们还说起过，以前下面汽车间还有一个托儿所？给小朋友们的。

答：那就不知道了。就是"文革"中间有个向阳院，有时候请王盘声来唱唱沪剧，还有邵洛羊的女儿也来活动唱唱歌。

问：我们这次本来街道也有计划采访一下邵洛羊老先生，但不巧，他身子一下子不好了。您是不是感觉这栋楼里老人也不多？

答：他住院了。大多数都是后来搬来的，知道的也不多。我所知道的也是王师母讲的，其他的我也不知道。过去的新楼2楼谁住的、怎么样，"文革"时候怎么样，我们都不太清楚。

问：现在就你们老两口住这一套房子吗？那像你们家过年的习惯是什么样子的？在家里还是出去聚？

答：小孩有时也过来的，大概一个礼拜一次。过年的话大家有空就聚一聚。多数都是在家里聚一聚。

问：那他们会和您聊一聊以前觉得房子怎么样的？例如对武康大楼的记忆。

答：平常也很少聊，其他邻居什么的也不太关心。

问：那您认为将来这个楼保持下去应该做点什么，对它比较有帮助？

答：那应该加强管理。既然作为文化保护建筑，应该有文物的概念。比如说某家装修应该通过谁来看看，新搬进来的应该约法三章，应该是有要求的，不应该是现在这样随便的。你敲一个什么，他敲一个什么。比如说楼下，属于这里门号的下面，开店的时候敲敲打打，像要拆房子一样，听说反应很大，柱子也拿掉了，破坏了房子。

问：那您来的时候下面原来是做什么的？

答：下面是一个像党史文物保管的地方，陈列室一样的。下面敲敲打打也归他们管,是不是有人管也不知道,将来改造成什么也不知道。还有整个大楼下面,开店的时候敲敲打打,过段时间没生意了,又来(家店)敲敲打打。我们一直说,敲烂了为止,没有从上(而下的)系统的管理。既然作为文物保管,就应该有系统管理。房子买卖以前也应该约法三章。

问:以前有吗?

答:过去有人管你的,我不是举了一个例子么。他们装修把阳台的门弄掉,换了个玻璃大拉门,后来房管所知道,让他们恢复原样,把新的撤掉。现在没人管。现在是走廊一路过来,走廊很宽敞的,门是杂七杂八的。看上去、走进来都不统一。

问:您说的一个小的细节蛮好的,就是每个门都不统一。

答:都不统一,没有这种文物的文化保护的概念。

问:那您觉得将来您的孩子会喜欢住在这里吗?

答:有条件也是喜欢住的。以前房子高,现在房屋没那么高,空气流通(好)。尽管马路吵,我们也习惯了,也听不见。

问:淮海路以前有那么吵吗?没有这么吵吧?

答:吵的话就是车子,我们习惯了也能睡。

问:那您以前过来的时候,淮海路什么样子呢?

答:当然没有那么多车,改革开放以后私家车也多了,外地流动人口也多了。

问:不要说外地流动人口了,这栋楼老外也越来越多了。您有碰到过吗?

答:有,碰到过。楼上王文娟那个房子就是老外租的,他们还比较文明的,见到都(会说)你好你好。

住在武康大楼 / Living in I.S.S.Normandy Apartments

■ 童荣生夫妇

问：说中文还是说英文？

答：说中文。所以照理老外也应该观察一下，租进来也应该有一个要求。像我女儿住在206，楼上住着一个老外。他们的习惯就是过节，他们的传统节日，唱歌跳舞，他们不管的。我们女婿就上去和他们交涉，有时候就向派出所反映，再和他们讲。

问：那您女儿还住在武康大楼这里？

答：住在这里。老楼206，他们也是部队的。

童荣生在武康大楼内搬了三次家，现在住的是上海著名导演郑君里的屋子。我在湖南警署查户籍资料时，看到过郑君里家的户籍登记。他们是1958年7月7日迁入这里，1964年7月7日注销户口的。户口本上除了郑君里的妻子黄晨外，还有一位佣人叫吴宝珠。郑君里为何搬走，说法不一。但据说之前江青曾来这里找过他，正好他不在，妻子黄晨见了她，那时已是"文革"前夕。童荣生对郑君里家的情况好像一点不知，似乎也有点回避。

从对童医师的访谈中，我们发现她对过去房屋管理比较满意。她反复提到的那位姓叶的管理员，许多老住户都提到过。他敬业、对住户有求必应。还有一个擅自装门被管理员要求还原的细节。显然，她对房屋市场化后的管理有诸多不满。许多人家为了装防盗门，拆掉了原有统一风格的房门，现在显得凌乱、粗陋。可见，一般公众对私有财产的保护意识是超过对历史建筑的保护意识的。如童医生所说，这里的关键还是政府部门的制度和管理。

王文娟肖像

9 王文娟

1926年出生
著名越剧演员
淮海中路1834号，1965年入住

访谈者：陈保平　吕正

有一年有一位粉丝，我不认识他，他认识我，我接到（他）一封信，我拆开一看，他说，王老师，你住的房子，你看看这张照片，里面他附了一个简报，（外国）报纸里面剪下来的一张照片，照片上的房子和武康大楼是一模一样的。

问：王老师，今天很高兴在你身体好的情况下来看看你。我们想聊聊你之前在武康大楼住的那段时间的情况。我之前稍微做了一点功课，就看了你写的那本《我的越剧人生》，我看里面你写到你当时住在密丹公寓和枕流公寓的小房子里，住过一段时间。后来好像是等你女儿出生了之后，你们搬到武康大楼去了。

答：对。因为我跟我先生……我在枕流公寓，他在密丹公寓，两个地方。虽然是蛮近，但总还是住在两个地方。他有个妈妈，我也有妈妈，我们想住在一起。我生了孩子以后，还是希望都住在一起，热闹一些。

问：这样你们就有三间房子一套了。
答：实际上有四大间，还有一个小间，蛮宽裕的。

问：那个时候你们是通过房产公司去换的还是自己去找的？
答：我们去找的，找的也挺好。

问：那时候换房子要通过什么中介吗？
答：要的。

问：那时候大概是几几年？
答：我是1965年1月份住进去的。

问：六五年住进去，那"文革"还没开始。
答：没有开始。六五年，我孩子刚刚生下来几个月。所以他们现在门房人员还记得我抱着女儿，住到武康大楼里面去的样子。住进去的时候，觉得这个房子装修得非常考究。它的走廊很长，电梯上去有一个很长的走廊。走廊里面全部有热水汀的。

问：你去的时候这个热水汀还在吗，用不用啊？

答：热水汀还在那里啊。长廊里都有热水汀。我呢，那个时候叫新楼，住在新楼4室，我是4楼嘛。我们门口也有一个热水汀。后来大概人住的多，脚踏车什么堆在那里，就把热水汀都敲掉。敲的时候很难敲，它很坚固的。你们现在去看，敲的时候地上现在还有小小的裂缝，蛮坚固的。

那么我们四楼前面有一个长廊，叫阳台，它有13平方（米）。后面进去也有一个长廊，里边还有一家，就是王勇他们住在那里，这是公用的地方。敲水门汀的时候，我说地不要弄坏，这个地很好的，现在还有小小的裂缝。那我们后面这个长廊下去，实际上这里是个车库，过去是停车的。那上面有两个小的，用白色的瓷砖一块块贴起来的小的池子。我说这是什么，他们说是小孩游泳的，可以游泳的。上面是一个草坪，车库上面是碧绿的草坪，还有小孩的游泳池，很漂亮的。

我住在那里也不觉得有什么，因为不了解。后来因为我是个演员嘛，过往也有粉丝来。有一年，有一位粉丝，我不认识的。他认识我，我不认识他。我接到一封信。我拆开一看，他说王老师，你住的房子，你看看这张照片。里面他附了一个简报，报纸里面剪下来的一张照片。照片上的房子，和武康大楼是一模一样的。他说这个建筑的建筑师很有名，是匈牙利的邬达克。他说你住的地方是孔二小姐住的房子，我跟孙道临住的那个房间，是孔二小姐住的那个房间。它这个房子的结构跟其他房子也不太一样，它不是一间一间的隔断。两边有四大间，每一间有的是23平方（米），有的是22平方（米），有的是20平方（米），它都是很宽大的房间，都是通的。西边一间是孔二小姐的卧室，东边也是一间卧室。卧室中间都有门的，中间开门的。西边出来好像是个书房，东边出来好像是个客厅。四间房全部是可以打通的。

问：那么孔二小姐在这里住过，是谁告诉你的呢？

答：我前面不知道。后来我有一个粉丝到荷兰去住了，有一次来，他带了一个荷兰的朋友来。他一进这个房子，他说王老师你住的房子，是不是邬达克，匈牙利那个有名的建筑师造的啊。我说你怎么知道，我倒不是怎么了解。他回去之后，第二次来，他给我查得很清楚。他说你这个房子的主楼是1924年建造的，辅楼，就是我住的新楼，是1930年建造的。这个建筑师在美国纽约还是哪儿,他说还有两个地方,一共有三个国家,建了同样的建筑。我说对的,我有一个观众寄信给我,我当时就拿出来给他看。现在因为我房子装修搬家,不知道弄到哪里去了,要是现在还在就好了。

问:也就是说,你这个房子当年孔二小姐住过,是人家告诉你的?
答:对,也是观众告诉我的。

问:那说明有一些老的观众知道,他们是了解的。他们连这间房间是谁住都知道,武康大楼有那么多房间。
答:因为武康大楼这个房子可能人家都了解的,都熟悉的啦。

问:也有可能这里有好多人家嘛,这个人可能到你这个房间也来过?
答:我当时没有记名字,这一封信就没了,当时也没放在脑子里面。他还说大光明也是他设计的,还有国际饭店。当时国际饭店好像全上海最高,但是改革开放以后我们多少高楼大厦,它好像变小弟弟了是吧?那个时候讲起这些好像很稀奇的。我也是慢慢地,观众一点点告诉我的。

问:您在武康大楼住了几年?
答:我是1965年1月份进去,我女儿已经是52岁了,大概就51年了。搬到这里来已经是51年了。因为我先生走了以后,我只有一个人了,有一个粉丝也一个人,她在照顾我。我女儿不放心,她住在这个小区,后来她就在这里借了房子,要我住到这里来,是这样的,我就搬出来了。那个房子我女儿非常爱惜,她说妈妈这个武康大楼的房子不能动,是我成长的地方。因为我是女儿七个月的时候抱着她住进去。她生长在那里,她说这个房子是我生长的地方,还是保留在那里。

我们过去住的时候,下面是王盘声,沪剧的重要演员王盘声。边上是王勇他们,过去是王勇爸爸的老师的房子,叫王人美,他是音乐学院的教授,很有名的。因为王师母只有一个人,她叫王勇的爸爸,住到里面来。我记得王师母还有一个干儿子,一直在外地,经常来的。后来王勇爸爸结婚到深圳去了,她就带着王勇住在那里。大楼里边好像还有电影演员,但我没有跟他交往过。郑君里住在下面,本来住在我们那个房子。

问:本来住在你们的房子?

答:我们那个房子也住过的。因为黄晨是郑君里的夫人,也是电影厂的演员。她那天到我家里来玩,她说你主卧里面这块板还是我做的,我要拿回去了。我说可以,你说什么时候来拿吧。本来是他们住在那里的。后来他们就搬到三层楼靠东面的房子了。

问:为什么要搬呢,你这个房子不是蛮大的吗。

答:怎么搬的我不知道,我去看的时候已经是三间房子空在那里了,有一间么,有人住。

问:这间就是你们把密丹公寓给了他。

答:小公寓给他了。那时候我们两个公寓大概有将近300平方(米)。枕流公寓和道临那个小的公寓加起来快有300平方(米)。

问:那不小,很大的。

答:蛮大的。后来调到武康大楼,200多个平方吧(米),是这样的。住在那里我觉得,虽然是靠马路,但也是很静的。为什么,那个建筑师哦,我们里边西边我们住的那个房子,装修的时候,把墙拆掉以后再弄嘛。它靠马路那边的这一块墙,它里面有像竹编一样的隔声设备,好像蛮厚的隔声设备。

问:所以声音不太有的。比较安静。

答:很好,很安静的。虽然在马路边上,还是不错的。所以这个建筑,我觉得还是很好的。这个大楼也是蛮坚固的。过去新楼有个电梯的，这个电梯在老楼到新楼中间有个地带，好像有十几个平方（米）的地方。我也是听人家讲，过去装修房子不是有些不要用的东西嘛，都在这个楼梯里。阿姨进出也是在这里，一般客人也是在这里，大厅进出不是一般人随便好走的。蛮严格的。

问：就是一般的客人也是要从那里走的？
答：一般的客人就是从小的电梯上去的。

问：那里面的住户是从大厅上去的吗？
答：住户或者比较贵重的客人都是用大厅，管理比较严格的。我也是听说的，没有办法查历史。过去这个大楼住户也是一室一家住户，它一室蛮大的，有的是三间，有的是五间。就是三间房间也很大的了。后来就住多了，住多了都借出去了。一个门里面有两户人家，或者三户人家。人家自行车都放在走廊里，过去不可以。

问：这好像是从"文革"开始吧。
答：对，"文革"以后。"文革"以后什么摩托车、自行车，最不好是人家晾的衣服，有人来了，衣服晾在走廊里，不雅观。这个我看起来太不舒服了，最好不要。

问：王老师演那么好的电影、戏啊，这些东西肯定是看不惯的。
答：有的外国客人来，一进来看到武康大楼很有名，怎么弄成这个样子，人家有这个感觉。这些衣服也不是正正规规的，是乱七八糟的，一个裤脚套进去，一个裤脚荡下来。有时候我们住在新楼，新楼的门是锁了，"文革"之后为了安全嘛，都是在大楼进出的。有时候国外的人来，我觉得真不好意思，有时候要低头进去。过去是比较严格的，走廊里很干净，不放什么东西。现在要住人，有些车子没地方放，有个车库现在也住人了，这有国情的问题，那没办法的了。这个衣服真的不要晾，千万不要晾，不雅观。所以我开始住在武康大楼时，觉得那边的管理比较严格，住在那里很舒

■ 王文娟孙道临夫妇旧照

服的。后来车库上面的草坪和小孩的游泳池,下面住人了,上面的通风设备有问题,在上面搞个天窗,这个也是必要的,因为要住人了嘛。有的上海人,虽然那里房子很小很挤,他也不愿意离开,这个情况也是没办法的,一下子没有办法解决的。

问:但是听说现在政府可能会安排他们动迁,徐汇区要把它再改造,要把这里再恢复,有这个计划。

答:那是当然好。那个房子很漂亮的,住在那里也很宽敞。所以我住到这里,感觉没有像那里那么好,高度也好,宽度也好,总觉得不对。因为跟女儿近了,我年纪也大了,90多岁了。

问：你怎么 90 岁啦。

答：91 岁了。

问：看不出，看不出，实在是看不出。看上去只有 70 多。

答：那么现在是有点化妆。所以有的时候也不是记得太清楚。

问：但是你讲的还是非常清楚。说明你过去演戏什么的，记忆力非常好。

答：哪里哪里。道临一直讲，住在这个房子不容易的。一个是地段，在淮海中路，过去是叫法租界，淮海中路是法租界。所以后来荷兰的客人跟我说，这是法国人投资的。当时是法租界那当然是他们，税收都是他们收的。南京路是英租界，淮海路是法租界，是外国人投资的。他给我讲得很清楚。我听说有三个地方有和武康大楼一样的建筑，我说你能不能给我查一下，我叫他去查。他说现在还查不到，只有纽约有一个。其他不知道在哪里，他还没有查到。这个荷兰的客人来了两次，我还可以问问。前面写信的观众，他认识我，我不认识他，所以没办法问。

当初我们住在那里，邻居什么的都还是很和谐的。

问：你那个时候因为刚刚住进来比较年轻，演戏都是很忙的，跟邻里关系还有点交流？

答：交流很少。白天我们要去练功，下午我们要休息一会儿，晚上要去演出。等我们回来，他们都睡了。所以晚上回来也比较安全，在武康大楼比较安全的，它有门房什么的，大厅也是很干净的。

问：星期六星期天有没有大家串串门的情况？

答：我一般不太跟人家交流。后来有了孩子，也就忙一点。

问：他们有一些邻居的孩子，现在当然也大了。他们有一些记忆，当时道临老师演《渡江侦察记》，在"文革"当中也放的。道临老师演了一个角色，有一句话"上级的意图是"。小朋友一直都要学这句台词的，看到道临老师来了，他们就要学这句台词。

答：过去不像现在，你们要整理历史，（你们）很重视。下次要是听到这个事情，我就再问一下，问他们要点资料，好不好，因为过去我也不注意这个问题。现在年纪大了，有时候也记不清楚了。

问：不过有好多你那本书里写的，我们也都看到了。包括你走上戏剧的道路，五个林妹妹的角色，这些我们都看到了。

答："文革"的时候，下面郑君里，上面是我们，可热闹了。（红卫兵）一会儿到他那里，一会儿到我们这里，都非常热闹。

问：王老师，我想问一下，"文革"当中你们受到过什么冲击吗？

答：我们受到的冲击很厉害。孙道临首当其冲。他开始住在家里，后来在海燕厂和天马厂，电影厂中两个重要的厂，海燕厂是事业单位，天马厂也是事业单位。天马厂都可以回家睡的，海燕厂都是集中，说是牛鬼蛇神都住在一起，不能回家的。道临也是其中之一。实际讲起来，这也是保护他们。过去北京和外地有好多造反派，只要哪一家是被抄过家的，什么"造反派"都可以来。我们晚上基本上是不太好睡觉，一会儿砰砰砰来了。 因为我们住在西边，西边正好是大楼到新楼的过道。所以砰砰砰一响我们就惊了。他们来不是一个两个，哐哐哐一群人。我说道临，不对了，砰砰砰敲门。我妈妈被敲门吓出心脏病。他们来了，我们总归要开门。开门叫我们低头，让我们交代，交代就说是演戏。你们演古典戏，才子佳人，就是封建迷信。然后孙道临低着头，听他们吵架。所以过去我们学习查的资料，都被撕光，撕光了还要把它烧掉。有的东西都找不到了。女儿还小，她就躲在里面哭，我抱着她。道临等他们走了，我们只好相互了解情况，整个隐私的问题。也听说通过抄家，抄出很多反动的电报、武器什么的，这倒也有好处，我们就往好处想。抄完，我们就打扫，抄得一塌糊涂，每次都是这样的。我们有好多资料，真是可惜啊，现在没有办法再有了。那个时候全部给你毁灭掉，毁灭性地抄家。那时候我有些首饰也好，有些积蓄也好，都交给越剧院了。越剧院放在那里，也都弄散了。

问："文革"以后也没有还给你们吗？

答：还了一点，其他东西没什么。有钻戒，我们过去有点薪水就是买这个东西，买点金子的首饰，买点钻戒，买点项链。我们没有办法买其他的。估计现在都是买房子，过去没有这个事情。拿去以后，反正后来也遗失了，好多年前就遗失掉了。单位里面去保管的，有几个"造反派"（的东西），大家堆着，互相堆着都遗失掉了。有的叫我到进金店里去，钻戒什么都掏出来，交掉都归公，都抄家归公了。反正等"文革"开始后，积蓄过去都交给领导，我们很信任领导。不晓得领导，当时里面造反派大家都知道，不晓得里面什么乱七八糟的。什么领导也要打倒。这个不知道，我都交给领导，后来反正是不见了。后来还给我有几张存折，大概他们不好拿。大概有个几千块钱在里面，只有拿到几千块钱。

问："文革"当中你戏都不演了吗？

答：不演，我不好演戏啊，我是牛鬼蛇神啊。我们一个戏叫《四封信》，我们越剧院的一个造反派让我演一个妈妈，还有其他都是小演员。到各个单位演出，歌颂《四封信》。戏都排好了，要彩排了，临时通知我不能演出。为什么呢，王文娟上台是不好的，报纸上登的，后来我就没有演出，把我撤下来了。后来我们"解放"了，可以回家，到了家门口，我想我好不好回去，可能不好回去吧。这个心情很复杂。回家之后，妈妈不在，出去了。等看到妈妈我说我解放了，能回来了，开心得不得了。但是我们解放是解放了，但是跟一般的群众还是不一样。不能演才子佳人。

问：那你们越剧院样板戏没有演过吗？

答：样板戏演过的。我轮不到。我就辅导青年，做幕后工作。小青年会说："老师，你教教我。"他们上台，张瑞芳啊，会觉得胆怯。我说你笃定吧，导演排好，我给你单独辅导。就做这个工作，抛头露面不可以。后来"文革"后第一次演出，上台觉得立也不是，坐也不是。那段时间总算过去了，我们家也算都活下来了，不错。有的家里都是支离破碎的，这是个大浩劫。

问：现在这些才子佳人又变成优秀作品了，都是经典了，所以那个时候完全是浩劫。

答：都是经典优秀节目了。哎，这可真是两重天。不是"文革"，中国要差15年。后来人家都上去了，什么四小龙新加坡啊，哪里都上去了，我们还停在那里。

问：所以改革开放还是很重要的。"文革"的时候，您和道临老师的工资是不是都被交掉了。

答：70块一个月，当时还要付房租，我们没有买下来。房租当时是40多块，50块。那么我跟孙道临两个人并起来不到100块钱，供家里开支。那时候我坐电车都要想一想，那时候坐电车要两块钱，想要不要节约，两块钱要节省下来。

问：坐电车那个时候不是几分几角钱嘛。

答：那要想一想两角钱要不要省下来。我独生女儿一直生病，总归要买包麦乳精泡着喝，补补身体。没钱了，人家也不睬我们。两个演员，都被抄过家的。后来我到我亲戚那里去借过两毛钱，他们也没钱了。

问：那个时候"文革"之前，工资还没被割掉的时候，孙老师一个月工资有多少？

答：他级别比我低，因为他有个历史问题，现在讲应该不是历史问题，就是有那么一件事儿。他是退党，后来有一个老干部进来，要他恢复党籍。当时我的觉悟也太低了，道临跟我商量，说文娟啊，那个老同志让我恢复党籍，要不要恢复。当时的觉悟不高，其实应该恢复党籍，恢复党籍他的级别就很高了，起码部长级了。我说那你恢复吧，他说他不要恢复。后来每一次运动，都要斗，都要交代。不光是"文革"。

过去平日里的运动蛮多的，经常有运动，"反右倾""划右派"，总归一直有运动的。一有运动，他就要写一大篇一大篇交代。他说文娟，我实在写得不想再写了，我只有重新再入党吧，再争取吧。我不想再写了，有的同志都牺牲了。所以道临坚持不写是很不容易。有人评论说，道临要是没有一个家，他"文革"是过不去的。所以他有时候，性格有些扭曲的。他会突然有种心里不愉快，有火气上来。我理解他，我谅解他。但是他自己也是满苦恼的，每次要是他出差了，去拍打仗的戏，那是生活很艰苦的。不管到哪里，他过了很艰苦的生活，也是报喜不报忧，给我写信的时候，我知道他的，他怕家里担心。所以道临他一生过来，不容易，很不容易。

问：我到浙江道临老师的纪念馆，电影博物馆我去看过。

答：他要求自己很严格的。有一次来了一个公司，要他拍戏。拍戏就要资本咯。一个戏上去，必须要多少钱。我们又没有什么积蓄。有一次有一家公司，资助他300万以上，但是百分之几要返还给他们，过去是这样的。道临说这个事情好像是违法的，我不要。结果他不拍啊，竟然情愿不拍。

后来中华人民共和国成立以后，美国有人叫他去拍戏的。他说文娟，有人叫我去拍戏，报酬是丰厚的，但是这个戏对我们国家没好处。我说没好处那就不拍咯，他说对，我回掉了。他就不拍，他就是这样一个人。他要求自己还是蛮严格的。我觉得道临能这样坚持下来是很不容易的。他真的不容易。他自己学习非常努力，他的时间不是一天一天算的，他是按钟点算的。

我呢，退休以后我要玩，我自己要玩。好不容易从小学戏，一直到退休，每天非常紧张工作所以我喜欢玩。他说你太浪费时间，一定说我浪费时间。他自己，我看到他的日程表，几点起来，几点吃好早饭，几点到几点我做什么，几点到几点会客，几点到几点干什么。他每天的日程表都是这样的。所以他懂的东西也多，他也希望我多学点东西。因为我是十三岁，虚岁，就出来了，我小学都没有读完，所以他知道我的水平，他也不嫌弃我。我跟他两个人，文化上来讲，差距是非常远的，他等于是一个半大学啦。大学没有毕业，就去学话剧。后来拍电影，搞七搞八，群众演员，后来再去读大学。他一个半大学,自己又是那么勤奋,他懂的东西是很多的。我跟他是不搭嘎(搭界)了,我是小学。表演来讲,我们俩谈是谈不拢的。

问:王老师,我想问一下,"文革"之前你说你工资比孙老师要高,你那个时候是多少钱?

答:那个时候工资具体我讲不清楚,但是我可以养一个家。我妈妈,我爸爸,还有我两个弟弟,我培养他们读大学,一直培养他们到读大学为止,我可以养一个家。但我们家也不是浪费的,也是节约的,我妈妈也是勤俭持家的。具体多少工资我倒不清楚,要查还是查得出的。

问:那个时候物价比较低,工资到一百块也是很高的了。我估计你们大概一百多块总归有的。

答:一两百块是有的,至少有的。我参加总政的时候,参加国家剧团以前,我是一千一百多块。那么我都要做服装的,每个戏服装要自己做的,是中华人民共和国成立初期的时候。后来我五二年参加总政,那个时候我们自己打掉,大概有四百块。后来回到华东,又不知道打掉多少。具体多少不知道,要查文件查得出的。那个时候可以养家的,现在买房子都不行了。我两个弟弟念书,我培养他们小学、中学、大学毕业。我们家一直比较勤俭。∎

采访后记:
约王文娟采访很不容易,她一直患病,住院。她不愿病态倦容地出现在我们面前。见到她的时候,觉得她一点不像90多岁,她说你们来,我总要打扮一下。
听她诉说与孙道临在武康大楼居住几十年的生活,就会想,那个时代的人怎么那么单纯,那么好,对物质怎么看得这么淡,粉丝与名角的关系那么亲近、清爽。如果把这样的人当作不可信、不可靠的人来对待,来伤害,这个社会肯定是出了问题。而回过头来看今天一些明星名角的贪婪、玩世,无节制地与资本沆瀣一气,可见今天也有今天要正视的问题。

■ 秦忠明肖像

10 秦忠明

1939年出生
上海戏剧学院退休教授
淮海中路1850号、1967年入住

访谈者：陈保平

我觉得武康大楼本身没有变，它基础没有变，依附在它身上的东西有变，比如人变了。武康大楼第一代人，是外国人，都走掉了，第二代人基本过世了，我们属于第三代了。

住在武康大楼 / Living in I.S.S.Normandy Apartments

■ 忠明家的走廊

问：这次采访主要是从两个方面入手：一个是关于这栋楼，您看到的当时的状况和它的变化过程；二是从社会学角度，在经过中华人民共和国成立初期、"文革"、改革开放这几个重要的历史阶段，您作为武康大楼的居民所经历的事情，所看到的变化，有哪些东西变了，哪些东西没变。想请您从这两个方面给我们讲一讲。

您是不是从上戏（上海戏剧学院，简称上戏）画画读书开始到留校，一直到现在，整个画家的生涯都是在这栋楼里面，可以讲讲您在这栋楼里画画的情况。

答：我当时住到武康大楼，是"造反派"镇压让我住进来的。当时我只有隔壁一间房间，18个平方（米）。单位里分给我的，我在上戏做老师，"造反派"整我，原来住在这里的有问题的老师赶走了。

我只有一个小孩。为啥不养两个小孩呢？是因为没地方住。我在橱顶上做了一个栏杆，女儿睡在橱顶上。因为人小嘛，睡在上面蛮好，每天早上自己爬下来。有个楼梯，最近才扔掉。我画画，女儿和太太都很支持。我太太为了我画画，把床翻起来，"棕绷床"夜里推出来（睡觉），白天推进去，有一个空间让我画画。所以我（画）的毛主席像，我的新式油画（技法）的创新就是在这个环境中产生的。武康大楼为我一生的事业奠定了基础。

那个时候，"文革"，单位里不能画画的，你（画画就是）走"白专"道路，会被斗死的。但是我爱人对我是特别特别支持的。

改革开放以后，情况大不一样了。我那时在上海展览中心参加了画展，有程十发、吴冠中等大家。我还是小年轻，30岁左右，我也拿了画进去。那时太穷了，连画框都做不起，就拿两根绳子隔开。结果香港《良友》画报的总编辑看中了我的画，找到家里。说我在这么艰难的环境还画出这样的画，不比那些名家的画差，这样的画是了不起的。就问我能不能借20幅画。我当时想借就借了，没想到他翻拍后，很守信用地给我送回来。（画）送回来以后，他就拿这个资料到香港去。过了三个多月，他寄了一个包裹给我，里面是出版的《良友》画报，其中登了我五幅（画），我是特别特别感动的。当时刚刚改革开放的时候，《良友》画报能登我五幅，不是那么容易的事情。

秦忠明家书房

问：那时您已经做老师了吗？

答：我1961年就在上戏做老师了。我毕业的比较早，在上戏读书到毕业，一直到退休。当时因为香港《良友》画报是面向全世界的，结果过了几天，就收到一封伊利诺伊大学的来信。那是1986年，"文革"的"遗风"还在，上戏党委很紧张地叫我去，问我有没有海外关系。"你家里是工人阶级，怎么有外国来信？"我说我也不知道，当时搞得我很紧张啊。翻（译）出来是想邀请我到美国去学习，那我当然开心了。党委为了这个事情来回研究，结果终于同意。我还到市政府外事办，学习了半个月。

我到伊利诺伊大学后，各方面的印象很好，一个叫戴维（音）的胖校长请我吃饭。他告诉我他们校董做出决定，要留我下来当教授，叫我不要回中国了。那是我第一次

■ 秦忠明接受口述史采访

出国，当时愣了半天，想要征求郭尚祥（音）领事的意见，我和他说能不能让我夜里考虑一下。晚上打了一个电话给郭领事，（他）说这个事情我们不好发表意见，你自己拿主意。我想了想，自己入党比较早，是一名党员，又是第一次出国，觉得我不能做这种事情。第二天，我告诉校长我还是要回去，他和旁边的秘书都惊了半天，他说："我周围好多中国人都求我帮他们办能留在美国的手续，只有你是我主动提出来，你怎么会拒绝呢。"他也说让他再想一想。第二天他又请我吃饭，说："我尊重你，一个好的艺术家能够落叶归根，到自己的祖国再进行艺术创作，这是了不起的。"这样一说，大家都很开心，这样我就回来了。

回来到了深圳，那时深圳海关检查站像小菜场一样。海关人员一看我护照，问我为什么提早回来了，一般到美国去的都不回来，你怎么回来了。我说回来了就回来了嘛。所以说改革开放，在这幢大楼里能经历这样的一段时光，我觉得自己问心无愧。后来我又去了德国和欧洲（其他国家），都是去办画展。

我回来以后，隔壁邻居都过来，都说我为这里的居民做了一件很光彩的事情。我做的一件比较有意义的事情，就是去德国办画展时，我想，除了带自己的东西以外，我要带一样让德国人有敬畏之心的东西去。我看了很多书，查到一个资料。在抗日战争的时候，有一位德国老太太，搜集了很多古董、文物，抗日战争结束后她要回去了，这些东西要卖掉，变成钞票，结果就找到徐悲鸿。当时徐悲鸿就去看她的东西，发现《八十七神仙卷》。传说这个是吴道子画的，但是很小，大概5米长。我想，要是能将这幅画复制带过去让德国人看，是不是当时为中德友谊做了一件很有意义的事情。我花了半年多时间，将这幅画放大，放了10米长，结果拿到德国去，轰动德国。他们为了这张画，给我做了一个很漂亮的台子展览。报纸上登还要收藏这张画，因为原作他们是拿不到了，想留下我复制的这个东西。

问：您家的房子改造过吗？

答：我和周（炳揆）老师的房间没有改变，没有动吊顶、线角、地板，坏了就修一修。

问：当时有没有空调？

答：空调是没的。当时有水汀，主要是暖气，天热没（冷气）的。

问：当时房子热吗？

答：不热，隔热保暖都很好。外面如果是35℃，屋里老风凉的。我住的这个地方离宋庆龄故居最近，你过来看。围墙丝毫没有动，包括故居墙上面的铁丝网。原来那里的菜园子后来变成了小楼。菜园子是宋庆龄的兴趣爱好。她养鸡，种青菜，当时条件还不好。

我女儿睡在橱柜上，上戏的老师都知道。女儿小学、中学都住在这里。她生在这里，读武康路小学、五十四中学。她能进去也不容易，一是成绩比较好，她也蛮合群的。她在中国读了一年大学，后来去美国读大学，认识了现在的丈夫。我们开始是反对的，我们对外国人总有一点隔膜的印象，没想到我这个女婿人还是不错的。

■ 各时期的家庭照片

问：他（女婿）到过武康大楼吗？他对这个老楼有什么感觉啊？

答：(他们两人)都回来过，马上又要回来了。当时我女婿对老楼的感觉不好，(2010年)世博会前，下面一塌糊涂，大厅里都是自行车。他说你们家倒蛮好的，外面（不好）。美国大楼的大堂都是很好的，他说（这里）怎么会是这样子。世博改变了，他还回来了一次，就感觉好了。他们一家人下个月又要回来看我们了。我们现在年纪大了，坐飞机时间太长，就不愿意去（美国）了。他说纽约也有一幢这样的楼，全世界就两幢。邬达克真是了不起，他1918年流亡到上海，在上海生活了29年，设计了65栋房子，其中有国际饭店、大光明（电影院）、自由公寓……他活到65岁，弥留之际，让孩子把照片给他看，其中就有武康大楼。武康大楼是他37岁的时候设计的，他平均是五个月设计一栋大楼。

问：您之前说过，1949年前武康大楼是属于孔二小姐（孔令俊）的，1966年"文革"当中他们还派人来看过您这个……请您再回忆一下当时是什么状况。

答：孔二小姐住在这里的时候，我那天漏掉了没讲。她剪了很短的短发，穿着夹克，一个口袋放烟卷，一个口袋放盒子枪。

问：您是怎么知道的呢？

答：我看资料，也是根据之前这里的老人回忆，他们告诉我的。边上有警卫，上面有袖标，写着"孔卫"。卫兵，非常凶神恶煞，但是孔二小姐本人，老人告诉我："她很好，她还跟我们打招呼，有时候还跟我们聊聊家常。"她为什么要住在新楼呢，因为游泳池在那里，她会穿着游泳衣跑来跑去。

问：这里本来有个游泳池的？

答：屋顶上本来有个游泳池，一个小的游泳池。在新楼，新楼的汽车间楼上。这个游泳池现在还在，因为结构比较老了，现在空在那个地方。孔二小姐住新楼，游泳方便，所以武康大楼的主楼她没有住过，她一直住新楼的三楼，孙道临以前住的那个

■ 文革时期秦忠明的画作

房间。

"文革"的时候,有一次门口来了一帮子人,大概有五六个人,但是年纪都是50岁左右的。他们碰到我和我讲,他们是受孔二小姐的委托来看看这个楼,因为她自己来不方便。我们聊起来,他问我能不能进来看看。当时我还是一间,我说我这太小了,他说没关系就看看,就让他进来了,看完以后说保护得还好。我当时也没什么改变嘛,尽管只是一间,但我家里搞得很干净。

问:这个时候您女儿橱上的床还在吗?

答:在的。就聊了大概三五分钟,他们就走了。根据老人告诉我,孔二小姐住在这里的时候,她周围的人非常威风,就和上海的地痞流氓一样,但她本人对人还是比较随和的。

问：您说的老人是？

答：是住在这里的，他已经过世了，房子也卖掉了。他为什么和我们聊起来，因为那个老人住在垃圾箱边上那个房间，是下面大华牛肉庄的职工。孔二小姐他们经常去他们那里买东西，他们都碰到过。因为我们是比较晚进来，这段历史知道的人不多了。她应该很怀念自己的产权。蒋经国就住在（上海）图书馆对面，他来上海"打老虎"。孔二小姐在这里的这个信息他当然知道了，所以蒋经国一来上海，孔二小姐他们全部跑掉了。这一带，国民党的军政人员，文化界的著名人士，1949年以后我们国家的军政人员都是住在这里。这里的文化氛围，在上海的其他地方是找不到的。

问：下面这个环境有很多店铺，在您当时的印象当中，刚刚搬进来的时候，下面是什么样的状况？

答：现在的银行当时是一个杂货店，银行隔壁是大华牛肉庄，从1949年前延续过来的，因为它要供应楼上的人。边上就是一个洗衣店，大华洗衣店，最近才关门。

问：从你搬进来到现在商店有什么变化？

答：紫罗兰理发店都没有了，药房是过去一直有的。下面的环境没什么变化，唯一的变化是世博会的时候把这一条长廊重新修过了，比以前漂亮了。所以我觉得住在武康大楼的人等于换了两三代了。

问：武康大楼里的各种精英、文化名人和政要，对您女儿成长有影响吗？

答：在这个环境中，有很多有名的人到我这里来，跟我聊聊天，休息休息喝一杯茶。我女儿有时候在边上听听，这个就是潜移默化对她的熏陶。她最后在五十四中学学习的时候，又与那些高干子弟在一起，这个对她以后在国外的生活有什么影响我说不清。她老是和我讲，不管我嫁给中国人还是外国人，我们的根总是在上海。我和她讲好，你老爸百年以后，你其他东西都可以卖，武康大楼的房子不可以卖。这是你的根，你的出生地。你不是什么名人，不要成为什么故居，不可能的，但作为一个普通的老百

住在武康大楼 / Living in I.S.S.Normandy Apartments

■ 秦忠明家的窗户

姓来讲,这个也是你的家,家的归宿。我说,你爷爷奶奶没啥文化,是中国最基层的劳动者。我父亲是江南造船厂工人,我母亲没有什么文化的,连自己的名字都不会写。但他们有一点教育我,做人要正,不可以搞邪门歪道。我女儿在国外是XX公司亚洲市场部经理,她非常自尊自爱。我女儿英文没问题,中文没问题,还懂日语和一点德文。我外文不行。

问:这就是上海开放的一个点,徐汇区湖南街道是开放的社区。这种开放的中西文化的融合,对两代人都有影响。

答:这种影响不是靠教育解决的,是靠环境和氛围,让它成长起来。所以我现在两个外孙讲上海话老灵的。

问:您觉得您到这里将近半个世纪,住在这里的人,有什么事是没有变的?

答:没有变的,当然也有一些。就是他们感觉这个走廊非常舒服,没有变。新造的居民楼、公寓楼没有这样的走廊。这个楼梯他们感到很舒服,上上下下,大件的东西可以搬,没变化。更加重要的,一些老人都过世了,等于一个时代过去了。比如刚刚我讲的一些情况,到我这代还知道一点,到下一代不知道了,什么孔二小姐、孙道临、秦怡,连我女儿这代都不太知道了,更不要说下一代。我觉得你们做的这个工作,是功德无量,是非常有眼光的事情。

问:我们就是觉得,让普通人来说自己的历史,或在一个比较有特点的地区、一个有特点的建筑里,让普通百姓、普通文化人来诉说历史,可以补充我们过去的历史学家或以主流历史观来写的历史,可以让历史更丰富更真实。

答:我觉得这种补充更生动、活跃,不像有些学历史的人写得那样刻板。我有一些朋友和我说,我可以静下心来写一写。我给你们讲自己的经历都比较简单,其实很多细节。他们说你写出来对下一代的教育很有作用。比如说,我进戏剧学院,是这样子进去的。我们那个老院长熊佛西,他非常喜欢我,我不知道为什么他喜欢我。他在

"文革"以前，1965年过世。此前他和我聊天，你这个小孩，我为什么喜欢你，因为你做事情认真，跟你讲的东西你搞得清楚。所以我觉得像这些名人对我的熏陶，对我的教育，是不能忘的。我在武康大楼住了40年，在戏剧学院工作了38年，连念书一共也有四十几年。一直在这条路上走，我感觉有变化。什么变化呢，武康路在"文革"以前，50年代，树很多，后来树越来越少。我曾经数过，武康路这一路少了五十几棵树。

问：树砍掉了是干什么用呢？

答：没人管。"文革"以前没人管，死掉了就去掉了。这条路我走了将近五十年，结果这两年，情况变化了。特别是改革开放以后，情况变了，这里郁郁葱葱，把延安路的违章建筑大部分都拆掉了。还有一点。可惜的是什么呢，在武康路复兴路交接的地方，现在不是有一栋六七层的高楼嘛，那个后面原来有三栋洋房被拆掉了。当时拆的时候，我进去看过，我一个人有什么能力，当时的法制也不健全，就拆掉了，建了现在的这个楼。这个楼造在那里其实是不伦不类的，把周边的氛围破坏了。所以我觉得武康大楼，你刚才问有没有什么变化，我觉得武康大楼本身没有变，它基础没有变，依附在它身上的东西有变。变化是，比如人变了。武康大楼第一代的住户，外国人都走掉了；第二代的住户，基本上过世了；我们等于是第三代了。

问：那么住到武康大楼来的人，虽然一代一代，你觉得他们有什么，或者住进来以后有什么东西是这个楼里面人的特点？

答：我觉得住在武康大楼里的人……自我感觉比较好。我有时候电梯里面碰到不认识的人，我问："小青年你怎么住在这里的？"他会说："武康大楼嘛！"他知道武康大楼不一般，到底不一般在哪里他不一定知道，但就有自豪感，自我感觉特别好。特别是世博会以后，把下面的那个大厅整理干净了，一进门感觉不一样了。我们学校的党委书记来了说，你这里住得不一样啊。但是我们老居民倒反而没有什么。我心里面总是有一种遗憾，就是装修的时候敲得太厉害了，我总是有这种遗憾，但是我们无能为力。

一度居委会组织成立物业管理委员会，选我做主任，已经投票了，第二天就公布了。我说我不行，让我做这个我会和别人吵架的。我没这个精力。有些人家把这个墙都敲掉了，已经破坏结构了。你外墙结构没有破坏，你内墙结构都破坏了。有些人这个门蛮好，他做一个拱门，觉得很时髦，吊个顶。有一次加拿大驻上海总领事也是到这个楼里来，他自己来的，站在我家门口，他问能够进来看看吗？他说我这个保护得不错，他讲了三次保护得不错。他说我就是要找这个老的氛围，他说现在上海现代化的房子、大的房子有的是，但他不要。他问我卖不卖，我说不卖。

问：当时两间买下来多少钱啊？你那是三间一起买下来的，买下来多少钱啊？

答：那时九八年，35万（元）左右，就是国家的房子转到我的产权，总共就是35万（元）。现在要1000万了，他们有来估价过，10万块一个平方（米）。

问：您夫人也是老师吗？

答：她是上海纺织工学院（今东华大学）毕业的，后来在厂里当厂校的教授，后来当了校长。■

采访后记：

秦先生是美术老师，中等个子，很健谈。改革开放后他的成就感特别强。他说1967年入住武康大楼时，只有约18平方米的房间。给我们印象最深的是，他说女儿小学时，没地方睡，就在大橱顶上装了栏杆，让她睡橱顶。后来他又添了两间房。1995年三间房总共才35万元，据说现在估价1000多万元。但他说已告知女儿，这个房哪怕他百年后也不能卖。他是一个较早对历史建筑有保护意识的居住者，房间基本保留原样。他曾带我们到底楼大厅看一块旧地砖，损坏后已无法买到原来一样的，他就用画笔描绘了一下，尽量保持原样。他在这里住了50年，一直看到新搬进来的人敲墙、改门、吊顶，他说很痛心，但也无奈。确实，在相当长的年代里，对什么是优秀历史保护建筑，大家意识都是比较淡漠的，包括政府部门。20世纪八九十年代为了建新楼，拆了许多有价值的老楼。

王勇肖像

11 王　勇

1969 年出生
上海音乐学院教授
淮海中路 1834 号，1969 年入住

访谈者：吕正

这个房子整个的结构特点突出，包括现在越来越多的老外喜欢这里，是因为这里真的太像欧洲了。这种私人空间和公共空间的构架结合，造成了一个大的空间感和价值感。

问：王勇老师，我们是受武康大楼口述史项目组的委托，来做一个采访。今天也非常高兴来采访您。然后呢，我想先问一下，您是哪一年出生的？

答：1969 年。

问：1969 年，好的。我们之前其实采访过挺多的居民，他们都是年纪比较大的，有 30 年代，40 年代，也有 50 年代出生的人。到了您这边呢，您是 60 年代的，您是武康大楼比较年轻的居民，所以我们采访的重点，一方面想问问您和武康大楼的渊源；另一方面，聊聊大楼的历史，还有您知道的历史；最后呢，也作为年轻的居民，聊聊您对这个大楼的认识也可以。您是出生在这座武康大楼还是哪个年纪到武康大楼来的？

答：出生就在这儿，然后也有过搬迁的考虑，但有朋友跟我说，现在还有几个人能够住在自己出生的房子里呢？所以呢这也是我一直在武康大楼没有离开的原因。其实这样算来我已经在大楼里生活了 46 年。

问：然后在采访当中还是有很多老人会提及你，就是会提起说我们记得一个叫王勇的孩子。那么你能回忆一下你童年在武康大楼的时光吗？

答：嗯……我想在这座大楼里有比较深刻记忆的应该就是从 4 岁刚上幼儿园的这段时间开始吧。

问：那个是 70 年代的时候？

答：对，70 年代的时候。当时也是有这个就近入学的原则，或者说有这么一个便利的小原因。然后呢，我这个幼儿园今天讲起来主要比较近，每天呢，有家长送我去，在送来送去的过程中呢，不仅对武康大楼有深刻印象，对淮海路也有深刻的印象。因为每天走来走去，基本上这每块儿的商店啦，单位啦，还是有很多深刻的印象。接下来又到了小学，小学呢其实也比较近，就在现在边上的这个居民服务中心这儿，差不多 1750 号左右，这个时候就不用家长送了，所以更多的时候是（大家）排路队去学校。

那时候我记得在就读于我们小学的武康大楼孩子有五六位,差不多同龄。对于当时同班的同学最羡慕的还是到武康大楼来坐电梯。那个时候不大允许外人随便进入的,只有跟着我们进去。那个时候电梯还是有人开的。小孩们都说去武康大楼去坐电梯呀,所以我自己也挺有优越感。还有就是那个时候百思不得其解的是大家都说有九层楼,对于我们这些人也很奇怪,我们还数过,明明只有七层。可能这是英式建筑,可能底楼是不算层的,或许还要加顶楼,所以外面一般都称九层楼,但对于我们来说它永远是七层楼。我们现在住的楼我们叫新四楼。

问:他们叫新楼。

答:所以这个楼到现在为止我也只听过传说。据说这原来是个车库,现在看看也非常像。车库上一共是八套房,这八套房看上去也没有一套是相同的。也听当时的老人说过。

问:您说的老人是妈妈这一辈的,还是奶奶这一辈的?

答:是奶奶这一辈的。因为他们差不多是"解放"的时候搬进来,听他们说当时的业主和住家对于这栋房子是有自己装修的权利的。

问:是单指在新楼部分还是?

答:起码是新楼部分,因为这个新楼部分在我们装修的时候也发现,这是个框架结构,确实它没有什么所谓承重墙的概念。所以它都是用柱子撑起来的。在柱子不动的情况下,其他墙都是可以更改的。那么每一个住家在装修上也有自己不同的想法。也是听老人说吧,当时可能是孔家的产业,他们的某个小姐(指孔二小姐)曾经来造

■ 排路队:为加强学生交通安全管理,学校建立路队制度,将多名学生在上学、放学途中,是否组织学生走路队纳入学校、班级日常管理评比,学生们排好队在公路上行走时,目标大,队伍整齐有序,容易引起机动车驾驶员的注意,特别在弯道、路口等交通事故多发地段,司机们还会主动让道给学生。

过这一块儿。也许吧,但是对我而言,真正觉得有兴趣,或者说非常吃惊的是,家里的这个卫生洁具始终没有更换。

问:你是说你们家里的卫生系统?

答:对的,但是装修以后我换掉了家里的马桶,因为已经开裂了,但是我在洗脸盆子上发现了它的制造年份,是1929年。而且我们家的卫生洁具的颜色不是白色。

问:那是什么颜色呢?

答:它是有种蓝灰色。(笑)听隔壁的住户说这一家本来可能就是搞建筑装修的,所以房间可能跟其他的有点不太相同。种种都让我觉得这个建筑的特别性,而且那个时候给我们的印象就是这是一个外国人留下来的建筑,尽管那个时候不知道邬达克是谁。这样一个像船一样的建筑当然给我们留下很深的印象。我们当时也幻想过,如果这真的是一个船,因为那个时候有个同学住在100号,正好是船头的地方。所以我们还在他家里模仿过我们是船长,开着一个船在往前走。真正让我们圆了这个梦,大概小学两三年级,某日上海发大水,于是你看着底下似乎像汪洋大海一般的时候,似乎真的像船一样。所以整个对于这栋楼这些零星点滴的回忆越聊越觉得有些小小的东西会回来,总体来说这是个特殊的楼。

问:你说起有四五个孩子,现在还有来往吗?

答:现在住在这儿的只有一位了,还有来往,当然不会那么密切了,毕竟分开了那么久。搬迁,其他的有出国的,父母依然住在这儿,也有举家都搬迁了,大概90年代左右确实有老的搬迁潮。有合住的某些想做房地产的,更多的我记得这个搬迁潮是在80年代初,"文革"之后恢复政策,有些一间房住两家三家的就搬走了。包括我隔壁,原来听老人们说,只有孙道临王文娟一家,在"文革"的时候又搬过来两家,所以整个就变成了三户人家。所以在我出生的时候,就已经是三户人家了,当时关系也都还不错,远亲近邻。到了80年代初吧,恢复政策,又逐渐迁走了。邻居和亲戚最大的区别，真的迁走了，一两年可能还有联系，久而久之就断了联系了。

问：那因为在这里住的时间长了的居民嘛，也会经历不同的历史时期，因为我知道也会有人生活在"文革"的后一半，可能还会有那个年代的记忆嘛？

答："文革"末期，那个时候抄家啦，甚至一些大批斗啦，不会那么强烈，所以关于这个很多印象更多的是听老人们讲述，在一起回忆的时候。原来我们楼下住着郑君里。那么在N年之后，他的儿子郑大里到家里来玩，跟我聊起的时候，我们会聊起一些往事，我听他讲过这样的事儿。当时他住在楼下，有些时候是半夜里来抄家。碰到这个事，这个危急时刻，他们都希望单位能知道，这也是一种保护，当时红卫兵深更半夜来抄家。他的母亲黄老师来跟我外婆说听到声音能不能通知一下，有讲过能不能去居委会说一下，要不要打电话，有没有可能装电铃等等，这些可能性，能够让单位里面知道这个事情。所以当时也是面对自家也会被抄的可能性。后来我为祖父写回忆录时，我记录过这样一段往事，有红卫兵来抄家，抄不到就不肯回去。那时候天冷他们晚上就睡在外面，我祖父呢就打开壁橱翻箱倒柜找被子给他们盖。有些他的学生也问过，人家来抄你家，你为什么对他们这么好，他回答说都是孩子，总有一天会长大的。住在这里的都有故事，基本上每家每户都经历过很多事。还有就是甚至听说过有人从这里跳下去，很多人觉得说是个自杀的好地方。我印象比较深刻的是"文革"末年，大概七五、七六年，发生了一次斗殴事件。

问：是很多人打一个人还是很多人聚在一起打？

答：是打完了跑到楼里。那是我第一次看到地上有很多血迹，所以印象很深刻，因为是被吓到了。他们不敢坐电梯，走楼梯，冲上来，就拐进了后面小楼梯，就是卫生间那一块儿。

问：这个事情对你不是个小阴影吗？

答：是的，那个时候看到后面小楼梯就会想到，不敢一个人倒垃圾，大人们都说很危险。本来觉得大家相处都很和睦,很不错。那件事情之后,也是我第一次觉得大楼是有危险性的。有个好玩的地方就是新楼的楼下。

问:大家不都说是洗车间嘛?
答:对的,有说洗车间。当时说是一大会址仓库。

问:那进得去吗?
答:进不到仓库里。楼下七三、七四年之后锁坏了,本来进不去的,坏了之后我们就去玩躲猫猫,对很多人来说就是个废弃的地方。我记得我和几个小伙伴会玩游戏,玩累了就到谁家里去。今天对我而言最愉快的回忆是,中午下课或者傍晚时分,顺着楼梯走,顺着走廊回到家,每家每户的厨房都是朝着楼梯的,就闻到各种各样的香味。

问:那个时候还会有生炉子吗?
答:那个时候已经没有了,已经是煤气了。可能再早一点会有。所以我对生煤球炉没有太大印象。唯一有印象的应该是北京炉,就像北京的那个炉子(煤饼炉)。初中之前还有用过。我们家过去就有,上海没有暖气嘛,我只看到炉子。

问:那有没有看到过把大量过去的暖气设备扔出去?
答:有,原先的取暖设备,叫热水汀,早就不能用了,好像在50年代末就不能用了。大概就是这样。还有一次就是那次大修,对大家来说是很恐怖的经历。大修的时候搭脚手架,尤其我记得跟严打的时间离得很近的。每家每户被通知要注意安全,夏天也要关紧门窗,那么晚上的时候那就很恐怖了。很多人晚上的时候把窗关紧,然后睡在阳台上,因为只有这一个出口,这样(外面人)就进不来了。但对于有孩子的人家讲,就很担心了,怕小孩爬脚手架。其实我小时候也爬过,感觉挺好玩的。还有呢就是老人有怨言,装修完已经不是原来的样子。新装了灭火设施,还有楼板要穿洞,跟过去都不一样。很多老人们都在说对武康大楼的破坏有多强多强。顺便吐槽一下,因为装修队伍可能不是专业的老建筑修复队伍，而可能只是物业、房管局的这种一般的修理队伍，在修复的过程当中确实有不少破坏，那时如果当心一点，会保护得更完整。其实在修复工程之前，最开始动工的地方已经开始塌陷，有些墙裂开。即使老居民有很多吐槽的地方，对于我们住在顶楼的就比较危险，顶楼会开裂，会漏水，那么我们处在不停地报修中。包括我们现在坐的阳台当中，你会发现现在可能修复的频率高一点，大概两年或者三年就会有人来补，在技术上你也见证了我们防水和隔热的进步，可能隔个几年这个顶楼就会有人来补，曾经我们要求有这个隔热层，我们就看见说这个顶楼上要架高，然后再补，过了不了几年，这个地方就会翻（修），可能有些小孩，居民来这里晒衣服，不小心踩碎掉的也有可能，其实我们也蛮无奈的，但是这十几年如一日，就是这样修了补，补了修，你也就逐渐习惯了。

问：我还想问问关于邻里这一边的事情，除去有王文娟、孙道临这样的我们可以放到后边再说，我很好奇就你因为你在这个楼里，就相对来说，小孩儿是比较容易进入一个地方，就比如说，我们一起上学要大家玩，大人说，这个小孩儿王勇很可爱，你来我们家吃点儿什么吧。就我们了解到，就武康大楼的居民成分还是非常不一样的，包括像走后门，后面想住进来的，也有原来留下来的，还有大量像南下干部派进来住的军队干部，派进来轮换着住的，我们甚至去采访你楼下的那位童医生，她说起来就她在这个地方都换了三个住处了，那么以你的眼光，你的经历当中，你和不同的阶层邻居打交道也好，和不同的工作的人，这当中有没有什么自己观察到的、注意到的地方，或者你的体验是什么样的？

答：当时可能，相对可能进入过的人家家里的住宅比较多的就是两类，一类呢，就是我们新楼这些近邻们，所以我知道我们家和楼下家长的不一样，就是因为经常去玩。那么就像楼下的童医生，跟我家的关系非常的近，那么我记得那个时候，外婆生病的时候经常请她来打针，其实当时候住在我们隔壁的还有一个护士。

问：那么，这样子感觉住在这里的医生护士还挺多的。

答：对，还是蛮多的。那么，关键是可能正好在身边吧，所以你就有机会去各个人家家里去，关键是通常他们家也有孩子，所以说那个时候不少（人）尽管年龄有一些差异，但是因为在邻居当中，所以这个也有不少跟着玩的大哥哥和小弟弟。

问：你觉一家一家差异大么？

答：其实不像今天这么大。因为那个时候基本上说，房子是原来的，那么从房子而言，基本上大家都是延续着过去的老建筑，因为大家那个时候没有自己做装修的事情。所以差异就是这些家具，家具当时每家每户也都很有限，所以基本上就是那个时代。就觉得这家可能挤一点，那家可能空一点。当时可能对我们来说，确实更加有意思的倒是玩具。这家有点什么样的玩具，那家有点什么样的玩具，他家有把剑，他家有把小手枪。

问：什么样的小孩儿家里玩具会比较多，大家都会羡慕？这幢楼里有特别这样的小朋友么？

答：没有特别集中的，像今天这样的所谓的土豪家庭。只是大家家里可能有一两样。比如说，当时，孙道临老师家里，可能对他而言，因为他是个女儿，稍微比我们大一些，但是他家里最好玩的是因为王文娟老师有一把唱戏用的剑。舞剑的剑，所以当时我们去他家玩儿，都是趁她妈妈不在。然后她女儿会把她妈妈的这些剑拿出来，让我们来一块儿看一看，哦，当时原来知道这个演戏的剑原来是木制的，但是做得非常精巧。再比如说，在我们楼下，楼下也是我同班同学，但是他们家里是这个部队的干部，当时还是现役军人，就跟我们楼下童医生一样。那么在他们家里，你就会看到这个有军装，有军帽，看不见枪但是能看见枪套。所以这一些基本上是我们去不同人家家里玩的理由，当时可能大家家里的条件都不好，所以去谁家吃点啥我还真不是特别有印象。那么基本上到了吃饭时间，也都是你妈喊你回家吃饭，所以基本上不太会有在其他人家里吃饭的可能。在邻里间也有来告状的事，尤其是孩子一起玩。比如说，当时我们在一楼有一个画家姓邵，他们家的孙子比我们小个两三岁，和我们一块儿玩的时候,也就经常被我们欺负、吃亏。然后他妈妈就会挨家挨户地敲门,"你们家孩子怎么样怎么样"。每当有家长来了,我想和今天一样吧。我们就躲在房间里不敢出来,然后父母去跟他们聊,讲完之后,回来再把我们臭骂一顿。这样的玩耍情况,对孩子来讲其实也是过一两天就忘了,大家还继续在一起。就是这样,我们也去过几位不同的同学的家里,但是似乎都没有一个让我们觉得谁家里让你一个很惊讶的状态。记得当时给我留下了一个不同的印象,就是在我们楼下,童老师家里,他们家有护墙板。

问:这也是我们去她家采访的时候,发现的一个非常与众不同的东西。
答:所以我们很羡慕他们的护墙板。

问:那你们家没有护墙板吗?
答:没有。她很羡慕我们家厕所洁具不同的颜色,所以每家人家都有不同的特点。所以当时就确实有人家家里是已经有两个厕所了。比如说,在100号,我记得他们家有一个主卫,那么还有一个副卫。副卫呢,好像就是一个马桶,没有其他的。那么这也是一块儿。关键是每一家人家,都有很多的壁橱,而且壁橱的形状是很不规则的。壁橱对我们而言最感兴趣的依然还是(和玩有关),这是个躲猫猫的好场所咯。而且那个年代当中似乎每家的壁橱都是放不满的,不像今天,所以那个时候给我留下印象,有差异的是地板。地板,每家人家地板有宽的,有窄的,而且一套楼里就有几种……

问:但是那个时候,大家其实没有对这栋房子做过太大的改变。
答:完全没有。实际上真正有太大的装修变革,我觉得应该是90年代以后,因为那个时候装修房子是一件很贵的事情,大家一般都不会去碰。我记得在我这儿第一次装修……

问:你的那套房子装修过几次?
答:实际上是两次。在我第一次装修的时候,实际上大概是90年代初吧。

问：这个都是你来主导完成的么？

答：对，是是是。因为那个时候是因为我要结婚了，所以就做了一个简单装修。那个时候装修的概念，无非就是把天花板粉刷了一下，墙壁上因为很难操作，因为时间很长了，要铲光很难，所以就贴了壁纸，非常简单。也就是在那个先后，我们有不少邻居都在这样做，基本上都是贴了壁纸的。操作起来有一个很大的问题是因为那个时候墙的时间太长了，所以全部铲掉再批，再去进行，工程很大，所以当时贴壁纸是最方便的一个做法。基本上所有人家家里对地板都没有特别大的变化，我记得是九十年代的中期吧。那么到了 21 世纪，2000 年以后，那个时候就有比较大的变化了。确实有许多比较鸡肋的处理方式，比如说厕所间和厨房间，当时的地面到底是换新地砖还是保留原来的老地砖。那么很多老地砖已经老得不像样了，或者是有破损。

问：是那种像马赛克一样的小的呢，还是那种有图案的？

答：都有。在我的厨房当中，用的是马赛克一样的小的，在厕所当中用的是小的方砖。另外，到了 21 世纪的时候，确实因为这栋房子经历这么多年，有些东西确实已经到了不换不行的地步。比如说这栋房子是有变形的，整体有变形，所以变形之后，就造成这栋房子的卫生间的壁砖大量挤压开裂，所以不换就很难看。比如说这栋房子虽然是框架结构，但是框架结构依然还是有很大的变形。框架结构的房子最大的问题是，它为了减轻房子的承重，所以基本上像新楼这一块，全部的外墙大部分都用的是空心砖，那么一个空心砖。当这个楼几十年了，这个砖本身确实也有老化的问题，打洞太方便了，很多砖已经酥了。但是你个人装修很难有能力去把它全部敲掉，换上新的砖，所以这在装修过程中是一个很大的问题。大量的内外墙都碰到这样的问题。所以说，很多人考虑在下一次装修的时候也会用其他很多的方法去进行。而且，不如说去年，在我们隔壁装修的时候就会碰到说振动，房间会开裂，那么也就是说未来，会有个麻烦就是说如果两家不是同时装修的话，总有一家人家会有开裂这样的问题。当然对我们而言也有一些安装，比如说之前，阳台他帮你封掉。

11 王 勇

■ 王勇在露台上

问：你是喜欢封阳台这件事情，还是不喜欢封阳台？

答：OK 啦，对我们来说都可以。但是让我想到的一件事就是，当时封阳台的一个很主要的原因就是为了 2010 年上海世博会期间的美观。但是在七十年代初的时候，我就记得当时外宾从虹桥机场下来是必经淮海路的。那么那个时候都会有大家列队欢迎外宾的盛况，我们是被要求在外宾来的时候不要把孩子放到阳台上面去，因为生怕有孩子把东西摔到阳台下面去。基本上每次有外宾来之前，都会由居委会干部来你家检查。

问：那你比秦忠明老师幸运，因为他说他直接是公安局的人坐在他们家。

答：因为他们家是在一楼嘛。秦老师的女儿也是我们的同班同学，后来出国，因为那个时候在楼上居委会会来检查一下，恐怕当时还有一个很重要的点，一个就是要害部位，还有一个就是一些成分不好的人家。

问：您算成分好还是不好呢？

答：中性。这不是一个太大的问题。这我不知道童老师家这样的军人家庭是不是也会有同样的问题，但是我们家当时是被要求居委会干部来检查一下你们家有没有外人在，尤其是当家里有外面亲戚来的时候，居委会干部会特别关照，在附近巡逻。我想，这个地方一直就是这样，因为可能对面还有像宋庆龄故居这样的重要建筑。对我们而言，还有一个非常让我们觉得愉快的地方，就是对面有了宋庆龄。

问：你的房子是可以看得到吗？

答：因为也是正好朝着淮海路这一块，所以对我们而言在马路对面，有两块很重要的。一块是宋庆龄故居，一块儿是宋庆龄故居旁边的，海军的这样一个院子。

问：你是没有看见过宋先生，但是您的奶奶还是外婆那一辈，应该是有机会近距离看得到的。

答：我记得我们当时也曾经有机会近距离看到过她的车。因为有的时候还是会有，但是老奶奶究竟在不在里面，这你就不知道了，但是确实你会看到门口开了，有的时候会有大的轿车开进去，红旗牌，我小的时候还见过。或许是有外宾到访，这块门口也会有管控，那个时候不叫戒严。有人会夹道，会看到有车开到那个里面去。因为当时每当有车子经过时，有的时候还会有敲锣打鼓欢迎的。所以你会有听见，外面很热闹，赶快去看，哦，原来是这样。所以宋庆龄没有见到过，只是有车。

问：您说您曾经也萌生过想动一动的这个念头，这个是大概在什么时候？

答：可能也差不多21世纪，2000年以后吧。确实这栋房子到目前为止它有它的问题在，因为毕竟是一个老房子。老房子毕竟在水电、下水等等方面会有问题。

问：2000年的这次装修之后，差不多达到你想要居住的、理想化的这种老房子的感觉没有？

答：基本上你的室内部分可以解决，但是确实有一些公共的部分，比如说它的水管进户。因为它的水管的粗细，还有水压的一些种种问题。比如说，相对水压比较小，不是很大，所以就造成洗澡很不爽。又比如说，相对下水管道，下水管道尽管做了些修整弄完，但是你依然非常担心，担心稍微大一点的物品就会被堵塞。甚至在2005之前吧，电还是有点问题的。那么至少后面电表安装了新的地方，接线做了新的变化，你才敢把家里的三个空调一起开。

问：这个还是要到2000年以后才能做到吗？

答：我一直记得，在2002年、2003年的一次装修之前的时候，家里经常还是会跳闸。所以你还是会有诸多的不方便。

问：你那个房子，最多的时候住过多少人？

答：5个，就是三代。在我出生之后，相对来说还是OK。准确地来说，应该算6位吧，应为还有一位保姆。

问：那个年代还有保姆，就是指照顾你的？

答：保姆当时就是说，当时在"文革"阶段当时的保姆其实谈不上是保姆，其实我们都是喊阿姨，就是帮帮忙。当时阿姨就住在这下面，因为当时那个时候所有人都必须要去工作，所以当时我的那个外婆就在隔壁18多少弄，就在那里糊纸盒。这个保姆就是一块儿和她在那里糊纸盒的。

问：你外婆那个时候原来还要去工作？

答：对，那个时候基本上好像每个人基本上都要去工作。所以她当时也就跑到旁边去帮着糊纸盒，不光是糊纸盒，在糊纸盒的那个边上还有公共电话，她还要帮着喊电话。因为糊纸盒是在里面，我们就去看过。一楼里面有两间房间，大家就在糊纸盒，那纸盒大部分糊出来是为了做医药的针剂，然后门口就有电话间，大家就轮班。经常到底下来喊，几弄几弄有电话，然后写完电话号码条子，你再去打回电。那，我记得她一直工作到七六、七七年，或者是七五、七四年。那个阿姨也是，家里的朋友一样，所以那个时候就在楼下，我记得她一天来帮忙两个小时，在那个时候可能是一件很奢侈的事情，也是不能跟人说的事情。因为那个时候用保姆是多么的资产阶级啊。

问：但不是说，那个童医生跟我说，他四个小孩儿完全就是靠保姆帮她带着。

答：所以那个时候话是不能这么说的。就是说，大家有朋友，挺好的。所以那个时候，我们就一直叫那个来我们家帮忙的叫阿姨嘛。对我而言，没有感觉她是来我们家干活的。所以就感觉外婆的一个同事，来我们家帮忙。我小的时候她还一直带着我，我们一直保持着非常好的关系，一直到他们从这里搬走以后。

问：他们搬走是什么时候？

答：应该是差不多是90年代的九二、九三年。实际上到了80年代之后，有了比较相对职业的保姆出现之后,马阿姨就不再来帮我们做这些事情了。人家家里实际上条件也还不错。所以那个时候,就有很多外地到上海来务工的,今天讲起来是职业保姆的,那么这时候家里就会有这样的阿姨,尤其是家里老人身体不好了以后,就住在家里了。在我做孩子的时候,可能在我更小一些的时候,也听父母说过,有阿姨住在家里为了带我。后来也是等到七二、七三阿姨回乡了,那么才请马阿姨过来帮忙。

问:那么这个人口的变化,现在是你的一家住在里面?
答:现在就我住在里面,一个人住在里面。

问:那这种变化,会带来使用上的变化,包括调整啊什么的?
答:会有。因为这栋房子原先的设计布局啊,实际上就是一户人家。估计院里的住宅主要也就是一对夫妻吧。因为它有一间卧房,一间很大的客厅,加上一间餐厅,大致布局是一样的,那么它的差异是说,它有一个专门的厨房入口,还有一个所谓的储物房,那么厨房入口就是给那时候的佣人处理的。另外呢,厨房和餐厅之间是一门之隔,厨房可以直接把菜送进餐厅,而不进入客厅,这样的话客人可以看不见保姆和佣人工作的场所。而且从厨房进入到餐厅,这个门可以不开。专门有一扇窗,我们在装修的时候就处理掉了,所以也看不见。那个时候的保姆,我曾经问过她们住哪里。实际上不住家里,而是住在后楼梯。在我出生之后,后楼梯就好像已经被拆除了。那些地方也就变成了某些人家的储物室。在整个大的后楼梯旁边还是有一些小房间。后来也就变成了不同的住宅面积。所以这个地方基本可以理解为一户住在这儿,相对很舒适,我记得在我们家人口最多的时候,就变成了外公外婆住在一间朝南的,我们住在朝北的,客厅大家一块儿使用,那么当时的阿姨就只能住在门厅里,非常小,但是搭一个床,OK,相对而言,她有她的一个小空间,但是呢,采光一方面可能相对而言欠缺些。但是不管怎么说,如果你和你的同辈们,像你工作以后会认识很多住在不同区的人,你的居住环境还是一个相当华丽奢侈的居住环境,有独立的空间。像这样的老房子,当时在上海,确实也不少,而且变化很多。我记得,当时,是这样吧,就是说大部分因为我们同学啊，朋友们还是在这个区域内，所以实际上也有很多很不错的房子，包括在武康路上一些独栋的小别墅，大家都有，所以，那个时候真正觉得这栋房子的好，是在70年代后，有 些精装房出现，那时候你去朋友家里……就会有不同的感觉。

问：你说的精装房是指那种新村式的？

答：有一些是新村式的公房，比较新，其实也没有让你觉得，那么的有差异，到了80年代之后，开始大家可以买房子了。那个时候你会发现，有一些很漂亮的房子出现，你会意识到这栋房子的文化价值有多高，当然商品房出现之后，大家都会相互比较，那么有些买了新的商品房的人就会说，老房子的地板木头质量真好啊，老房子层高很高，但是我们也很羡慕新房子，卫生条件很好，然后周边环境不错。所以你要知道在80年代甚至在90年代，武康大楼的走道环境是非常差的，每家每户都会堆东西，甚至有的人会把烧饭之类的放到走廊里，等等，所以那时候还是一个很混乱的状况。所以你住在这里，也未必有很大的优越感。很多人说，这栋房子应该有很多故居，有一种感觉，其实当你真正住在里面，当你的生活不是那么的便捷的时候，你的优越感并没有那么强烈。

问：我好像有时候也会看到你在报纸上写过文章，像《申江服务导报》采访过你，你刚才也说起过，什么时候开始有一个意识，想去找一找这个楼，或者居住在里面的人，你还在写你爷爷奶奶这一辈的人，有点类似于自传的，这种追寻的意识是什么时候开始的？

答：我想真正开始也是，到了这些老建筑，有一些热起来的时候。实际上我记得，当我认真想去查找这个楼的历史的时候，是我当时在撰写我的博士论文的时候。我的博士论文当时记述的是一个中国的学者到德国去求学的经历，因为这个人在"五四"期间也是一个很重要的思想家、政治家，当中记载到他当时写的博士论文的出版商，那个出版商当时实际上是一个中国和法国合作的一家。而那家人家查到的地址，居然是在我家后面的黄兴故居,在那里曾经有过这样的一个出版机构,那么我当时就有一个兴趣,我们这块儿到底是谁先谁后,这个楼到底怎么样。所以是从查找那栋楼的历史开始,我想看看武康大楼到底是什么时候,那么其实在武康大楼的以前一个比较混乱的年代,是因为我们看不到房地局的材料,大家是根据房产证上的材料来判断的。而很多房产证上写的年代是1904年,这样你就会对这栋楼产生一点兴趣,你会去查周边包括徐汇的那个地方志,所以在那段时间对这个研究有了一点兴趣。直到后来,我判断我们家的洁具是1929年的,那么恐怕后来,对于这个楼在20年代末期建成的这个说法似乎更加具有说服力。但是说实话到今天为止,尽管有很多人做了些考证,还写了些文章,但是依然对于它最早期的一个过程,到底应该相信谁,确实还是有一些质疑的。

问:好像我不知道我了解的是不是准确哦,你们家还是和音乐有很深的渊源的。你们家在这栋楼里住了很长时间?那你觉得,对你今天的这个工作或者是生活的一种状态啊有影响么,还是有别的因素?

答:我的职业状态可能是因为家庭三代都是搞音乐的。

问:外婆去糊纸盒子是不是对今天而言是一段很不可思议的插曲?对于职业生涯来说的话。

答:我记得这个当中有两件事情,现在讲起来大家依然觉得很好玩,因为那个时候居委会的力量很强,所以居委会经常会来动员你家做这个做那个,我听我母亲说,她也是我们音乐学院的教授,她讲,当时每家每户有一段时间被要求要做砖,所以她当时作为音乐学院的年轻老师,也跟我外婆到后面武康路一起去做过砖。

问:真的那种红砖吗?

答:坯完了再去烤。从他们那代人而言,这就是居委会派给你的一个任务,我觉得还是好理解的。

问：你们会在这里进行一些音乐方面的活动吗？包括像有些音乐家，他喜欢练琴作曲。

答：当然会，当时因为很多课是在家里完成的，所以对我而言，从出生开始就能听到每天家里有人拉琴，那么上两代人都要拉，那么后来落实政策以后，在七三、七四年吧，比较早，就有学生来上面学习了，所以我从小，在我自己学琴之前，基本上都听熟了未来我要拉的东西。那么我父亲是老师，我外公也是老师，他们都在音乐学院教课，经常会有学生到家里来，但是……

问：有没有沙龙类型的音乐活动？

答：在我家里，这个事情有过，但频率很低，而且基本上也是在1976年以后的事情，也就是说大环境更加宽松。

问：当时好像兴起过家庭沙龙的一段时间。

答：当时学校真正条件好的时候就不在家上课了，因为音乐家没有必要做那样的事情嘛。

问：会不会烦到邻居？

答：基本上都在白天。当时有很多规定，拉琴不能拉外国的作品，得拉中国的作品，再说隔壁也都理解这样的，隔壁都是双职工，所以白天上课不会影响到他们。而且那个时候，没那么多人有很强烈的维权意识，大家也不会来说什么。

问：像现在如果楼上住着一个吹小号的，天天吹，有人会去投诉吧？

答：对，当时我们主要的管理方还是居委会，因为那个时候居委会和每家每户的关系都很近，不像今天，接触频率较低。

问：那你还记得那个时候经常来你们家的阿姨叫什么吗？

答：叫什么记不得了，但是知道有两位，一位胖胖的另一位瘦一点，基本上一个礼拜总能见到她们两三趟吧，她们每天就在楼里转。

问：小孩是不是见到居委会阿姨都很怕呀？而且你们都这么"活泼"（顽皮）……

答：哈哈哈……也还好啦，他们还是比较喜欢我的。不过确实，那个时候管道工、民警见面的频率都很高，所以那时候警察上门的事也是很平常的，脸都认识的，时不时地来这里兜兜转转。90年代之前都是熟悉的，一直到后来，换了新的年轻的一批，就疏远了。所以那个时候家里都是没有什么秘密的，就算有什么问题也不会直接和邻居去说，更多会先和居委会通报一声，类似打小报告的行为。OK啦，也没什么，所以邻居之间这样的事情相对比较少地会麻烦到。我只记得七五年有一次，父亲在家里做过一次家庭演奏会，主要是学生，都已经毕业了。

问：那个时候的学生都是多大年纪的？

答：其实都有，那时候收学生都是不收费的，那些学生主要是之前和我父亲学过，然后再继续跟来学，是私人学生。还有一些所谓"弟子"啊之类的，当时我学钢琴跟着一位教授，在他们家里，住在湖南路，然后他们的女儿来跟我父亲学习小提琴，还有一个儿科医院的主任，他很照顾我，所以他的孩子也来跟我父亲学习琴。我记得那个时候有十位已经在文艺乐团工作的学生一块儿到我家里，一个一个拉小提琴。印象最深的是晚上给他们准备吃的，外婆带我到长春食品商店，在哈尔滨（食品店），去买咖啡，那个时候还没现在这种煮的咖啡，我们叫它咖啡茶，一共买了15块（钱的），又到光明村那里买了鲜肉月饼，大概二十多个还是三十多个，很奢侈。买回来之后没有吃掉，后来这些食品给我们享用了大约一个礼拜，所以我才会记得这么深刻。

问：我们也知道武康大楼有很多名人住在这里，包括你们。那你和郑君里和他儿子，他们本人或者他们后代打交道还有什么有趣的事情可以说一说吗？

答：其实并不太多，因为在70年代那个时候，所谓的名人都是被打倒的，真的要讲我们家来这里的过程还是很复杂的。最早的时候是姑奶奶这一辈叫王人美,她当时从香港回来上海,所以夏衍帮她做住宿上的一些安排,包括当时住宿的一些问题,当时就安排他们在这儿,所以这栋楼里面文化艺术界的人比较多。后来王人美去了北京之后,这栋房子才留到王人艺他们这一代的人。因为这家人家和我们家也是很有历史渊源的。包括他们能够比较早的恢复政策是因为他们的父亲过去也是毛泽东的教师,所以后来在北京通过各种各样的方式,最后毛主席有了批示才比较早的就"解放"了。当时只是有不同的人来抄过家,至于后来七二年、七三年的时候呢,可能通过一些方式,毛主席有了批示之后,这个家族在各地也就受到保护了。所以后来在我的印象当中,并没有很多这样的事情(指抄家)发生。这样说的话,真正比较密切的有交往的可能还是和孙老师(孙道临)之间的交往。因为我从小在他们眼皮子底下长大的,跟他们的女儿一起玩儿,直到后来,孙老师去世到王老师搬去女儿那里住这几十年,大家的关系都很密切。包括在孙老师去世之后,我们还给《纪实》频道录过一期《往事》,那里面很详细地讲到了我和他们之间的交往,甚至是我的第一次演出找他来帮我做辅导,还有我第一次上台、大型演出,他把他的演出礼服借给我穿等等。所以我想这种感觉到后来,两家人家的感情也十分深厚了。当然在生活上来讲,这种帮助可能更加接近于好朋友吧。

问:其实两家人已经不是简单的邻居关系了,更像是亲故吧?
答:对!因为太熟悉了,而且互相之间的关系可能比大部分的亲戚还要来的近,并且双方的主要社会关系圈子都认识。特别还是在早年间,谁家来个客人都会猜是谁的时候,互相之间需要帮忙也都不会客气,尤其到了后期,他们女儿不在的时候我们也会给予一些帮助。不仅仅是因为交往时间长,还有特别重要的一点原因是我们大楼之间还是有一定的空间的,这样的空间造成了邻里之间还是有一定的距离。

问:所以这个距离你认为还是挺重要的,是吗?
答:是的。因为这样不会局促,那么有这样的空间之后,你就会有这样的心态。

也就是说，你不会去跟别人争什么抢什么，我觉得这是一个基本的空间距离。或许，我觉得今天在欧洲大家都保持着这样的一个（最佳）距离。比如说，我们在武康大楼的建筑结构设计上，大家都考虑到了室内的采光问题。实际上对于一个走道非常长的公寓，公用面积所占的比例很大，得房率很低。但是一个好处就是，因为一个公共面积造成你们（邻里之间）有公共的空间而不像现在的很多新房子，公共空间变得越来越少，也很难让大家有进一步的交流。像我现在住在这个楼层里，王老师带着她的女儿出去住了，她就把原来的房子租给了两个外国人住了，因为本来那个房子也可以做一个分割，一家是意大利人，另一家是德国人。所以我们三家现在就形成了一种新的邻里关系，同样也是有这样的公共空间，大家不会去抢什么，也是因为这样的公共空间。

问：那么所以是关起门来就是自己的隐私空间了？

答：不过（和以前一样），比如像这个意大利的朋友需要出去一周半，那么他就会把他的植物放在走廊上，让我帮着浇浇水。甚至是我们三家中任何一家在外面有活动，也会邀请另外两家一起去参加，这样一来，这种状态又变得非常"欧化"。所以我想，这栋房子整个的结构特点突出，包括现在越来越多的老外喜欢这样，是因为这里真的太像欧洲了。这种私人空间和公共空间的构架结合，造成了一个大的空间感和价值感，我觉得都是基于整个欧洲的价值观念。很巧的是，今年上半年我去了匈牙利终于有机会到邬达克的故乡去看了一下。到了那里之后，确实我对邬达克在上海设计的一些建筑有了一个更深入的了解，他的理念是怎么样的。尤其是陈海山（音）老师对邬达克的许多建筑做了很多详细的描绘，当年和陈老师之间的交流也很多。开玩笑地说，你到了布达佩斯观察后会发现，确实是上海成就了邬达克，因为布达佩斯牛的建筑太多了，以他这样的一个年轻人的身份在布达佩斯怎么可能有这样一块试验品。不难发现，他到了上海之后确实也将布达佩斯元素与这里的现实空间做了很好的交流。

问：那你在布达佩斯有看到像武康大楼这样的建筑吗？

答：嗯……拐角的圆形建筑是有的，要说完全类似，又是有些差异的，可能跟武

住在武康大楼 / Living in I.S.S.Normandy Apartments

■ 窗内窗外

康大楼拐角这样类型的建筑在纽约看到会比较多，在意大利也有看到。但是在布达佩斯更多的来说是相对比较正规的街角，尖形的会比较少，更多的还是90°的转角。但是有很多细节在布达佩斯是可以被发现的，比如说从武康大楼进来，门口的顶和顶上的支撑用的一些雕塑感强烈的修饰，在布达佩斯随处可见。而且从年份来讲，我们这个楼也就是百年吧，但是在布达佩斯可以看到更加久远的，所以我们可以看出，在匈牙利成长起来的邬达克在那样的环境当中，他确实把他的家乡copy（复制）到了上海。当然对于我们这些人来说，在上海住惯了，也会出现这样的问题，真正要搬去新公房会有一些不习惯。你看，当年说我们周边的大厦比我们要高要好，但是我去看过之后就发现走廊的采光不通透，会感觉到莫名的压抑感，使你产生还是住在这里吧这样的感受，这可能是新公房都有的问题。所以我想，你在一个楼里住的时间久了，也会沾染到这个楼里的一些印记。而这种印记从居住空间考虑就会影响到你的价值空间，而这种价值空间最终会造成某种走向。所以我不敢确定我住在这样的楼和我今天的音乐生涯有多少紧密的关联，但是住在这个楼里你多少会有些怀旧的情感。当你每天早晨喝着咖啡吃着奶酪的时候，你不会一定要有大饼油条才会接受这里的生活。所以当我去德国留学，在那里住了他们的老房子，不会有太多的不习惯，不像我的同学们，他们看到这样的老房子感觉到的是阴森，而我就会有种熟悉感，我想就是这栋房子给我的某种熟悉。■

采访后记：
王勇是著名音乐节目主持人，是我们约请的口述者中年纪最轻的。他不愿镜头拍摄自己的私人空间，所以在三楼平台上接受我们访谈。
王勇对老房子的空间有自己独特的感受和理解，他甚至觉得这种空间会影响人的某种价值取向，很有意思。他一方面很看重私人空间，同时也强调公共空间的重要，如何处理两者的关系，这可能是建筑师最需要考虑的问题。
王勇述说的王人艺老先生的故事也为大历史提供了别样的细节。伟人也有恻隐之心，人情有时可以高于政治。王人艺先生还是在险恶的环境下找到了一条求生之道。

刘瑞璐肖像

12 刘瑞璐

1955 年出生
上海新路达集团职工
淮海中路 1834 号，2006 年入住

访谈者：吕正

据说黄菊市长跟我们楼上孙道临一起讲过的，因为我们这里好像花园比较少嘛，那时候好像要建一个街心花园，现在孙道临也走了，黄菊市长也走了，都走了，好像这个花园建是建了，但是挺小的。

住在武康大楼 / Living in I.S.S.Normandy Apartments

■ 刘家书房区域

问：刘老师，今天我们是受湖南街道的委托来做一个武康大楼居民口述实录的访问。那么我听说您是买房子住进来的，感觉买房子的这个经历还是蛮有趣的。首先能不能说一下您怎么会买到武康大楼来的？

答：事情是这样的。原来我是住在陕西南路复兴中路那里，正好是文化广场的地块。后来文化广场置换，置换的时候给了我们一笔钱，我们就开始选房子。当时是 2006 年，房价还是蛮便宜的，可选性也挺多的。

问：您这个房子的消息是怎么会得到的？

答：我一直关注当时的报纸，一直刊登这种房产的信息，现在不知道还有没有，我也不太清楚。看到了以后我马上打电话，很巧的，当时这个房东正好在上海，然后就来看了。因为武康大楼我从小就挺喜欢的，以前小时候和家里的长辈坐 26 路（电车）到徐家汇，一直经过这栋房子，一直看到的。看到的时候就觉得这栋房子蛮灵的、蛮喜欢的。尤其是它的外观，到现在为止还有很多人很喜欢的。后来正好有这样一套房子，进去一看还挺满意的，那么就这样买下来了，就放弃了其他的选择，包括那时候这笔钱可以买下一栋房子，200 多万元。

问：那时候 200 多万可以买到怎样的一栋房子？

答：那时候就是像新里，一栋，比如像天平路这边一栋一栋的新里，当时可以买下的。但我们当时就是喜欢老房子，后来就买了这里。

问：您第一次看到这套房子的时候，可以描述一下它是什么样的吗？

答：我们进来的时候这套房子是通间的，我特别喜欢那个阳台，不像我们现在用铝合金封住的。它有一根法式的栏杆，实心的铁栏杆，很漂亮的，弯曲的，一看就觉得很舒服，特别是我们这种喜欢老房子的人。而且阳台很大，我们喜欢大阳台，上海人都是这样的，喜欢朝南的、大的阳台，很舒服。里面的装修也基本上是这样的，因为之前也住过几个住户，他们当时住的时候也做过一些隔断什么的。事实上这套房子本来就是这样的，除了钢窗、钢门以外，其他没有什么太大的变化。

问：那您后来当场就决定要买吗？也没有讨价还价？

答：当场就决定了。讨价还价总归是正常的，但房东也很爽快。我还价的那个价钱就是他最后卖给我的价钱。

问：当时您有没有了解过原来住在这里的房东是一个什么样的人？

答：原来这个房东在当时是属于比较富有的，房子也挺多的。这套房子是他妹妹的，这套房子装修完，她就到澳洲去了，之后就委托他将这套房子卖掉。2006年卖掉以后，过了几年上海房价涨了。前两年有一位律师来找我们，问我们当时这套房子是多少钱买的。那我们就实事求是地说了，他就问当时房子卖给我们的时候那个人有没有拿过什么好处，或者我们动过什么手脚，或者怎么样。我就说我们都没有，我们就是按照这样买来的。因为他当时来问的时候，这套房子已经卖到400多万了。这样就引起房东的妹妹不高兴了，后来据说打官司什么的，反正我们也搞不清楚。

问：现在还会有人来找您买这套房子吗？出价出到多少？

答：有的，有的。经常有人在我们的信箱里投名片，希望租或者买。现在多少钱我也没有去问过，反正就是现在市场价多少应该就是多少吧。因为我们这个房子也不想卖掉，就算这套房子有钱挣（升值）我们也要收藏着。这房子蛮好，买好以后我们也问过这边的邻居关于这幢房子的历史。

问：这幢房子的历史您了解下来是怎样的？

答：是这样的，武康大楼主楼造好了以后，是孔祥熙的第二个女儿，孔二小姐，就是宋美龄最喜欢的那个侄女，她来造的。造完以后，我们这里的二楼就作为她的娱乐设施，从我这里开始一直到底就是一个舞厅。

问：是跳舞的舞厅？

答：对，是跳舞的舞厅，也有人说是溜冰场。但因为现在很多老人都离世了，说法也挺多的。我们这后面的阳台以前肯定是很漂亮的。

问：就是您说外面像一个小花园一样的地方？我们觉得像花园一样。

答：就是我们后面的平台嘛，你也看到了，面积挺大的。你们现在看到下面都是油毛毡，这是因为汽车间被别人当作住房了，下面一直漏水，所以就加了一层油毛毡。但是没有用，还是漏的。它后面是一个游泳池，我后来想想（游泳池）这么小可能是因为孔二小姐当时人很矮小，也有可能是像我们现在泡的温泉，所以也不会像真正的游泳池那样。但是它上面有几堵墙还是保留了原来的，还留有一点遗迹。就这样。

问：我看到居民都会在上面自己种种花什么的。

答：对，对，对。我们这边的居民都很喜欢养花，上次街道里也有一位这方面的负责人来沟通过。据说要把我们后面的平台做成一个空中花园，他们可能会帮忙添置一些花架，那我们就可以把花种得更漂亮。因为种花本就是为了欣赏，肯定漂亮是第一位的。现在因为大家都是自己种的，东一摊、西一摊的，种的人是自己喜欢怎么种就怎么种。我们想今后如何从整个布局来看，把整个花园弄得更漂亮。

问：刘老师以前出生在哪个区域？

答：我是出生在徐汇区，小时候在徐汇区，就是现在环贸，南昌路那边。

问：好像那时候还做过襄阳路市场对吗？

答：对。文化广场拆掉了以后，我们动迁以后，刚开始襄阳路是服饰市场，后来停了一段时间，之后就开了环贸。我们小时候一直是在这边的，所以后来动迁以后我还是一直想要这个地区的房子。当时就找了文化广场附近，后来置换了以后就买了这边的房子。总归是不离开徐汇区和卢湾区，所谓的法租界。

住在武康大楼 / Living in I.S.S.Normandy Apartments

■ 刘家房间角落

问：刘老师原来是做什么工作的？

答：我原来是搞餐饮的，改革开放以后就等于下海了，我们自己搞了。

问：是开饭店还是？

答：开饭店。

问：那么就聊聊吧，开了什么饭店？

答：我的饭店实际上是不大的，是大众化的。但是我的饭店名气还蛮响的，因为我从年轻的时候就开始做餐饮，对餐饮很有自己的行业道德。

问：做的是本帮菜？

答：应该算是本帮菜。后来日本人有一本书，就是旅游介绍，到哪里去吃饭什么的，其中有一个片段就是介绍我的饭店。

问：搬过来的时候是一家子人，包括女儿什么的都搬过来了吗？

答：到这里吗？到这里的时候我女儿已经在国外了。就我和我先生两个人在这里，我们这幢大楼等于说像老年公寓一样的。

问：怎么叫老年公寓？

答：为什么说是老年公寓呢？一方面是老的知识分子，我们下面目前有的秦老师，画家，还有一个是姓邵的吧，也快要100岁了吧。还有就是艺术家，在我们的楼上以前住的是孙道临、王文娟，现在孙道临过世了，孙道临也是我刚来的几年看见过。

问：打过交道？

答：他很客气的，你叫他，他对你们很客气的，没有明星的架子；还有他的太太王文娟，也是的。在电梯里面碰到的时候，我们叫她王老师，她都是很客气的。还有就是现在音乐学院的教授王勇,王勇现在还住在我们楼上。

问:平时除了在电梯、走道里打招呼以外,其他活动有没有碰到过?
答:其他的,因为我是我们楼的楼组长,有的时候要让他们知道社区的活动,我就要去敲他们的门。

问:您有没有到楼里其他层面的小组去看过,这十年来您的房子有什么变化吗?
答:十年来嘛,我们的房子是有变化的,但是没有大的变化。这只能说是我们借了世博会的光。我们这幢大楼将近90多年了,应该说已经是老房子了。本来别人说

你不要买老房子,问题就在于下水道都会堵塞,所有的管道、电线都是老的,世博会的时候全都帮我们换过。

问:就是2010年的时候。
答:对,就是2010年世博会之前全都换过。

问:原来您搬进来的时候应该是老的一套东西?
答:对的。搬进来的时候都是老的。

■ 刘家阳台

问：需要经常通吗？

答：需要的。下水道经常会堵塞。

问：但是您好像一直住老房子，应该比较习惯这样？

答：那我们就叫别人来通啊，还有就是我们自己买那种药水，就是国外带来的那种通下水道的药水，也很好的。现在就没有这种情况了，现在每户人家的下水道都分开走了，所以就比较好。住着也没有太大的后顾之忧，而且这幢楼相当安静。

问：安静是怎么个说法？

答：因为都是老年人嘛，因为这幢房子没有停车场，很多年轻人都搬出去了。如果你要买一辆车，就没有地方停。所以这里老年人比较多，还有很多离休干部，还有很多军队的房产，都是一些老干部。在和他们打交道的过程中也感觉很有帮助。

问：来了这里以后认识的关系比较好的邻居有哪些？

答：有的。住在7楼的许大姐，好像你们上次也去采访过的。她已经80岁了，也很热衷我们社区的事情，只要喊她她总是积极参加，就这样的。

问：像你们平时在武康大楼这个小组里面经常做一些什么事情？

答：社区里平时事情也蛮多的。每个月垃圾分类收集，这是要做的。还有为老服务，我们都有结对的。

问：那您也算是老年人了。

答：我们是叫"小老人帮老老人"，就是这样的一个计划。不知道（这个计划）是徐汇区的还是我们湖南街道的。

问：那您这次碰到年纪最大的是什么情况？

答：年纪最大的就是邵洛羊。我们是这样的，每一层楼，新楼有什么事情都是我来联络。帮助老人嘛，我们觉得这桩事情是很有意义的。我们自己马上也要老了，平时看到他们总要问问，他们好不好，需不需要帮助，需要的话就喊我。因为我们这里的老人都比较独立，他们都喜欢和儿女分开住，有时候遇到一些困难，实际上并不是很大的困难，喊到我们的话我们就去帮助一下他们。就这样的。

问：您有没有比较过，住在武康大楼的生活和您从小比较长的、住在南昌路那里的生活，虽然都是老房子，但实际上是不太一样的。您有没有比较过，或者给您生活习惯带来了变化什么的？

答：哦，这个是肯定有的。随着改革开放，大家的住房条件都提高了。我们之前住在南昌路呢，虽然说我住的房间也是挺好的，但是说卫生啊，住房啊，相对现在，应该来说还是比较不如意的。

问：就是说都是合用的？

答：嗯，都是合用的，但过去的邻里也蛮亲的。那么住到了这一块以后呢，就是说呢，本来我们想这样的公寓房子应该都是自管自的，但是我们这里一幢楼不是的，大家还是互相打招呼啊，有什么事情啊，大家……

问：您第一个认识的人是谁，还记得吗？

答：我第一个认识的人应该是205的一个住户，因为我进来，他就来看我这里。就是看看我房子怎么样啊，主动地看看，打个招呼什么的。后来呢，我们的组织关系过来了，过来了就去参加参加组织活动什么的，认识的人就一点点多了。现在呢，这么多年住下来呢，我在这幢楼里已经很熟了。

问：您关心人家去了？

答：额，对的。我去关心别人，别人也对我很关心的。

问：新住进来的人，您会主动找他吗？比如这一层里，在您的小组范围里，现在新住进来的人多吗？

答：我们这幢楼里面好像新住进来的人只有王文娟有一套房子租给别人，就是外国人，好像不太接触。其他的还是老住户。我们老楼里面，主楼里面吧，好像新的人蛮多了。

问：您觉得新来的居民给你们这幢楼有没有带来什么变化？

答：带来变化嘛，我们就觉得进进出出不认识的人多了，其他好像没什么变化。就是对我们整幢楼的安全啊什么的，这个可能今后要和居委会一块探讨的。

问：我记得您今天讲小时候的时光，是乘着26路经过淮海路看到武康大楼，那么这周边的街区跟您小时候，或者说跟您搬进来之前有什么变化，或者体验感觉有不一样吗？

答：这个街区变化不大。

问：您看看，什么是您以前看到现在还在的？

答：以前看到的，就像对面的那个在天平路和余庆路口的、一个冲着马路当中的人行道。但刚来的时候，房东跟我们说，那边好像要造一个街心花园。这时候说是黄菊市长跟我们楼上孙道临一起讲过的。因为我们这里好像花园比较少，那时候说好像那里要造一个街心花园。现在孙道临也走了，黄菊市长也走了，都走了，好像花园建是建了，但是挺小的。这个地方基本上还是和以前的差不多。变化不大，马路也没拓宽，还是一样的。

问：您生活在这里，像柴米油盐、酱醋这些生活上的事也是逃不掉的，买菜啊什么的去什么地方呢？

答：买菜呢，就是在天平路广元路有一个广元菜场，是买素菜什么的地方。还有很多就是人家以前的"菜园子工程",送到小区楼下来,也可以买。因为我们下面就是泰安路,这种地方也是比较高档的住宅区,也有人送菜进小区的,还有些荤菜我都是网购的。

问:您已经进入网购时代了?
答:嗯,对对对。我都是网购的。

问:那您很时髦的。像现在这样的房子,对子女来说,实际上是你们老两口住在这里。您的女儿是嫁给外国人还是中国人?
答:女儿是去留学的,后来嫁给了一个外国人。

问:女儿把洋女婿带回来的时候,他怎么看这个房子?
答:他么,总归是说不错不错的呀,但是我女儿肯定是喜欢的。当时买房子,我女儿和我说你要买房子,不要买肇嘉浜(路)以南的。因为她在大学里做论文,做了一篇关于上海法租界的。她是华师大法语系的,所以更喜欢法租界的房子。

问:所以就叫您买房子不要买到肇嘉浜以南。
答:其实这种讲法现在是不对的。实际上很多肇嘉浜以南的房子都很好的,我们当时错过了机会,就听了她这句话。对吧,肇嘉浜以北的房子贵。但是现在我也不知道,现在都贵的,价钱都高的。

问:我感觉您和您老公应该是做生意非常精明的人。
答:是吧,我们可能只是外表精明,其实也是很一般的。我们做生意其实是老老实实的,从来就是这样,因为我们可能就是受毛主席的教育啦。像现在餐饮人家里面瞎放东西,这种事情我们绝对不做的。而且那些变质的东西,我们不允许放进去的,全部都是丢掉的。

问：好像世博会的时候，来查的时候有一个小的插曲，您曾经讲起过，栏杆这件事情，您可以再讲讲吗？

答：栏杆这件事情是这样的。当时就是世博会到了以后，要整体的美观嘛，要武康大楼的新楼做成统一的铝合金门窗。

问：这之前是什么样的门窗呢？

答：这之前就是说我们每家人家都做得不一样的。

问：就是自己管自己。照以前来说，这个阳台应该是不封的吧？

答：以前阳台都是不封的。以前马路上车子没那么多，你看现在车子那么多，私家车特别多。我们每天往外看，就是宋庆龄故居里面高大茂盛的树。我们每天都是看好的，现在不是有一句话"只要看好的心情就好，不好的不要去看"。当时我们每户人家都有铁栏杆，都是非常漂亮的，很粗，而且是实心的。现在在我们武康路上，原本是花木公司的地方，以前不是租给人家吗，也有这种铁栏杆。我看到这个就会想到自己的大房子，当时我是不肯拆的，因为对老房子情有独钟，一直坚持，但是最终还是要考虑整体，所以没办法。当时没想到可以保留下栏杆，造在别的地方，这点挺遗憾的，其他大的变化没有。我当时装修的时候，你看门有些破烂，我先生一直坚持保存着，他觉得还是老味道，装修好没多久我们就到女儿那里去了。

问：有没有和人家聊起住在这里，有关房子的事情？

答：有的，有的说我们房子买得很好。尤其现在武康路不是开放出来了吗，知名度也高了。我们武康大楼的模式，在电视台经常出现，还有（出现）在一些广告里，有一些名气。就是说我们这次既然弄了呢，就要合我的心，就这样弄了。女儿他们看来目前不会回来，因为小孩事业都在外面嘛。像我们到欧洲去，就是感觉很习惯了，就像在自己地区一样。

问：您去过欧洲的哪些地方？

答：法国、德国、瑞士、奥地利，去的地方多了，北欧（的国家）都去过了。

问：和我们这边比较的话，感觉怎么样？

答：感觉建筑就是像我们这里的。因为欧洲建筑都是像这种方块样子的，就像我们这种房子，就像地震来了我们也不怕的，很牢固的，很厚的。像现在新造的房子，高么很高的，薄么很薄的，这种房子（新造的房子）就不太喜欢住。

问：在住进来之后，您有没有碰到过，您觉得大的事情？

答：住进来以后碰到大的事情啊……大的事情我倒真的想不太出。

问：10年过去了，您这10年觉得过得快吗？

答：快，很快的。因为这块地方的人，大家很安静地进来，你也看得到的。走廊上没什么人待在外面，大家都是挺安静的。但是只要社区里面有什么事情，只要打个招呼，大家都会出来。就像我们这里，社区的居委主任选举啊，来这里征求他们的意见，就是一喊，大家都会出来的。我原来就是协助做选举工作的，让我蛮震撼的。以为大家对这件事情都不太关心吧，想不到我们居委像书记都来了，都很重视的，一招呼全来了，不管年纪大的，年轻的都出来。我想这和住在这个地方的人的素质有关系吧。

问：您觉得这幢楼的人的素质怎么样？

答：应该是还是可以的，我们新楼里面大部分都是老住户。我们原来徐汇区的副区长还是区长黄克（音）也住在这栋楼里，现在已经过世了。还有一些人嘛，有一些是大学里的老师，都是比较有素质的。

问：刚刚我们聊了很多关于这幢房子的事，我还很好奇在这里一天的生活是怎么样的。

住在武康大楼 / Living in I.S.S.Normandy Apartments

答：一天的生活基本上也是和平常人家一样的，我先生是负责买菜烧饭的。

问：哦。这是不是算是上海男人的一个特质呢？
答：应该算是吧。他对这样的分配安排也是比较开心的，他说我自己喜欢吃什么就烧什么也很开心的。是吧？

问：嗯。买也是他去买的是吗？
答：买的话，我刚刚也说过了，蔬菜是他负责买的。荤菜呢，我一般是在网上买的，就是这样子的。还有我们有时候会去汇金超市，因为我们这边好像没有大型超市。

■ 刘家钢琴

问：是的，这儿是没有。

答：所以有时候要去买什么东西就去汇金超市，一些奶制品都是去网上买的。

问：我想问一下，你们老两口住在这么一栋公寓里，会不会有一点冷清呢？

答：不会的。

问：为什么？

答：我们事情很多的，有时候还来不及安排。我们平时会参加一点社区活动，我先生参加的是园艺班，是种花的，因为我们这儿种花的环境很好。我是参加瑜伽班，远程老年教育的学习。

问：大家住在这里肯定有各种各样不同的生活，那您觉得大家邻里来来往往多吗？

答：哦，这个是很多。特别是我家小孩来了之后，人家家里也有小孩，那大家就会一起玩。他们会来我们这里玩，我们也会去他们那里玩，这样大家会比较热闹。还有比如说过节的时候。

问：过什么节呢？

答：比如说端午节，还有冬至，大家会一块儿吃汤圆，因为我做汤圆比较拿手。

问：您自己做汤圆吗？

答：对，我们自己做着吃，我做点心比较拿手。有时候我做好了，也会拿一点带给我两个比较要好的邻居尝尝。

■ 私人物件细节

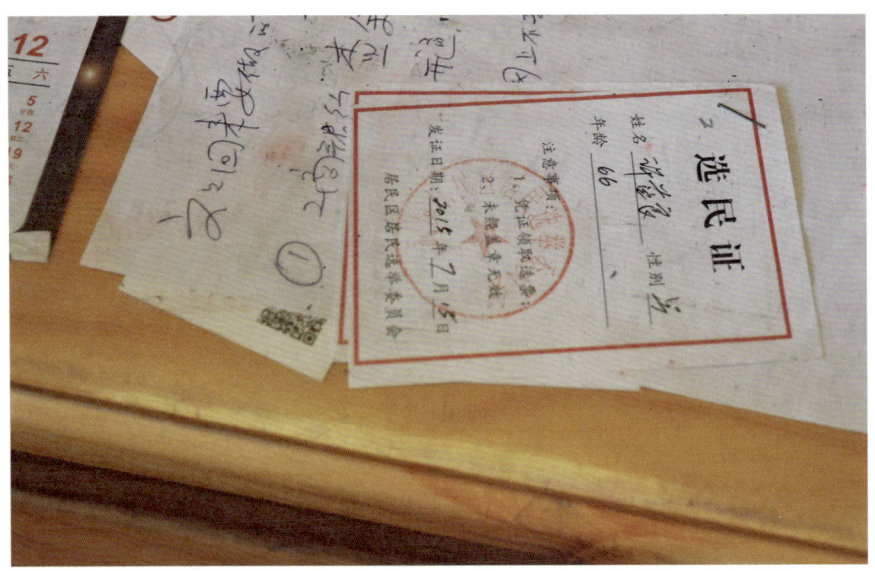

问：哦，那您做得最拿手的是什么呢？粽子还是汤圆？
答：他们都说我做得最好的是粽子。

问：哦，这是怎么说的呢？
答：他们说虽然我做的粽子和外面卖的样子是一样的，但更好吃。

问：那您有什么窍门吗？
答：窍门么，其实我原来是学过做粽子的。原来自己在从事这个行业的时候是学过的。虽然我从八二年开始就做领导类的负责人，但是那时候学生意的时候，这些学过的技术还没有扔掉。

问：那也就是说您等于小姑娘的时候就学的是餐饮了吗？那您还记得您以前在哪里工作过吗？
答：是的。最早的是在襄阳路那里。

问：襄阳路那里您是做什么工作啊？
答：那里我们是做点心的，所以那里认识我的人也很多。

问：这家店现在还开着吗？
答：现在不开了。

问：这家店大概在什么位置啊？
答：在襄阳路新乐路那儿。

问：哦，就是那个俄罗斯教堂那儿是吗？
答：是的。这里做的就是大家吃的最简单的点心，就比如四大金刚，那时候我们

住在武康大楼 / Living in I.S.S.Normandy Apartments

■ 刘家与公共走廊空间

都做的。

问：那里您做的时间长吗？

答：那里我做的时间不长，八二年那时候我就开始做负责人了，就一点点脱离一线工作了。再后来我就开始做饭店的工作了。

问：但手艺还是保留着的是吧？

答：哎，对的。平时我做做点心给邻居，我觉得这也是邻里之间一种挺好的相处方式。大家这样感觉很亲热的，像一家人一样的，这种是我们老房子里的相处方式。

问：嗯。这种感觉老房子里，比如石库门、新里、老里这种地方的房子，大家因为共用厨房，所以交往的比较多。

答：对对，我觉得我们这里也是这样，邻居有什么好东西，他们也会拿来送给我的，邻里是经常走动的。这是吃的方面，还有别的方面，比如说他们碰到什么事情，他们也会来问问我的。

问：好像之前采访的时候也听人说过这幢楼失过火？

答：哎，是的，失过火。那个时候是我刚刚搬来没多久，就是我们许大姐这里。其他好像是没什么大事情了，大概是我对大事情的感觉跟别人不太一样吧。我觉得是没什么大事情了。

问：您觉得在这里生活的每个人的生活节奏是怎么样的？是很悠闲的呢，还是生活节奏很快的？

答：慢的也有，快的也有。因为像离休老干部他们都已经八九十岁了，他们生活节奏肯定是慢的。但像我们这种刚刚退休的人，觉得自己还有点活力，还想去做一些自己想做的事，那还是很忙的。而且我们居委会和社区有很多事情需要我们帮忙的，我们觉得自己也应该出点力。

问：您有没有比较过外面社区和你们社区有没有什么差别呢？特别是武康大楼作为一个小社区，有没有什么与众不同的地方呢？就是您去外面看别人的社区，会不会觉得自己从来没见过这种社区，有没有与自己社区很不一样的地方呢？

答：这个大楼可能和别人多层的房子有点不同吧。因为我也住过多层的房子，我以前买过一套，在那里住我感觉也不错。这也是要看人的，在那里我和别人关系也很好。那里有一个和我差不多年龄的男邻居甚至还对我说，他没和弄堂里一些女住户说过话，但是我搬过去了没多久，他会来和我聊聊天。我想大概我比较善于交谈吧。

问：您做小组长的时候是做什么呢？

答：做这个因为我是做服务行业的，所以比较擅长和人打交道吧。

问：嗯。那您是打算一直做这个小组长吗？在这栋楼里，您自己有没有什么特别想做的事呢？

答：哦，这个啊，有的。

问：那来聊聊吧。

答：一个是我们这儿后面的一个平台，我想把它做成一个空中花园的样子，这样的话看上去会比较漂亮。我们居委会书记杨老师经常会来我们家，我们经常会沟通交流这件事。还有就是武康路那里有一个旅游咨询中心，很多人去那里看，会看到我们武康大楼。很多人会想来我们大楼探个究竟，但我们这儿的门卫不让他们进来看，那一直有这种情况发生，大家态度就会变得不好，会发生一点争执。人家就说：我们只是进来看看而已，你这么凶干什么啊。我就向我们书记对这件事提了个建议。

问：您是欢迎他们进来看吗？

答：其实我倒是挺欢迎的。为什么呢？因为我有时候也很想去别人楼里看看的。但是因为考虑到安全问题，我们这儿楼上都是住户，所以就不能让外面的人上来看。

问：那您有什么想法呢？

答：后来我们在居委会开会的时候，我也提了建议，就是楼下能不能做块牌子，明确告示一下这里是私人住宅。我们书记前一阵子发我消息说，这牌子已经做好了，好像是一块铜牌。那以后就把这牌子挂在我们楼的门口，人家一看这里是私人住宅，谢绝参观，人家也就不会随便想要进来看了。

问：嗯。您是想要客客气气地解决这个问题。

答：对。还有我上次也提过建议的，就是对武康大楼内那些已经住了很久的居民的介绍。我认为这种历史应该要写一篇报道，因为这些历史书上也有写过。关于现在武康大楼里住着什么人，居民在楼内是如何生活的，也可以做一些简单的介绍，可以在我们楼下的大堂内展示一下。这样外面进来的人虽然不能上楼看，但也可以了解到楼上居民生活是怎么样的。可以拍一些照片做展示，我可以自告奋勇，拍我在厨房里烧饭也可以。就是说，让外面的人觉得武康大楼不是那么神秘，里面过的也是普通老百姓的生活。

问：确实是这样，在过去相当长的一段时间里，武康大楼在外人眼里是神神秘秘的。

答：是这样的。因为人家不能上来看，而且一直有以我们大楼为背景的广告宣传。这很正常，尤其是一些年轻人，还有一些外地来的年轻人，比如说来上海读大学的，他们对上海老建筑也很有兴趣。因为上海老建筑是显示上海文化的一个方面，所以他们也想来看看武康大楼，但我们拒绝他们来看了，因为私人住宅不能参观的。但如果能让他们了解一点我们大楼的情况，这也是可以的。当然，这只是我的一个想法。

问：嗯，蛮好的一个想法和建议。

住在武康大楼 / Living in I.S.S.Normandy Apartments

■ 刘瑞璐肖像

答：是的。因为我有时候也待在门卫处，跟那些想进来参观的人聊聊。有时候坐着的时候正好有人进来了，人家是很高兴的来，但是呢，很扫兴地回去。门卫不会让他们进去，会说："这里不能看的，上面都是我们的住户，怎么能让你们进去看。"我想通过一些介绍，可以改变一下现在的局面，因为我们上海人还是很好客的。

问：好的，我了解了。■

采访后记：
刘瑞璐夫妇比起许多五六十年的老住户，在武康大楼只能算新住户了。2006年他们买这个房子不会超过200万元。但比起90年代那些老住户买下住房的价格，已经贵了好几倍。但他们对自己这个选择还是十分满意。她唯一的遗憾是2010年上海世博会前那次大整修，把那些铁铸的黑色栏杆拆了、扔了。她现在知道这是原物，应该保留下来，但当时也没有人提醒。
有意思的是她批驳了女儿关于徐汇区买房要买肇嘉浜路以南的观点，因为女儿在大学写"上海法租界"毕业论文时，徐汇滨江尚未建好，现在肇嘉浜路以北的新房价格一点不比昔日的法租界低，她说女儿跟不上上海发展形势了。

张霞、亚当一家

13 张霞 亚当

张霞(K)、亚当(A)
自由作家
淮海中路1850号，2007年入住

访谈者：陈丹燕

我们喜爱这里，也喜爱这里的社区，如果我们不住在拥有我们喜爱上海特色的居所，就不会住在上海。Katya是个历史学者，也在学习关于老房子和老社区的历史，所以我们住在这里最合适不过了。

■ 603 室细节

问：谢谢接受我们的访问，请您告诉我们，您叫什么名字？

K：我的中文名字是张霞，但是我的俄罗斯名字是 Katya，或者 Kat，大多数人都是叫我 Kat。这是我的老公，他的中文名字是亚当，或者是叫 Adam，Adam 是他真正的名字。

问：宝宝的（名字）呢？

K：她是 Ana，她在这里（上海）出生的。她是 2014 年 2 月在红房子医院出生的，黄浦区。

问：我的第二个问题是，这栋房子的这间公寓，是你在中国的第一个住处吗？

K：对的，我觉得那时候我们的运气很好。因为我们刚刚来的时候是 2006 年年底 12 月，所以我们刚来的时候住在浦江饭店，在找房子。但是我们那时候不认识这个地方，不认识上海，不知道想住在什么地方，就看到了"法租界"的环境很好，路上都是好房子，然后就在"craiglist.com"，一个外国人喜欢的网站，找到了一个广告，就是这个房子。我们一来的时候，一看到这套房子，那个圆形（券廊），都希望（广告上的）就是这个房子。原来就是这个房子，我们真的很开心。一看到这个房子，那时候太阳很好，光线非常好，一下子就喜欢上了，就开始住在这里了。从 2007 年 1 月 1 日，就开始住在这里了。

问：哇，好久了。那为什么您会觉得，一看见它就喜欢它呢？

K：因为很特别，形状很特别，好看，光线好，环境也好。从这里看出去，都可以看到宋庆龄花园、故居、老树，都很好。

问：你们在纽约住过几年？

K：我没住过，我只去过一次。我们待了两个星期。他以前住过，我没有，我那时候还在俄罗斯。

问：So Adam. You have been in New York and stayed in New York City for a while?（亚当，你曾经在纽约市住了一阵子吧？）

A：Four years and four years. Two periods.（前后两次，各住了4年。）

问：So totally eight years already.（那你在纽约总共住了8年。）

A：Eight years in New York and many years in San Francisco.（我在纽约住了8年，在旧金山住了很多年。）

问：Do you know there is a same building at New York City? Exactly the same.（您知道纽约市有一栋一模一样的建筑吗？）

A：Flatiron Building. It's the first thing we said when we saw, when I saw the Normandy. We were coming from the Middle HuaihaiRoad, we didn't know the apartment we were going to see is here. And I'm like "The Flatiron Building. Wouldn't it be lucky if that was the place?" And it turned out it was and we rounded up living here.（是熨斗大厦。我第一次看见武康大楼时就是这么说的。我们从淮海中路走来，不知道我们要看的公寓就在这里。我想："那不是熨斗大厦吗，要是我们的公寓在这里就好了。"后来真的在这栋楼里，我们后来就住了进来。）

问：So it was like a miracle, huh?（简直就像奇迹一样吧？）

A：Yeah. But there are lots of buildings in Shanghai, look like New York. Many were built at the same time. Especially on the Bund has a New York feeling, has a New York architecture look.（是的，但上海的很多建筑都像纽约的建筑。许多建筑是在同一时期建造的，特别是在外滩，有一种纽约建筑风格的感觉。）

问: So now you have a dream place to stay, and even a lot of years. (那你在梦想之屋住了很多年了。)

A: Yeah, like *Slaves of New York* were slaves of Shanghai. Since we have a dream place we can go anywhere. (是的, 就像《纽约奴隶》来到了上海。我们拥有了梦想之屋, 想去哪里就去哪里。)

问: You know, people sometimes are looking for some place to stay, they just imagine it would be really good to stay in this building, if they do stay with this building and they find a lot of things uncomfortable. Do you have those kinds of feeling? (人们在寻找地方住的时候, 总是觉得能住在这栋楼里就好了, 但要是他们真的住在这里, 会觉得很多地方都不太舒适。你有这种感觉吗?)

A: New apartments are bigger and cheaper. Now especially for the people who want to live in old apartment. Foreigners with children have romantic idea of living in an old building, but the radiator and the water heater and the pipes, and relations and sounds and stuff, it's not the same. So lots of people grab kind of easy way from living in an old apartment and wind up getting, whatever, Pudong or a new place. But we love it and we love the community here, and would not live in Shanghai if we did not live in a place which has character that we like about Shanghai. Katya is an historian and studies old houses and old communities. So it's appropriate that we live here. (新造的公寓面积更大, 也更便宜。特别是对于住在老式公寓的人来说。带着孩子的外国人对于住在老建筑里怀着一种浪漫的理想, 但暖气片、热水器、管道, 还有(人际)关系, 嘈杂的声音, 堆积的杂物等等都不复如前。所以很多人不再选择住在老式公寓中, 最后选择了浦东或其他新的地方。但我们喜爱这里, 也喜爱这里的社区。如果我们不住在自己喜爱的富有上海特色的住所, 就不会住在上海。Katya是个历史学者, 也在学习研究历史建筑和历史社区, 所以我们住在这里最适合不过了。)

问：Really? So this is even Katya's project? (真的吗，所以这是 Katya 从事的项目吗？)

K：Yeah. This is my project, but was not our project when we came to Shanghai. That was very open about what Shanghai has to offer. After we spent some time in the city to walk and in interesting neighbourhood, and took a lot of photographs, I began to study the subjects of heritage, and historic neighbourhood is what I study now, especially focussing on Russian heritage here in Shanghai. (没错，这是我的项目，但不是我们来上海时做的项目。我们对于上海能提供什么怀着非常开放的观点。我们在城市内漫步，拜访了有意思的社区，拍了很多照片，而我开始学习这里的历史，以及我现在学的历史社区，特别是专攻上海的俄国历史。)

问：Do you know there's a church at Xiangyang Park? (您知道襄阳公园那里有个教堂吗？)

K：Of course I do. (当然。)

问：We, the photographer and me, we went to Serbia last year and we found out Saint John of Shanghai and San Francisco, we found the first church he served at Belgrade. (摄影师和我去年去了塞尔维亚，我们发现曾在上海及旧金山的圣约翰，他初次就职的教堂就在贝尔格莱德。)

K：That's right, actually, that's what I recently find out about the Siberia link. This is fascinating. This building had many Russians living. In 30s we have the list of, great number of them, about a third, last names I have seen on the list of Russian. They were wealthy Russians, to live here. 没错，我也是最近发现(上海)和塞尔维亚的联系，很精彩。这栋大楼里曾经住了许多俄国人。30 年代有(住户的)名单，我在名单上看到大约三分之一的姓氏都是俄国人。能住

在这里都是有钱的俄国人。

A：The city did renovation of this building five years ago. Covered with scaffolding on lots of walls and the material of the walls been torn down, and there was Russian graffiti that was exposed on the fourth floor. Someone from the early 20s have written...（大楼5年前进行了重新修整，搭了许多脚手架，墙上的材料都被铲了下来，四楼的墙上露出当时俄文的涂鸦，有人在20年代初期写下的……）

K：There was a name of Communist novel called *How the Steel was Tempered*, we just found it on the peeling wall before all the renovation on the fourth floor. In the other elevator, there was inscription, the name of that novel.（有一本讲述共产党人的小说叫作《钢铁是怎样炼成的》。我们在四楼剥落的墙上发现了这行字。在大楼另外一部电梯中，也看到有人把小说名刻在了上面。）

问：You find in archives?（您是在档案里看到的吗？）

K：In the building on the wall. Then they got painted over. It's been painted over now, it's all clean. You can't see anymore. The old wall is gone.（是在大楼里的墙上，现在全被涂上了，一干二净。再也看不到了，旧墙不复存在了。）

问：You can broken and discover a little bit.（您可以把墙面再弄开，看看下面的字。）

K：We can.（是可以这么做。）

A：That was the rare opportunity of the Normandy, because the exterior of Normandy…（这是武康大楼罕见的机会，因为大楼外部……）

张霞家的书架

问：We are so lucky to interview your family.（我们能采访到你们家真是太幸运了。）

A：The whole building was covered with scaffolding all around, so it's our opportunity especially, Katya did more than I did, of crawling outside, looking at Normandy. You know we were curious about that apartment over there, that was always empty. So we will be able to look at the apartment in the air from outside, where was under construction but the Russian graffiti was pretty interesting.（整栋大楼都被脚手架覆盖，所以这是我们的机会。Katya做得比我更多，我们爬到外侧观察武康大楼。我们很好奇那一间公寓，总是空着。所以我们能在外侧观察翻修的公寓，而俄文涂鸦也挺有趣的。）

问：The project, Katya, your project is photograph or video?（Katya，您的项目主要是摄影还是摄像？）

K：There are several things coming through. All together there will be a book. Russians in Shanghai. Mainly human stories based on actual memoirs and interviews, plus superpose that my knowledge of the area and actual address.（很多形式一起进行，不过最终会呈现在一本书上，讲述在上海的俄国人，大部分是根据回忆录和采访写就的人的故事,再加上我对于周边区域的了解和相关知识。）

问：It's so good.（真棒。）

A：But book that is coming out is not about Russians in Shanghai. The book that is going to the printer now, is...（但接下来要出版的书不是关于上海的俄国人，正在付印的书是……）

K：Is about the old town in Shanghai,the area.（是有关上海的老城厢地区。）

问：It's the old China Town, is it?（是有关老城厢的？）

K：Yeah. And it's getting cleaned out and demolished very quickly. So before it all goes away, I thought it was my duty to make a map of all the streets, a map of all interesting buildings.（没错，它们正快速经历拆除，所以趁着一切还没全部消失，我觉得自己有责任为这些街道和有趣的建筑绘制一张地图。）

问：So you are a writer?（您是作家吗？）

K：Yes, I'm a writer.（没错，我是作家。）

问：In English or Russian?（是用英文写作还是俄文写的？）

K：In English. All the research I do it has to be in Chinese very often, which is hard for me.（用英文写的。但所有调查研究往往都是中文的，所以对我来说有点困难。）

问：So that's the reason you have to learn Chinese.（这就是为什么您必须学习中文。）

K：Yeah, it's difficult.（对，是有点难。）

问: It's not easy. (并不容易。)

K: That book is practically out. It's out this month. But the Russian book is probably next year. (那本书差不多已经出了,这个月就印出来了。但俄国人那本书可能要明年再出。)

问: Do you think the next book of you will mention about this building? (那您的下一本书里会提到这栋建筑吗?)

K: Well of course. Partially because the story I like the most is from 1930–1933, Agnes Smedley. (当然,部分因为我最喜欢的故事是1930年到1933年的,艾格尼斯·史沫特莱。)

问: 19 what? (一九几几年?)

K: 1930 to 1933 for three years. American journalist Agnes Smedley lived on third floor in apartment 303. And she was friend of many Communists, The Association of International Communist, and she held a lot of meetings where she introduced Russian, a Soviet spy to Chinese Communist in her apartment in the building. So of course, there was a lot of interesting stuff. This will be mentioned in the book. (1930年到1933年,这三年。美国记者艾格尼斯·史沫特莱住在三楼的303公寓里。她和很多共产党人以及共产国际是朋友。她在自己的公寓里召开了很多会面,介绍一位苏联间谍给中国共产党。所以当然有很多有趣的故事。这个故事也会在书里提到。)

问: So there are a lot of ghosts in this building. That's nice. Do you think you will do some? I did interviews for years, about 20 years in this area, in the French town, because I grew up there. So I always think if I really start to do interview and there is a God, try to help and try to find, so I always find some really, you know, just like miracle and you just meet the person you never imagine you can meet.(所以这栋建筑里有很多鬼魂,真不错。我在法租界做了 20 年的采访,因为我就在这里长大。我一直觉得,要是我真的想做采访,总有一个神灵会帮助我找到采访对象。我总是能奇迹般地找到做梦都想不到会遇见的采访对象。)

K:This happen a lot to me.(我也一直遇到这种事。)

问: Is it from Belgrade.(这是来自贝尔格莱德的。)

K:This is Father Johns.(这就是约翰神父。)

A:Father John from Belgrade. He became a Saint.(贝尔格莱德的约翰神父,他成了圣人。)

■ 张霞家的私人物件细节

问：Yeah. So I went to monastery near Kosovo, they said St. John sent you there, so we give you picture.（我去了科索沃附近的修道院，他们说是圣人约翰派你来的，所以我们送你一张照片。）

K：He ended up in San Francisco. But when I went there I wasn't studying Russian history so I didn't care about that unfortunately.（他最后去了旧金山，但我去那里的时候还没有学俄国历史，所以我根本不关心这件事。）

问：When I was young, this church was the first building for me as the link with the western. So we used to take photos with this church. And then I stayed in San Francisco for a while, and I found out that just two blocks, there is another church copied the church from here.（我小时候，这座教堂对我而言是与西方唯一的连接。所以我们一直会和这座教堂拍照留影。后来我在旧金山待了一阵子，发现两个街区外有一座教堂，一模一样地复制了这里的教堂。）

A：It's on Cathedral Hill called Cathedral Hill. It's very closed to it, actually.（就在教堂山上，其实是挺近的。）

问：So I did interviews.（所以我就做了采访。）

K：This Shanghai church is actually a small copy of Moscow Christ the Saviour Church. That was back in 1931, Stalin ordered it exploded, because it was a symbol of Tsar's house. So immigration all around the world, wanted it to. So when then build this one, they planned it to look a bit like that square church with the four towers.（上海的这座教堂其实是莫斯科基督救世主教堂的小型翻版。那是1931年的事情，斯大林下令爆破教堂，因为那是沙皇的象征。世界各地的俄国移民希望能留个纪念，于是在造这座教堂时，他们就希望造一座方方正正的四个塔的教堂。）

问: And also your hometown is Moscow?(您的家乡是在莫斯科吗?)

K: My hometown is Novosibirsk, in Chinese "新西伯利亚". It's big, it's industrial, doesn't have a lot of heritage, it's only a hundred years old.(我的家乡是新西伯利亚,那里很大,很工业化,但没有什么历史,只有100年的历史。)

问: I went to Moscow by train, so I think I might have passed your home town.(我曾经坐火车去莫斯科,说不定可能路过你的家乡。)

K: Absolutely.(肯定的。)

问: There is also a stop, a station called Chita.(其中有一站叫作赤塔。)

K: Maybe later you will pass Novosibirsk, because Chita is still in East Siberia. Novosibirsk is closer to the west, and you will pass the mountains, as we call it European part of Russia, because Russia is between Europe and Asia, bigger part is Siberia in Asia, smaller part is the actual ancient Russia, Moscow and Russians living there.(那也许在这站之后你才路过新西伯利亚,因为赤塔仍然在西伯利亚东部,新西伯利亚靠近西部。然后你会路过很多山,就到了我们说的俄罗斯欧洲部分,因为俄罗斯横贯欧洲和亚洲,西伯利亚大部分位于亚洲,小部分才是真正的古俄罗斯所在的地方,莫斯科,俄罗斯人的地方。)

问: Tell me more about the interviews you did with this building or the link with the building it's like the story under the flat, there is a Communist meeting there. Do you have any other stories there?(再和我说说,有关这栋建筑您所做的采访。比如您所说的,在公寓里隐藏的共产党人会面。您还有其他类似的故事吗?)

K: There are others, archives of the French Municipal Council. This is what they have is the list of all the tenants, so you can always track down who's been here for a long time. For example, our apartment was always inhabited by a single family, name last name was Bill Ben, he's from British. (其他故事, 可以在法租界公董局的档案里找到。他们有一份租户的名单, 可以查得到谁在那里住了很久。比如说我们现在的公寓, 曾经一个叫比尔·本的人一直住着, 他来自英国。)

问: Do you know the name? (找得到这样的名字吗?)

K: Yes, so Bill Ben is like all the English name, land owners. So evidently, probably a banker, maybe a general constructor, many years in Shanghai, all in this apartment. I wasn't able to trace what happened to him or where he went. He must have gone out of China comfortably or just left this house behind. (对, 比尔·本就是英国名字, 是房主, 所以他可能是个银行家, 或者是总建造师, 在上海这套公寓里住了很多年。我没办法找到后来他怎么样, 去了哪里。他肯定很舒适地离开中国, 就把这套公寓抛之脑后。)

A: Or was kept down uncomfortably. (或者他境遇也不怎么样。)

K: He was probably very wealthy so he was here a long time. Then interviewing residents isn't quite available to us, because this is where you have a big advantage, because you can speak Shanghainese to them. This is you can relate to them about growing up here. We don't have this advantage. We are incomers. But what we have is this research and the internet and in the old document in Shanghai Archives and Library. (他说不定很有钱, 所以才能在这里住了很久。但我们没法采访这里的居民, 因为这是你所擅长的, 你可以讲上海话, 你在这里长大, 可以和他们有共鸣。我们没有这种优势, 我们是新来的, 但我们只能通过研究、网络, 以及通过上海档案馆、上海图书馆里以前的文件来了解当时的情况。)

问: On the bund, is it? (在外滩吗?)

K: The Shanghai Library on the three blocks away. I go there a lot. They have a very good archive. So actually being based here and close to the library really enabled a lot of my research. (距这儿三个街区之外的上海图书馆,我一直去那里,他们的档案馆很好。所以能住在这里,离图书馆很近,真的对我的研究很有帮助。)

A: Which I would imagine is a little bit different from the work of the old town, where there are still residents, and still continuity of the people who live there during the period that Katya is writing about and now. So that's more of an interview and photo journalist situation with that book. With the Russians in Shanghai book, they are gone, and the entire, all the business, and all the ways which they really created the French Concession as we see it, there's no people left. So all the research is led to the Normandy. We don't have a thread from any Russian residents, to anybody living here now. So it's perking up from Chinese documents, from documents research from the library, and piecing it together where is that, geographically in the building. Things have changed. The British guy who lived here, his apartment was twice as big. They put up a wall. Our neighbour was also his apartment. Structurally a lot has changed with the Normandy. Now it's changed back as the foreigners taking the building. (我觉得老城厢那本书的研究会不太一样。那里还住着居民,经历过 Katya 所写时期的居民还住着,有一种延续传承。所以那本书会更偏向采访与照片记录。而上海的俄国人这本书中,当时的居民都离开了,当时他们所创造的法租界,再也没经历过那个时代的人留下来。所以整个研究都被引向武康大楼。我们对于当时住在这里的俄国居民没有线索,现在也没有人继续住在这里。所以我们只能通过发掘中文文件、图书馆里的文档,拼凑猜测出这是建筑里的哪个区域。一切都发生了改变,曾经住在这里的英国人,他的公寓是现在这里的两倍大。后来建起了墙。我们邻居的公寓也曾经是他的公寓。武康大楼建筑结构

■ 张霞一家

上发生了很多变化。现在又往回发生了些改变,因为外国人又逐渐占据了这座楼。)

问:Because the rent is getting expensive, so Chinese people don't think about rent the flat like this. Do you help with the work?(因为房租太贵了,一般中国人不会想租这里的房子。您也帮她一起工作吗?)

A:I co-writed and edited every book. She's great with history.(我和她一同编写,编辑所有的书,她在历史方面很强。)

问:So you are co editor?(您也一同编辑吗?)

A:Yeah. Co-editor. All of the research, all of the photography, and the genesis of the book, that's all Katya. And because of the language ability, she's able to do the research. And her English is great, but English is her second language. So when we have a chapter I go over it. We fight about it. Goes back to her, goes back to me. So I work with her on the books.(对,我们一同编辑。所有的研究、摄影还有这本书的起源,都是Katya的贡献。因为她语言能力的关系,她能够进行研究。而她的英文很好,但英文毕竟是她的第二语言。所以当她写好了一章节,我会看一遍,我们会进行争论,她再进行修改,我再继续编辑,我和她一起工作写书。)

问:It's very good partner.(你们是很好的搭档。)

A:It's Karma. When we moved here, Katya is the illustrator of a book I was writing. She was an illustrator for children's books. We came to China originally because we were going to make videos of the children's books that we were doing in Korea. So really when we moved here she was working for me. And I don't know how it happened, but now I am working for her. Just like, it's a sad story. So I work at her projects now.(这

就是所谓的"业"。我们刚来的时候，Katya 为我正在写的书插画，她是童书插画家。我们最初来中国，是为一本我们在韩国绘制的书拍视频。所以我们刚搬来的时候，她其实是在为我工作。但我不知道这一切是怎么发生的，现在我在为她工作。就好像一个悲伤的故事，我现在在为她做项目。）

问：No. It's like a family. You help each other. In this case, do you think Katya is more familiar with the old French town than you even? Because she does have the link with the Russian people and the Russian community, they stayed there for a long time.（不是的。这就像家庭一样互相帮助。那就这个项目而言，你觉得 Katya 是不是比您更了解法租界？因为她和这里的俄国人以及俄国社区有更直接的联系。他们在这里住了很久。）

A：For sure. And she's a tour guide, so she has to take people (around).（当然了，她还是导游，会带着人们转悠。）

问：She's also the tour guide?（她还是导游吗？）

A：She's a tour guide. That's her day job. It's to places she does the old town, and she does the French Concession.（她是导游，那是她白天的工作。她会带人们参观老城厢，还有法租界。）

问：So two places?（所以只是两个地方吗？）

A：Two walks. Two tours that she does. And the tour of the French Concession is the Russians of the French Concession. I should hope that she knows more about it than I do.（两条路线。法租界的路线也就是俄国人在法租界住的地方。我希望她知道的比我多。）

问：Because she seems to have a very natural link with the French

Concession.(因为她看上去和法租界有一种天生的联系。)

A：We will stay here until these books are finished. We do these books because really, Kat is the only person who's qualified that we know, anyway, qualified to do the books, being able to research in Russian and in Chinese and in English. (我们会继续留在这里完成这些书。我们做这些书，是因为 Kat 是我们所知唯一有资格写书的人，因为她能够以俄文、中文和英文进行研究。)

问：She's the unique one.(她是唯一的人选。)

A：And when they are done, maybe we leave. Right now, those projects are the ball and chain that keep us in Normandy. (等我们写完了这些书，说不定就会离开。现在这些项目是将我们拴在武康大楼的理由。)

问：Back to the building. Do you think there's any help in your or in Kat's idea of the second book is come from this building, or link with this building, or give you the atmosphere to create something?(回到大楼的话题，你觉得这栋楼有没有为您或者 Kat 写第二本书的灵感提供帮助，或者说这栋大楼的环境也催生了一些想法？)

A：She would be able to answer this better than I would. Clearly, even stories we've heard from our neighbours who have lived here for a long long time, Chinese neighbours, have shed light on the evolution of the building, how the families came in, how the building changed. We would see, my desire is to be a little more systematic, and try to find photographs and documents of various Chinese families that are still here, or have connection with the people who were here. It's a bit of a problem because not many photographs from the old period. Another period we are pretty interested in is the 60s and the 50s. Very little. More ghosts but very little. Kat's first article was about some unhappy situations with actresses, with the people who worked in cultural world, killed themselves, people who jumping off this building in the Cultural Revolution. (或许她来回答这个问题更好。当然,我们从一直住在这里的邻居那里听到的故事,让我们了解这栋楼的演变,一家一户是怎么搬进来的,大楼组成的演变。我希望整本书能更系统一点,找到住在这里的中国家庭的照片和文件,或者那些和大楼相关的人。但这有一个问题,因为当时没有那么多的照片。我们感兴趣的另一个时期是五六十年代。有许多亡灵,但没有多少照片。Kat 的第一篇文章就是有关文化界女演员的悲惨故事,她们自杀了,"文革"时从大楼上跳楼自杀。)

问:It's the first year of the Cultural Revolution. It was 1966. (是"文革"的第一年,1966 年。)

A:Bryan has some stories about things he saw that happened. And the name, the Chinese name for this building during that period was called Diving Board. Because famously it was for people who are jumping off. So lots of interesting stories go back to the rich Russians living here, who are hard to find out. Maybe there are families, but they are probably not in Russia. They are probably found in Australia, in America, who have grandparents who lived here. It would be great to track them down. (Bryan 也有目击一些有趣的故事。当时这座大楼被称为"跳水池",因为人们在这里跳楼而闻名。当年富有的俄国人住在这里时也有许多有趣的故事,但现在却很难找到他们了。他们也许有家人后代,但可能不在俄罗斯,说不定在澳大利亚、美国,他们的祖父母曾住在这里。如果能找到他们,那真的是太好了。)

问:Can you find one? (能找到吗?)

A:We would love to find one. (我们很希望能找到。)

■ 03 室厨房一角

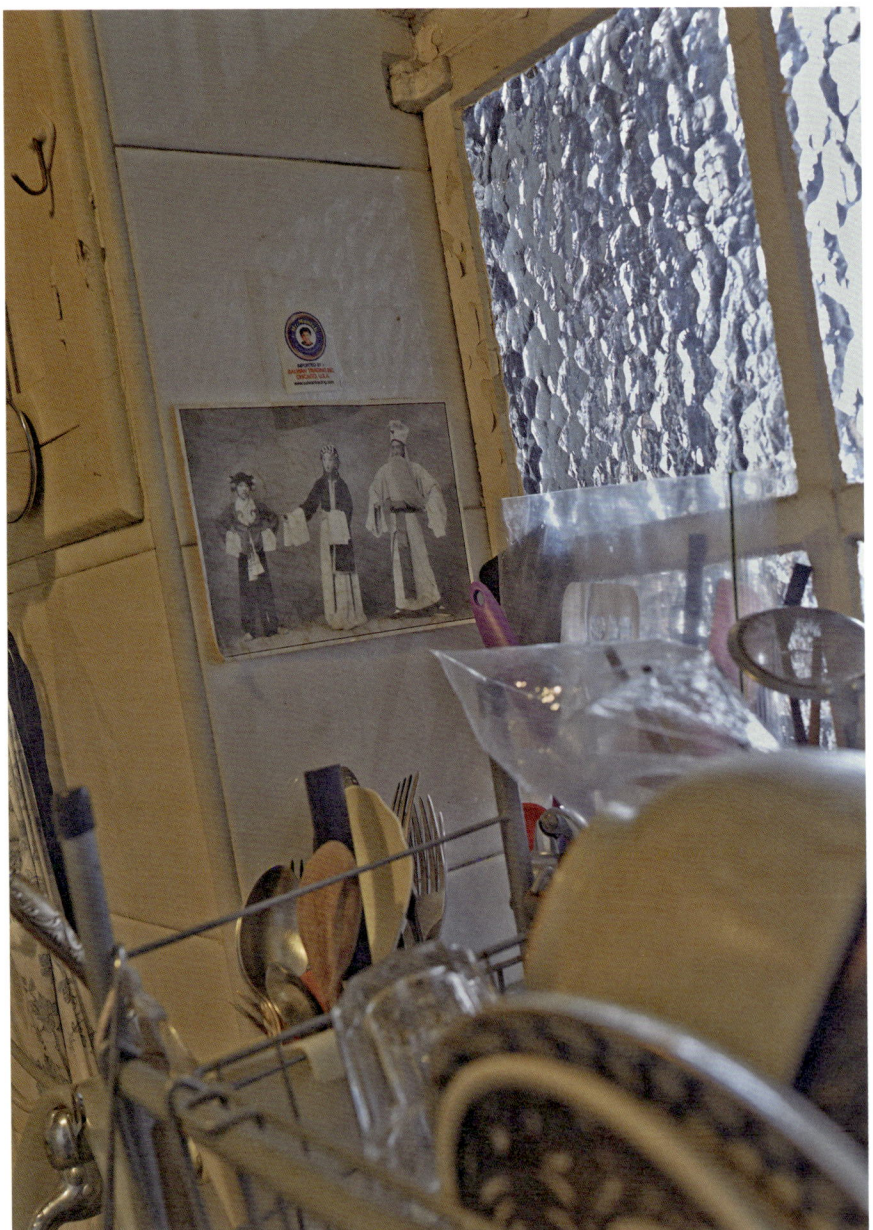

问: I loved to find one too. (我也很希望能找到。)

A: Yes. Officially, the old town book is, we have been working on that for years, just finished all in one. There's a second volume of that, and there's the Russians in Shanghai book. So we will find out much more as time goes on. (是的。所以那本有关老城厢的书我们写了好几年,写出了一本来,还会做第二册,然后再是俄国人在上海的书,随着时间推移可能还会找到更多的故事。)

问: So it cost you about ten years already? (你们已经花了十年时间了吗?)

A: Eight years. We were doing children's books for the first two or three years. (八年,我们刚开始的两三年在做童书。)

问: Then comes to the Shanghai books. (然后才开始做有关上海的书。)

A: I think, we together would go to neighbourhoods in Korea, in America wherever we were, and take photographs, and we like old communities. When we came to Shanghai we loved the old lane houses, the vernacular architecture which is very special to Shanghai, we loved it. We love wondering around and taking photos. And we noticed it was all disappearing. It was going away. Everything we liked about Shanghai was being demolished. (不管我们在哪里,韩国或者美国,我们都会一起去探访居民区,去拍照,我们喜欢历史社区。我们来到上海后,很喜欢弄堂,有上海特色的本地建筑。我们喜欢四处转悠拍照,我们留意到这些建筑都在不断消失。我们所喜欢的上海建筑都被拆了。)

问: Don't say this. (别这么说。)

A: Much worse, much in the old town. Beautiful lanes, extraordinary lanes and houses. So Katya said, we got to write about it before it goes away. So that's what we started.（在老城区情况更加糟糕，美丽的弄堂和石库门，等等（拆了非常多）。所以 Katya 说，我们应该在它们消失前写一写这些房子，于是我们就这样开始了。）

问：It's about five years, is it?（你们写了五年了，是吗？）

A：At least five years. And working on these projects is like six years.（至少有五年了，我们在这些项目上应该花了六年了。）

问：So in the six years, how many interviews you can account, you did, was this building or around?（所以这六年间你们在这栋建筑，或者周围进行了几次采访？）

A：We weren't doing interviews in the French Concession. All the interviews were being done in the old town. That was the book. The project for the French Concession and the project for the Russians in Shanghai, that's only a year and a half.（我们在法租界没有做采访，采访都是在老城厢做的，给那本书做的采访。法租界以及在上海的俄国人的项目，我们只进行了一年半。）

问：During this a year and a half, you did interviews just like us in your flat? Have you ever interviewed a neighbour?（在那一年半间，有没有像我们这样在别人家里做采访？有没有采访过邻居？）

A：Only informally, not professionally. Informally we've talked to everybody we know.（只有非正式的采访，而不是专业的采访。我们私下和所有认识的人都聊过了。）

问：So it's just informally?（只是非正式的吗？）

A：Yes, just informally. All the interviews in the book would be informally.（是非正式的，书里面所有的采访都是非正式的。）

问：Katya doesn't want to do any formal interview?（Katya 不想进行正式采访吗？）

A：We don't know the difference actually. Bryan invited two scholars who used to lived here over, we were having tea with him, and it turns out, that we found out many extraordinary things. And we come back home, write it down. I suppose that's an informal interview.（我们其实还不知道其中的区别。Bryan 邀请了两位曾经在这里住过的学者，我们一起喝茶，后来我们听说了很多精彩的故事，然后我们回到家就记了下来。我觉得这应该是非正式采访。）

问：Yes, it's informal. If it's formal, and then after I recalled this, and then go back to you and let you check that everything is real from you, and then you should sign. So you don't do this part?（对的，这是非正式的。正式采访应该是等我记录下来后，再给您看，请您确认一下记录的确属实，然后您再签名。所以你们没有做这一部分的工作吗？）

A：Not here, not for the Russians in French Concession, yet.（那本法租界的俄国人，还没这么做过。）

问：So okay, you are going to do it.（所以你们接下来会这么做的吧。）

A：Going to do it? There is a question: how much information is there pertinent to the 1930s?（是否需要这么做？这其中有个问题：与 20 世纪 30 年代相关的信息还有多少？）

问：Do you think how much? Do you guess how much?（你觉得有多少？能猜一下吗？）

313

A: Well, the guess is of course not much, because everybody is gone. And also memory is funny, with interviews and memories. How can I put this? The thing you want to know the most, is perhaps the thing the interviewee is most reluctant to say. Frequently, usually about the period which is so sensitive. (我猜应该不多,因为大家都走了。而且采访者的记忆也是很有趣的。该怎么说呢?你最想知道的事情,可能就是被采访者最不愿谈及的事,往往是这样,特别是有关那些敏感时期。)

问: But you know, the memory is not come from the root of people, is come from another generation of people. Because the old had gone. And especially the foreigners, they went to Australia and San Francisco.(但你知道的,这些记忆不是来自这些人,而是来自另一代人的。因为老人已经走了。曾经住在这里的外国人也已经去了澳大利亚或者是旧金山。)

A: We talked. I thought the Normandy would be a splendid documentary just by itself. What you doing, basically we will think of the book form in oral history of this building. Because it touches all the pertinent points of history in Shanghai. (我们聊过,我觉得武康大楼本身就是一份很不错的记录了。我们本来想把书做成这栋建筑的口述历史,因为它见证了上海所有的重要历史。)

问: You can guess or you can really feel it by yourself. It's personal feelings for it. (可以推测,甚至可以亲身感受到这一点。)

A: For sure. And it's a gentrified building, and it's always been relatively rich, the people who got to (live here). But it's funny even if you talk about class society, Normandy is pretty interesting. We rented the apartment up about on 7th floor, just for one year as a studio. (当然了,而且这是一栋高雅的大楼,这里的住户与城里的大多数人比起来总是相对富有的。但就算聊到

阶级社会,武康大楼也很有意思。我们曾经在七楼也租了一间公寓作工作室,只租了一年。)

问： So you rent two flats?（你们租了两套公寓吗？）

A： We did, just for one year. And after was so interested was, not even a whole flat, but a room about this size. That is the example of the tenants who came to live in the Normandy, maybe in the 60s, when the party people, many of them were thrown out or sent to the countryside, many of the tenants who got apartments here, in the 50s, they were more high level party people.（对,只租了一年。有意思的是,还不是整套公寓,只不过是这样大小的一个房间。这就是武康大楼租户的一个例子。也许是在60年代,当时党员们都被踢了出去,或者赶下乡,他们中很多人都是在50年代住进来的,是党内干部。）

问： You mean Communist Party?（你是说共产党吗？）

A： Yes, Communist Party. Then later, many of them lost their places, and the new group of people came in.（是共产党。后来许多人失去了家,有新的人群住了进来。）

问： During the Cultural Revolution?（是在"文革"期间吗？）

A： During the Cultural Revolution. So upstairs, this is Cultural Revolution tenants, there are five people.（是在"文革"期间。住在楼上的是"文革"时期的租户,有五个人。）

问： You are a really insider.（你还真了解内情。）

A： And they are not paying any rent, okay? All right, you know there's little room and strips on the thing so that your, when you use the tap that's your water bill.（他们其实没怎么付租金,你知道吗,他们住在

315

分隔的小房间里，还分别隔出了每家的水龙头，水费分开付。）

问：They still have that?（他们还这么做啊？）

A：Yeah. Sure, in many apartments here. Not for very much longer, but sure they do in the building attached, more. So we got the sense, that's one class of historical wave length, stride up the Normandy. This one, this is got mid-range, PLA, Chinese Army, really had this apartment. I guess the PLA appointed a lot of people to various apartments after liberation here. So that's a fair amount of apartments not owned but those of the people who live here. Eventually they sub-lend it out, and the foreigners move back, just like this apartment is divided up. And by French Concession standards, not so expensive. But we see now, down stairs, Hong Kong company gets a Normandy apartment, got renovation, renovated everything. It's now twice as big as it used to be. And new foreigners, maybe come and they pay an enormous amount of rents to live in the Normandy. So just in three floors, just what we've seen downstairs, we see quite an economic stride up, and quite a different social history. It's not some building which just, all expects or all certain things.（没错，这里很多公寓都是这样的，虽然不会太久，但在辅楼这种情况更常见。我们意识到，这是武康大楼历史住户的一种阶级。而另外一群人，是中国人民解放军的人，我猜他们解放这里后，把几套房子分给了不少人。这些公寓并不是那些人的产权，但很多人就住在这里。最终他们把公寓又租了出去，然后外国人又搬了回来，就好像这间公寓一样拆分开来。按照法租界的标准来看，租金并不算太贵。但我们现在在看到楼下，香港的公司拿下了一套武康大楼公寓，进行重新翻修，比之前的公寓大了两倍。新来的外国人为了住进武康大楼，付了很大一笔租金。就只是三个楼层，楼上、楼下的差距，就可以看到不同的经济社会阶层。这栋大楼不像那些全是外国人，或者全是一类人的公寓。

问：They are all mixed together.（各种人全都混杂在了一起。）

A：Yeah, all mixed together. If one did the work, it could be very interesting project.（对，全都混在一起了。如果有人写一写这里，肯定是非常有趣的项目。）

问：That's what we did!（这就是我们在做的事情！）

A：Yeah. If you expand the situation, and you got ten interview subjects. The thing is now, boy, how many foreigners live in the Normandy now? It's more and more.（如果延伸开来，你就有十个采访对象。问题是，现在武康大楼里有多少外国人？越来越多了。）

问：How many?（有多少呢？）

A：Lots.（有很多人。）

问：Do you count?（你统计过吗？）

A：We come and see new foreigner neighbours.（我们一直见到新的外国邻居。）

问：So ten flats?（大概有十套公寓？）

A：Easily ten flats.（肯定超过十套。）

问：Or twenty?（或者是20套。）

A：Yeah. There we go, between ten and twenty, something like that.（差不多，在10～20套之间。）

问：Do you have any experience to go to the extra building behind this main building?（您有没有去过主楼后面的辅楼。）

A：Yeah. We take the baby there.（我们把宝宝带了过去。）

问：We just talked about…I think I'm lucky to interview both of you. You are writers and so you pay a lot of attention for the details of the building. We got a lot of good ponds of interest. For you Katya, do you feel any link with the former Russian Community here? Or you are just totally new?（我们刚刚聊了……我觉得自己很幸运能采访到你们两人。你们是作家，所以会留意大楼的许多细节。我们因此了解了许多有趣的事情。对 Katya 来说，你是否感觉到自己和曾经俄国社群之间的联系？还是说你也是刚刚了解到的？）

K：I wish there was more link than it is, because the Russians of that day are all gone entirely, and the people that are here now, they are much fewer in numbers. Because there used to be about 30,000 Russian people. Right now there are about 4,000–5,000 at most. And most of them are either businessman or linking man between Chinese factories and Russian markets. Or the students. The new people are basically here for the money, the old people living here, they were exiles. They were many intellectuals, they talked about newspaper they read books, they borrowed and lent books, they published about Shanghai. They were quite more cultural than the Russians here now.（我希望自己与俄国社群的联系能更紧密一些。因为当时的那些俄国人已经全部走了，而新来的俄罗斯人，人数上也少了许多。因为以前大概有三万俄国人，现在顶多只有四五千人。他们大部分不是商人就是连接起中国工厂和俄罗斯市场的联络人，或者学生。新来的人是冲着钱来的，而以前的人则是流亡人士，他们许多人是知识分子，会谈论新闻时事，借书看书，出版有关上海的内容。他们比现在住在这里的俄罗斯人更有文化。）

A：They were more interesting.（他们也更有趣。）

K: They were more interesting. For example, I read about the woman, she had two daughters, she had to work some translation job and write articles. (他们确实是更有趣。比如我读到有一个女人,她有两个女儿,她必须翻译写作养家。)

问: Now? (是现在吗?)

K: No, that was back in the 30s. Works as a debt collector, which was very popular occupation back then because everything is done on credit after the month is over, and it's time to get money. So she worked little job to support her family, she rented one room in the lane house, but she also felt that she's not getting enough thinking room. She needs some time and space where she can be away from her children. So she rent another room, basically borrowing money just to have that little space, where she can read journal philosophy, write down here thoughts about it. I ended thinking about, spending about their last money spending on just furnishing yourself with a little thinking desk in the middle of part of the building. I think this is interesting. (不,那是在三十年代。她也干过收债员,那在当时是很流行的职业,因为当时一切都在月末付钱。所以她干过各种微薄的工作养活家人,她在弄堂里租了一间房,但仍然觉得自己没有足够的思考空间。她需要一个离开孩子、独自一人的时间和空间,所以她又租了另外一间房,基本上是要借债才租得起那个狭小的空间。她可以在其中阅读哲学杂志,写下自己的看法。我觉得,用仅剩的一点钱,在这栋楼里换一张独自思考的书桌,非常有趣。)

问: I think I give you a good example: I did interview something like 15 years ago, and the person, he is the most famous and important translator of Russian literature in Chinese, and his language teacher is a Russian.

Just stay at, there's a really small park at Fumin Road, and Donghu Road, there is a really small park, with a monument. That park, was the new Russian and the old Russian they came to the city, they don't know each other, they went to… That was the meeting point of the Russians. (我可以举一个例子,我15年前曾经采访过一个人,他是俄国文学最著名、最重要的中国翻译家。他的老师是个俄国人,就待在那个公园,在富民路和东湖路间有个很小的公园,里面有个雕塑。那个公园是新老俄国人来这座城市时,彼此互不认识,那就是他们的聚集点。)

K: I see why, because there's a building on the cross intersection where Changle Road meets Xingle Road, all of them converge a little square,

■ 张霞家的厨房一角

there's a this building where is now several restaurants and cafes now, Cuihua restaurant. That is the old time. Maybe you have seen them, because I haven't seen them. It was redeveloped in 1990s. But the old house was the site of Russian's largest entertainment point for all of Russians in Shanghai. So of course they will meet there.（我知道为什么，因为曾经在长乐路和新乐路的交界口，有一个小广场，那里有一栋建筑，现在是好几家餐馆，比如翠华什么的。不过这是以前了，你可能见过因为我没有见到过。它在 90 年代重新翻修过了，但那个位置以前是上海俄国人最大的娱乐场所，所以他们肯定会在那里碰面。）

问：The Shanghai people used to call this corner as the Russian corner.（上海人曾经管那个角落叫俄语角。）

K：I didn't know that. I didn't know about the Russian corner.（这我倒不知道，我不知道那里有个俄语角。）

问：Maybe you can try to find some old people. They learnt Russian from that park. Now they are getting old I think, about 80s, and there were teachers come from Russia.（或许你可以去找一些老人，他们在那个公园里学习俄语，现在他们都已经很年迈了，大概要 80 岁了。当时有俄国来的俄语老师。）

K：There was a moment in 50s, when Soviet specialist became an exchange experience with a Chinese, and also some Russians of the old Shanghai, who failed to live the country, couldn't live the country, then they would work as language teachers, and basically still hoping to get out.（当时在 50 年代，有苏联的专家过来交流，当然也有老上海的俄国人，没法离开中国，他们就会成为语言老师，许多年轻人仍然盼望能出国。）

■ 翠华，一家香港餐馆名字，在上海有许多家分店。

问：And also piano teacher and ballet teacher. (还有钢琴老师和芭蕾老师。)

K: So there is little overlapped throughout the 20 century of the new Russian just born, not much, because. (所以20世纪还是有重叠的记忆，这时新俄罗斯人刚出生，虽然重叠的部分不多。)

问：Do you feel any familiar feeling with this area? I mean the old French town because there is a lot of atmosphere coming from the Russian culture, like the restaurant and the food, also the music. About 1940s, many rich Shanghai families, they sent their daughters come to this area to have their ballet lessons. Do you still feel some familiar feelings with that? (你对这块区域是否觉得有熟悉的感觉？我是说法租界，因为这里的气氛来自俄国文化，比如餐馆和食物，以及音乐。40年代，许多有钱的上海家庭会送他们的女儿来这里上芭蕾课。你还有这种熟悉的感觉吗？)

K: I think people of my heritage which is Soviet basically, we don't have a lot of generation memories. We have Soviet time for four generations basically. When I was born I was born in the Soviet Union, we were 80s family, we were not communists, we were just most people, sceptical about everything. So a lot of culture and a lot of this cultural memory, is lost. So I discover it in you here. I would say that because my first couple of years in Shanghai was trying to distance myself from the modern Russians here, all merchants basically, in common. But by studying the old Russians, by studying the immigrants, this is when I discovered or even wished I had some link. For example, some people coming back here, say "Oh, my grandmother was living here, and then she went to the States and I grow up there and I come back to touch my heritage." I don't have any heritage in Shanghai, unfortunately, but I wish I did. (我觉得我的传承背景基本上是苏联，

我们没有什么一代人的记忆。我们在苏联的影响下成长了四代人。我是出生在苏联时期的,我们是80年代的家庭,我们不是共产党人,我们只是普罗大众,对于所有事物都保持怀疑。所以许多文化的记忆其实是丢失的。我还是在这里找回了这些记忆。因为我在上海一开始的几年,遇到的都是现代俄罗斯人,基本上都是商人。但通过学习老俄国人,那些移民的故事,我越来越感觉到,自己希望能和那段历史有更多的联系。比如,有些人回到这里说:"我的祖母曾经住在这里,后来她去了纽约,而我在那里长大,我现在回来寻根。"我在上海没有这种历史传承的根,但我希望自己有。)

问:Do you wish you have?(您希望自己有吗?)

K:I wish, of course. My heritage is a lot more perse, more boring for me. We are from Russia.We didn't live abroad. My people didn't live abroad.(我当然希望的。我的根更多是源于自己,而且更加无趣。我们来自俄罗斯,我们没有住在国外,我的家人也没住在国外。)

A:We both grew up in relatively cultural dessert towns, and hence our passion for lovely antiquity and surfaces and in people and in stories and in communities. I grew up in a southern California beach town. There was no sense of history there, it was suburban. And if you have seen Novosibirsk, it's not Petersburg.(我们俩都成长于相对来说是文化沙漠的城镇,所以我们对于美丽的历史遗物,以前的人、故事和社群有着很大热情。我在加州南部的海边小镇长大,那里没有什么历史,就是个郊区。而如果你去过新西伯利亚的话就知道,那里也不是圣彼得堡。)

K:It's probably more like Wuxi or Shenyang, the city doesn't have any visible history, very modern.(感觉更像是无锡或者沈阳,那些没有历史建筑的城市,非常现代。)

A:But probably the absence of that growing up makes the passion more intense.(但也许正是因为成长时缺少了这一个元素,所以我们才会有那么执着的热情。)

问：That is really the real feeling but I guess that is also the basic reason you are so keen for the cultural tale. Do you think? (这的确是真实的感受，但我觉得您那么热衷于文化故事应该还有一个更基础的理由，您觉得呢？)

K：Exactly, I didn't have any beautiful architecture to walk around when I was a child. So when I came here, I was really excited and smitten, and this area I have spent a long time, several years just exploring, taking photographs, with photo cameras and tripod, we just walk in the day into every lane that we can go, and infringing on someone's comfort. So we did that a lot. (是的，我小时候没有这样美丽的建筑可以徜徉其中，所以我来这里时，很兴奋，神魂颠倒的。我在这个区域探索了好几年，拍照，带着照相机和三脚架。我们一直漫步，走到每一条可以深入的弄堂里，说不定侵犯了别人的隐私。我们常常会这么做。)

问：Is it comfortable for you to go to a Chinese narrow street, and to find this restaurant that really local and the smell of the food is really different with your food? (对于走入中式的狭窄街道，或者找一家很本地的餐馆，那里的食物气味和你们食物的气味很不一样，您对这些有没有不适感？)

K：Of course, I only see local people mentioning the smell of being embarrassed, there is nothing bad, there's nothing bad smell even in the narrowest Chinese lane. Nothing smells bad, it's all reasonably clean, and very comfortable and there is a lot of great things sort of happening, that I even think the Shanghai government doesn't really understand very well. For example, Wujiang road, remember the old street? Remember what it was like? It was narrow and very fun and very famous, tourist went there and they had great time. They have to clean it up into the shopping malls, because they just don't understand what's great about Shanghai. (当然没有。我只听说本地人提到过不好的气味,但我没闻到什么很糟糕的气味,甚至在最狭窄的中式弄堂里也没有。总是相对来说还干净,我没觉得不舒服,而且那里也有很多很棒的事情在发生。我觉得就连上海政府也不太理解这一点。比如说,吴江路,还记得那条老街吗?还记得以前它是什么样吗?以前总是很狭窄,很有趣,很有名,游客们前来玩得很高兴。但政府就是要把它改造、打造成商场,因为他们不理解上海的好在哪里。)

A:Or because it is money to be made by doing that, but also in doing research and doing interviews, and doing photography, what we have found is that the narrower, smaller, older and poorer, are the nicest and most welcoming. Most interesting, we never had any trouble getting in somewhere, looking at something in the older community, say it's maybe new and wealthier places, and also we stayed in China for the food, and for Chinese food. (或许是因为这么做有钱赚吧。但我们在调查采访以及拍摄时,发现就是在最狭窄、最小、最旧、最贫穷的地方,那里的人是最友好的。真有意思。我们从没因为去哪里,比如说老城区而遇到麻烦,就像去新造的和更富有的地区一样,而且我们留在中国就是因为这里的食物。)

问:You are familiar with the local food? (您对本地食物熟悉吗?)

A:We like the local food. (我们喜欢本地食物。)

K:We actually like Sichuan and Hunan food more than Shanghai food, but we cherish Shanghai food whenever we go. (和上海菜相比,我们其实更喜欢川菜和湘菜,但我们也很欣赏上海菜。)

问:It's sweet, is it? (太甜了是吧?)

A:So sweet. (非常甜。)

603室餐桌

问: Too much sugar in our food.(我们的菜里面糖太多了。)

K: Sometimes the fish is all coated in sugar. It's a little too much. We like spicy food.(有时候整条鱼都是裹在糖里面的,实在是有点太甜了。我们喜欢吃辣的。)

问: Another question is, you live this building about eight years already? Do you see any change from your experience?(还有一个问题,您在这栋大楼里已经住了8年了,就您个人经历而言,有没有看到过什么变化?)

K: Yeah. Several things. When we first came, the impression as if the building has been painted from inside since 1930s, we found it beautiful, we found the peeling paint, very beautiful and angelic, very interesting. (有很多变化。我们刚来的时候,这里面的感觉就像自30年代后就没有粉刷过。我们觉得很美,觉得剥落的油漆很漂亮,很有趣。)

问: On the lobby? (在大堂吗?)

K: Everywhere, all floors. All peeling paints, stain everywhere. On the other hand, on the outside of the building, everybody's air-conditioning unit was just hanging in every possible manners, that didn't make the building more beautiful. We are very happy that talk about possible deal of selling the whole building or leasing it to a French company that turn it into an office, we are very happy that this deal didn't go through. The residents here are very diverse, that's the beauty of it.（不仅是大堂，到处都是，所有楼层都是。全都是剥落的墙面漆，还有污迹。另一方面，在建筑外侧，所有家庭的空调外机到处悬挂着，让大楼看起来不怎么样。但另一方面，我们高兴的是，曾经有一次商讨把大楼出售或出租给一家法国公司当办公楼，方案没有通过。这里的住户很多样化，这就是这栋楼的魅力所在。）

问：That's when?（那是什么时候？）

K：That's in 2008, by the same manner as the "淮海公寓", close to Changshu Road, that building is in the hands of one company, and it's not half a building, it's not occupied. It's been renovated and crudely its historic features are gone.（那是2008年，遭受同样待遇的是靠近常熟路的淮海公寓。那栋建筑落到一家公司的手里，不只是半栋楼被占据，它被翻修，历史特色被粗鲁地抹去了。）

A：I think that significant change we've seen over eight years, when we were discussing upstairs downstairs difference of society and community here in the building, that's changing, because economically, it is in the interest of Chinese tenants to sub-lend tenants who are gonna pay more, so basically more and more rich foreigners came here. And I suspect the diversity, which we love about the building, we hope it stays, we hope that these small clerestory of families and their relatives that they stay here as long as possible, when the old resident stay here as long as possible. What we are seeing is a change, and the change is the same change going along in all over Shanghai, just gentrification, and the French Concession is getting expensive. (我觉得我们 8 年来最重大的改变是，当我们开始提到这栋楼，楼上、楼下的社会阶层不同，现在这个方面也在改变。因为从经济角度来说，中国住户们会把房子租给付更多钱的人，所以越来越多有钱的外国人会住进来。我觉得这会影响这里的多样性，而多样性正是我们喜爱这栋楼的原因。我们希望它能保持一点，希望那些住在狭小长廊空间里的人，和他们的亲戚，能尽可能地留下来，老居民能在这里尽可能多住一会儿。我们看到的这种变化，在全上海到处都出现，哪里都在高档化，而法租界也变贵了。）

问：And this road, all the restaurant and cafes and bars all get expensive. （还有这条路，这里所有的餐馆、酒吧都变贵了。）

A：Wukang Road, that's the change we've seen just a couple of years, same as New York. （武康路上的变化是这几年才有的，就和纽约一样。）

问：Good or bad? You like or don't like? （是好还是不好？您喜欢还是不喜欢？）

K：It's pretty to look at, pretty to walk by it, it's very overprized and probably drives the prices up in the restaurant in the neighbourhood. Gentrification is good or bad, is happening. （看上去赏心悦目，路过时让人觉得很美，但要价过高，可能也驱使着周围的餐馆涨价。高档化，不管好坏与否，都已经发生了。）

A：Good and bad ultimately, one it's like the difference between the lower east side of New York in the 80s, lower east side in the 2000s. （最后既好也不好，就像纽约 80 年代和 2000 年后下东区的变化一样。）

问：Combine with lower east side it's okay. It's kind of similar. （你

联想到下东区,是这样的,挺像的。)

A: Lower east side used to have crime. It used to be a hostile, it was a lot of drugs, a lot of crime. Now, totally clean. That's it, back in those days, if someone wanted to start a little art gallery, or shop or something. They just do it. And they can afford to do it. It was very interesting, a little bit that feeling here too. Artists especially. How can it would be interesting artists or interesting possibilities doing things when things get so expensive? They maybe not, so maybe less interesting. And then the city or the neighbourhood will disappoint, where is all very nice but nothing interesting is really happening. Because young people cannot afford to live there. (下东区曾经犯罪猖獗,是个敌对的地方,有很多毒品和犯罪,但现在一干二净。就是这样。在当时,如果那里有人想开一家画廊或者一家店,他们就可以这么做,付得起房钱。一切都很有趣,就和现在这里的感觉类似。特别是艺术家们,如果这里的房价那么高昂,有意思的艺术家怎么可能有潜力做有意思的事情呢?所以他们可能不会那么有意思了,然后这座城市或者街区也会黯然失色。虽然这里很优美,但没什么有意思的事情发生,因为年轻人都没钱住在这里。)

问: So Katya do you think you are a kind of insider now? Not like just a foreigner that stays here for a while? I guess I can feel some feeling of the changes, I cannot say it's good or bad, but some kind of uncomfortable things happened like lower east side? Or some streets like St. Petersburg, also like this because the economic goes a little bit higher, something like capitalism come back again? (Katya,您觉得自己现在是内行,而不只是一个在这里暂居的外国人吧? 我能感觉到这些改变,我说不上来这些改变是好是坏,但似乎的确让人不太舒服,就像下东区一样。或者有些街道就像圣彼得堡的一样,因为经济上去了,或者资本主义卷土重来了?)

K: We are not pushed out of Shanghai yet, we are not feeling the city has nothing to offer, I'm really connected to my research and I feel like a local because I know every lane exactly. (我们并没有觉得被上海推出门外，上海还有很多东西能提供给我们。我很投入自己的研究，觉得自己像本地人一样，因为每一条弄堂我都认识。)

问：And also you speak Chinese. (而且您还会说中文。)

K: Language I wouldn't be so proud about, because very often I catch myself speaking them, I am surrounded by people when I don't understand what they said, because firstly they speak Shanghainese, I'm like a verbal vacuum in my English thinking or Russian thinking, I'm absolutely not connected to the people the way one probably should making some place home. That said there are something beautiful about this mystery, a little mystified still, about being a little alien. You can never fully integrate, especially you are living in a family both are from outside Shanghai. (语言我倒不怎么自豪，因为我发现自己总是被人群包围，根本听不懂他们在说什么，因为他们说的都是上海话。我总是陷入自己的英语思考或者俄语思考中，说不出话来。我和这里人的关系，并没达到一个把这里称为家的人那样紧密。不过，保留一点神秘感，一点疏离感倒也挺美的。你不可能完全融入一个地方，特别是当家人全都不是上海人时，更是如此。)

问：You are a passenger in between. (您是这里的过客。)

A: We know foreigner in town who live in China for 40 years, working and doing documentaries, year after year, and they don't see themselves as insiders. (我们认识些外国人，在中国住了40年，工作也是长年拍纪录片。他们都不觉得自己是这里的内行。)

住在武康大楼 / Living in I.S.S.Normandy Apartments

■ 张霞家的门口

问：And the last question is about your child. Is that true if you both have something to do, you want to leave home and the child to the extra building?（最后的问题有关您的孩子。如果你们都有事情要忙，是不是孩子要去大楼的辅楼？）

K：We are both freelancers, so we are renting this another space at Anfu Road, where Adam can work and where I can work sometime.（我们都是自由职业者，所以我们在安福路又租了一个空间，亚当在那里工作，有时我也可以去那里工作。）

问：So it's like an office.（就像办公室一样。）

K：It's like an office. We take care of Ana in shifts, so when I have a tour to go or a lecture, or business meeting, and Adam helps me out and sometimes vice versa. Sometimes we try to start day-care situation, she doesn't like very much yet, she's pretty young for that. It looks like we are not ready for the day-care. So mostly we are just taking care of her.（就像办公室一样，我们轮流照顾安娜，所以当我需要去当导游或者去做讲座，或者参加商业会议，亚当帮我照顾她，反过来也一样。有时我们会选择进行日托，但她不太喜欢，可能她也太小了不适合。看上去像是我们还没准备好进行日托一样，所以基本上是我们自己在照顾她。）

A：Somebody works and somebody takes care of the kid. And then we change.（一人工作，另外一个人带孩子，然后交换。）

问：But if you both have to do something together, and you put the child to babysitter?（但如果你们俩要一起工作的话，会让别人来带孩子吗？）

K：No, we just tried to structure our life so that we obvious can help each other, we are pretty flexible with the timing. Whenever I have meeting, I can move it to the time which is comfortable for me.（不是的，我们尽量将生活安排得够互相帮助，我们在日程时间上挺灵活的，如果我需要开会，就可以安排到其他适合的时间段。）

A：To me, we had a mother-in-law take care for six months.（对我来说，我有岳母来帮忙了6个月。）

K：My mom, she came to Shanghai a while ago.（我妈妈前一阵子来上海了。）

问：Okay, I think the mother-in-law, and the old Chinese lady stays at the extra building.（我还以为岳母，还有别的老年女性住在辅楼呢。）

K：No, my mom helps us, when Ana was much younger, we had a babysitter, ayi, who came here. She was still a baby, and just caring her for four hours, while I can go out and do my stuff.（不是的，我的妈妈帮我们照顾。在安娜很小的时候，我们请了一个阿姨来这里照顾。她当时还是个小婴儿，所以阿姨帮忙带她四个小时，让我能出门做事情。）

问：And it's not any link with extra building, is it? （但和辅楼没有关系是吧？）

K：No.（没有。）

问：So Adam, you told me, maybe just I misunderstood you, you sometimes carried the child to the extra building.（亚当，你刚刚说，或许是我理解错了，您说有时候会带着孩子去辅楼。）

K：To his office in Anfu Road.（去他在安福路的办公室。）

A：No. I carried her the walks all the time. She likes to walk and explore, that's what she likes to do. So we explore with her everywhere.

The extra buildings are great.（不，我一直带着她散步，她很喜欢散步，四处探索。所以我们去各个地方转过，辅楼很棒。）

问：The question is, do you like the extra building? It looks very narrow, more crowded and darker?（我的问题是，您喜欢辅楼吗？那里看上去很狭窄，更拥挤，或许更暗一些？）

K：It's built later, the ceiling high is lower because it is built on different budget than Normandy. Normandy was all with the good materials.（那是后来建造的，层高变矮了，因为他们造楼的预算和武康大楼不一样。武康大楼用的建材都很好。）

问：Do you like that place?（您喜欢那里吗？）

K：We like it because it's good to have different buildings around the house, also, it has a beautiful roof, someone taking great care of their plants and they just built the garden. On the roof of the former garage, the garage building just like a dormitory, pretty budget modest low apartment.（我们喜欢那里，因为这周围有一栋不一样的建筑也是好事。还有那里的屋顶很棒。有人很用心地照顾那里的植物，在以前的车库楼顶造了一座花园，现在车库楼就像是一个小宿舍，一个低成本的小公寓。）■

采访后记：
一个俄国人嫁给了美国人，然后一起到中国来研究"法租界"历史，是不是有点"人类命运共同体"的味道？他们对武康大楼是一见钟情，过后以昂贵的租金租下。一住就是八九年，然后对这里的街区发生了兴趣，继而研究这个街区的历史。

有了孩子后，他们雇保姆、请老人来带孩子，又兼职为外国游客做上海导游。而乐此不疲的主业就是对上海老城厢、当年俄侨区的研究。他们认为许多老房子不拍摄记录下来就没有了；许多过去的历史不去挖掘、追溯、记录，就被人遗忘了。当然，这个事不只有他们在做，一些本地学者、摄影师、媒体人也在做。但两个外国人，因爱上一片异乡的土地和历史，孜孜不倦，甚至当作一种使命，这种价值观和生活态度特别令人赞赏。

住在武康大楼 / Living in I.S.S.Normandy Apartments

■ 大楼门口

14 从"户籍"资料看武康大楼解放前后居民变迁情况

陈保平

因为今天住在武康大楼的居民都是1949年后入住的,所以对1949年前的居民居住情况是缺失的,这是个很大的遗憾。为了弥补这个不足,我们通过湖南街道找到了湖南派出所(现在的湖南街道警署),试图找到当年户籍资料作些了解。那天,我是与街道办事处的刘烨一起去的。警署史教导员(相当部队的政委吧)和李副所长热情接待了我们。他们已事先调出了当年武康大楼的户籍档案,但按规定这些原件不能拍摄复印,我只能翻阅并选择一些个案作些记录。整整半天,我择要摘录了18位住户的材料。

户籍共五大本,每一本都很厚,我查了一本。封面写着"户口登记簿",底下注明"徐汇公安分局"并有括号(警察署、派出所),册脊写着年代,如其中一册写明"(19)48—(19)56年(入住的),并标明淮海中路1850号50号—600号(的户籍)。我们翻到一本大都是1952年入住的,并以文化人为多。我有幸找到了赵丹、郑君里、王人美等的户籍档案,还有人民艺术剧院办公室副主任顾鉴、上海文化局青年团团委副书记田野、人民艺术剧院演员高重实、苏联影片出口协会仓库主任杨子时等。还有一位叫阿札木加的商人,新疆籍居民,迁入前住四平路饭店,1956年出国,国名缩写拉丁字母"gu.zo",不知什么国家,那时出入似比较自由。

其他 8 位都是解放前入住的：

第一位户主章裘丽，女，1948 年迁入，13 岁，出生于 1935 年，在大学就学。弟弟章伟民（16 岁）与她住一起。另有三名四五十岁的佣工也在户口里。1954 年去香港。估计也是有钱人家。当时父母不在，请保姆照顾他们。姐弟俩走后，几位佣工迁到附近的天平路、兴国路去了（可能另外帮工）。

第二位孙长庆，41 岁，留美学生，美军司令部职员，与他同在户口上的有：妹妹葛莱芳，30 岁，美军通讯队职员。1938 年 9 月 13 日迁往南京。当时连佣人共八人，什么时候迁入没有记载，可能在另一本登记册上。

第三位陆时南，出生写着"民前 3 年"（应该是指民国前 3 年吧），户口本上有一个"民前、国"的标志，把"国"划去就是"民前"。全户迁入于 1938 年 4 月 22 日，职业是建筑自由工程师，妻子家务。1950 年 6 月 22 日全户迁至镇江将军巷 42 号（估计是老家）。

第四位张仁杰，大学（学历），民国 10 年（1921 年）生，公司会计。妻，震旦大学毕业，家务。同住的还有弟弟，立信会计毕业（失业），也是 1938 年迁入，1950 年迁出赴香港，家里有两位佣人。

第五位是莫法乐、刘笃章（夫弟），从事电商贸易，迁入时间无，但于 1952 年迁往长乐路 613 弄 6 号 3 楼。

第六位蒋国莲，男，出生"1933.11.16"，已婚，小学三年，手艺工人，紫罗兰理发店理发员。"1948.2.5"迁入。户口上还有店的地址：淮海中路 1840 号，电话 72897（此店就在武康大楼底下一层）。户籍显示，他是江苏江都曹黄区阿东第 6 村迁入。在这一户口里，还有他的同事胡贻江、王福云，一个是同村，另一个是江苏江都槐四区的，都只有小学文化，落在一个户口上，估计与他一起在理发店干活。

从这 8 位 1949 年前的住户情况看，除最后 3 位是一楼店铺紫罗兰理发店的职工，其他 5 位都是经商的和高级白领，或父母在香港子女在上海就学，好几家都有佣人，最多的一家有 3 位佣人。而武康大楼的设计都有专门的佣人房。

有研究者把武康大楼在 1949 年前入住情况分为三个时期：第一期完全排斥华人入

居（1925—1936），公寓建成后，入住大楼的全是法侨。或法租界官员，外国富商，从 1937 年上海字林洋行出版的英文《中国行名录》的"上海街道指南"栏目里记录的诺曼底公寓的 63 户住户户主姓名中，有嘉第火油物业公司销售总代理、美亚保险公司上海办事处经理、罗办臣央行老板以及西门子公司经理等人，他们当然均为欧美在沪侨民；第二期允许个别与法租界有公务或商务关系的华人入居（1936—1941）；第三期（1941—1945）1941 年，在"归还租界"的大环境下，法租界居宅区对华人入居禁限不在有效，武康大楼入住了一批华人。直至 1945 年抗日战争结束，租界生存立命危机，管理失控，法商破产，武康大楼拍卖，孔祥熙的次女孔令俊（又名孔令伟）将大楼买下，自己住了进去。武康大楼产权实际归入孔祥熙名下。而当时尚未建新楼的诺曼底公寓设计就是 63 居户。因此，这个 63 户户主名录可能就是旧诺曼底公寓最初入户的住户名录。

从《中国行名录》所列举代表人物和我们从户籍档案查到的六七位户主看，1949 年前的武康大楼住的大多是有较高收入的洋行高级管理人员和一些机构的高级职员。四九年后，大楼产权收归国有后，政府主要分配给南下军队干部、文化界人士和一些企事业单位的行政人员，也有少数解放前的资本家家属延续了下来。20 世纪 90 年代后，随着房产市场的启动，武康大楼的产权和使用权也进入交易市场，居民的构成又发生较大的变化。■

大门拱廊文饰

15 在卷宗中触摸武康大楼历史

刘烨

口口相传铸历史,为确保信息真实完整,我作为湖南街道武康大楼口述历史工作组成员,5月17日,因工作需要,有幸与陈保平老师一同前往湖南派出所,查阅武康大楼原居民情况。来到湖南派出所,史侃教导员和李岩副所长已经为我们调出了有关武康大楼的厚厚五本档案资料,按规定,这些资料不允许拍摄和复印,只能手写摘抄。

翻开厚厚的档案簿,武康大楼居民情况历历在目,看着一张张用手书写的户籍内容,我们仔细地查找着迁入时间,基本都是解放后入住的居民信息,尤其以五六十年代入住的居多,正当找得有点小气馁的时候,眼前突然映出了1927年迁入的字样。"找到一个了!"我如获至宝般大声叫了出来。陈老师立刻过来看,也兴奋地说:"很好!把它抄下来吧!"

我拿出白纸,开始小心翼翼地抄阅这张泛黄缺角的单页,也开始慢慢踏入一场时空之旅:这是一张民国时期的户籍信息表,上面都是手写的繁体字,表格的信息很全,包括了姓名、年龄、学历、行业、残疾状况、信息登记时间地点等,有些信息用彩色笔划除了,应该是迁出后的处理吧,一些空白处还补写着大大的迁出时间。我认真仔细地誊写着每一个字,生怕漏下任何一点珍贵的信息。誊完表格后,发现在侧面还写着林森中路#号#保#甲#户,这些是什么意思呢?原来从1945年到1949年前,为纪念原国民政府主席林森,把这条原本叫霞飞路的淮海路改名为林森路,而保甲户这些表示具体房间号的信息是当时户籍信息登记特有的名称。

有了第一个突破，后面我们又顺利地找到了若干解放前入住的居民信息，那时候每一户居民家中似乎都有很多人：户主、妻子、儿子、女儿、妹妹、妹夫、外甥、朋友、佣人洋洋洒洒一大户，户主的名字一般都很雅致，可见出生于知识家庭，男性居民大多是清华、南开等名校本科毕业生，多就职于九江路金融业、纺织业、医院等行业，女性居民一般都在家家务，孩子都在上学，且每家都有两三个佣人，有些家庭后来举家搬迁至香港。誊写这些信息，我的脑中也自然浮现出这户家庭的模样：西装旗

袍、黄包车、留声机……感觉自己渐渐进入了王家卫电影中那个《花样年华》的大上海时代，手中触摸的不再是誊写信息的笔，而是二三十年代上海的繁华与优雅，是武康大楼的历史与情怀。

在摘抄完毕回来的路上，车内十分安静，几个小时的摘抄让我们都还沉浸在那段历史的年轮中。风雨变迁，武康大楼里居民一批批的搬入又迁出，人走了，但却又留下了什么？是一种气息、一种文化、一种精神，最终沉淀凝结成闪亮的珍珠环绕在这艘好像蓄势待发的轮船上，这就是武康大楼的底蕴与气质！正如她那屹然挺立的身姿，任风吹雨打、痕迹斑斓，任人来人往、情随事迁，任上海百年的变迁与时代发展，她始终散发着那种精致与优雅、承载着那份上海的历史与文脉。

历史口口相传，愿岁月静好，浅笑安然。

相关人员篇

16 柏祖芳

属地居委会支部书记
2009年进入居委会工作至今

访谈者：陈保平

我们成立了一个老洋房新生活议事会，因为我们社区老洋房比较多，影响居民生活质量的东西不断涌现，包括居民养狗，还有所有只要是影响我们居民生活质量的，都可以在这个平台上讨论，我们首先搭建一个自治的平台。

问：你是在这个居委会已经工作了将近七年的支部书记，想请你谈谈你所了解的武康大楼的管理的模式在历史上大概是什么样子的？比如说中华人民共和国成立初期是什么模式，后来是什么模式，一直延续到现在。大致这个居委会的管理模式你给我们简单介绍一下。

答：我也和我们的居民以及老主任进行了一下了解。由于我们居民之前都是在单位工作的，我们居委会的管理模式是每个星期四组织我们在家退休的居民在楼道里打扫卫生、通通阴沟这些。到夏季的时候，我们居委干部会上门发些蟑螂药、老鼠药之类的，搞一些卫生。一直延续了好长时间。

问：这个是从中华人民共和国成立初期就开始这个样子的？

答：中华人民共和国成立初期到中华人民共和国成立以后基本都是这个模式，搞卫生什么的都是以居委会为主的。后来呢，延续到我们现在就是我们居民自治，我们自己组织我们居民。根据楼道里当前的需求，我们也会经常搞卫生。我记得，2005年的时候，我们大楼组织了一个党小组组织的自我管理小组。2008年，世博会之前，我们大厅里有好多自行车、助动车。党员们觉得大厅里放着那么多车子是不行的，那么由我们党小组牵头，还我们大楼的整洁，贴了一张告示，向每家每户居民家里发了一张意见征询表。正是由于我们党小组组织的自我管理，（居民）就把我们大厅里的自行车、助动车自动挪到后面的小院子里。直到现在，我就觉得居民自治的事情如果是自己做的，可以坚持很长一段时间。现在我们走进武康大楼的大厅，真的是又明亮又宽敞。这是我们楼组党小组组织自我管理的一个结果。

问：这个自我管理就是在世博会的时候开始的吗？
答：对的，世博会前期。

问：那你讲到自行车自动管理起到了一个比较好的成效，类似的自我管理还有些什么内容呢？比如说有一个居民选出来的委员会或者什么定期的会议，平时要商量什么事情，哪些事还需要大家继续协助来办的，有没有？

答：像我们现在自我管理，随着我们大楼、包括我们居委会，现在老人占我们大楼的31%，按照世界的标准，10%就应该属于老龄化社区，那我们社区是一个严重的老龄化社区。现在在我们的大楼里就是由居委会牵头，以低龄老人照顾高龄老人。我觉得这也是我们居民自治的一个很好的方式。像我们现在刚刚正好在市南（4分16）要拍一个片子，低龄老人就陪着高龄老人到他家里去，因为其他人带进去不合适，不安全。我觉得大楼居民的互相帮助这一点在我们大楼能很好地体现。还有我们居民自治的是，我们跟北京地球村埃克森美孚合作的垃圾减量，这个活动从2011年的7月到现在，已经50几个月都没有停过。每个月回收利乐包、塑料袋和食品外包装。

问：每家每户回收？

答：是。愿意参加的、有时间能够参加的（家庭），那我们这个大楼也有十多户居民。他们坚持每个月月底到回收点去交废物。我们也称分量，比如说今天张阿姨利乐包多少克、千克，一点一滴地把它累积起来，这也是非常不错的，我们居民自治的结果。为我们地球减负做了好多努力。

问：这个也蛮有意思的。那居民自治有没有一个自治的组织呢？

答：现在是随着我们街道对我们的要求，最近，我们也成立了一个老洋房新生活议事会。因为我们社区老洋房比较多，影响我们老洋房居民生活质量的东西不断出现。包括居民的养狗（大小便），还有所有只要是影响我们居民的生活质量的，都可以在这个平台上讨论。我们现在正在做这件事情。我们首先是搭建一个自治的平台，与什么人商量，怎么商量是需要我们想的问题。

问：现在这个议事会的人组织起来了吗？

答：议事会的人我们现在已经组织了一支队伍，队伍有物业的、有我们的法律工作者，还有我们党员。他们都是自己报名的。

问：都是在这里的居民？

答：都是我们社区的居民。

问：不是单单指我们武康大楼，但是武康大楼也有人会参加？

答：武康大楼也有。假如说涉及武康大楼的内容，我们专门请武康大楼的居民一起来参加。

问：这个很好。这个是已经准备开始实施了还是？

答：已经在着手做了。我们现在在拟定议事的规则。我们按照罗伯特的议事规则，逐渐逐渐地在推进这项工作。

问：你说的罗伯特（议事规则）是指国外的一个专门对社区管理提出来的议事规则。这个议事规则，你记得大致有什么条文。

答：大致有一个专业的主持人，就围绕一个问题，比如是我们的居民区可不可以一家独户养狗的问题。如果我说的是这个问题，张三说的是李四的问题，主持人就可以制止他，今天就主要是围绕这一个问题。围绕这个问题我们形成的议案，就建成一个公约，我们的原则是有法律依法律，有规矩依规矩，没有法律、没有规矩的就我们居民，自己形成一个公约。形成了公约我们就把它公示，公示后没有异议的话就变成我们整个小区的公约，只要是在这里的居民就要遵守。下次进来的租户同样也要遵守，在进来之前把公约给租户看，他在这里就可以主动地遵循在我们这里的规矩。

问：这个很好。这个现在是在商议的过程中还是已经（成型）？

答：这是一个雏形。商议的规则也出来了。这件事情我们已经在做，之前没有提一个很好的名字，现在给它提了一个名字，就把它提上了正规，叫老洋房的新生活议事会。

问：那这个很好，也很有意思。那你作为居委会支部书记觉得武康大楼居民大致有什么特点？

答：我觉得武康大楼居民的特点一个就是名人比较多。

问：到现在为止，包括名人的后代？

答：对。名人比较多，离休干部比较多，相对集中。还有就是老年人也比较多。

问：那么相对他们，这个老洋房新生活议事会有没有在武康大楼表现出来比较集中的、你们听到过的反映居民居住上的问题。

答：比较集中的就是我们大楼的前廊，每逢下雨天的时候，有很多遛狗的居民就在前廊牵着小狗，随地大小便。居民就觉得这个很影响我们大楼的卫生和美观，又影响我们周边生活居民的生活质量。就这个问题我们也在商量，特别是在下雨天的时候，我们怎么把这些遛狗的居民管理好。这是最近我们居民提的比较多的问题。

问：还有就是现在武康大楼有主楼还有辅楼，辅楼居民的诉求你们怎么来化解呢？

答：辅楼居民的诉求就是我们刚才从两楼到辅楼，两栋楼之间有一个斜坡，这个斜坡很陡，旁边又没有很好的扶手。辅楼当中也有很多居民是年纪比较大的。他们就和我们居委会提出来，是不是这个斜坡能做得平一点，然后如果坐的是轮椅的话又不能一下子过来，最好做一个小的防滑的东西。我们居委会及时听取了居民的意见，及时和物业一起在去年的上半年把这件事做好了。居民也觉得居委会很及时的，对居民反映的问题有很好的回应。

问：这个还是做得不错的。那么你觉得现在这里的居民是不是还有对这个建筑的保护意识？

答：是的。我们住在武康大楼的居民就觉得生活在这里很幸福，特别是看到有影响大楼美观的，我们居民都是非常积极的。我是〇九年到居委会的，现在（居民的积极性）较以前有大大地提高。特别是我们底楼正好是一大会址的一块地产。现在正在装修。

问：这个底下怎么会是一大会址？
答：是一大会址的门面板。

问：那这个门面板主要是派什么用处呢？
答：之前是借给人家拍儿童摄影的。现在房子收回来，他们准备开一个书屋，陈放书籍的。他们因为这个房子深度太深，很容易潮，就把底下潮的东西整个都弄掉，重新铺一下。其实他们是在做一件好事，但我们居民对这个建筑可能还不是很了解，觉得他们在挖地，不停地向居委会打报告。我们居委会也不是很专业的，就不停地往网格平台报（市、区都有的网格化管理平台），请他们专业的人士过来、房管办都过来看。其实他们这是一种修缮的行为。

问：为什么一大会址的房子会在这里呢？
答：这个好像历史上就是这样。

问：就是说之前是放图书的？
答：之前是儿童摄影借给人家的。现在他要收回来，自己用。那么如果不很好地去弄，书放在这里，肯定不行。其实他们是在做一件好事，但我想我们居民也不了解，只知道他们在挖，破坏了建筑。但是从这一点可以更好地表明我们居民对房子有很好的保护意识。

问：现在在武康大楼居住的人流动性比较大了，除了原来的老居民，来租借的、外国人也有一些。这些人对武康大楼的保护意识都有么，还是有人认为自己只是暂时在这里借住，就不是很有这种意识了呢？

答：上次就在这个平台上发生了一件事情。就是我们居住在这里的居民是外国朋友，他就觉得这个平台非常漂亮，他就组织了一些外国朋友在这里烧烤，他们也不知道这底下有网砖，在这里烧烤是很不安全的，万一着火是不行的。底楼正好是我们大楼的辅楼。当时我和外国朋友商量，沟通的时候他们还觉得很不理解。他们还觉得你们中国人怎么这么？（她也没说，你可以想一个合适的形容词），他还跟着我拍照，说你怎么那么坏。我说不是的，我带你们去看一下，他们相对的就是非常窄的一条消防通道，比较挤。万一在这个地方着火，他们的安全会受到一个很大的威胁。当时他们不听，我们还打了110。后来110来了，他们就还是"好的，好的，我们马上走"。

问：那这个以后就是要变成你们老洋房新生活议事的一个内容了，比如说这个平台上不能搞会引起火灾之类影响安全的活动是吧？

答：是。

问：鞭炮、烟花、爆竹这个就不能乱放，这个都要有一些规定了。那么这些外国人在他们进来之前就要签合同。要遵守这个公约。

答：是。这个我们下次就要把它变成一个公约。

问：这个很好。那么这个平台平时开放吗？

答：这个平台平时开放的。我们居民可以在这里养养花晒晒衣服。

问：就是只要是你不影响这个安全还是可以开放的？

答：是。

问：据说楼上还有一个阳台是吗？

答：是。顶楼还有一个平台。

问：那这个平台开放吗？

答：这个平台不开放的。钥匙在物业的手里。

问：主要是考虑什么呢？为什么不开放呢？

答：我们老的居委会干部介绍，我们在这个大楼已经有好几位居民想不开，在"文革"时期有跳楼现象的。那么现在我们物业钥匙管好的，上面也有一个水泵房。

问：也是有安全考虑。

答：是。

问：这里的居民会有什么纠纷要你们居委会解决吗？

答：这里的纠纷就是我们这个大楼停车非常困难。本来辅楼是汽车间，但现在我们辅楼都住了居民，居民停车就很困难，之前都是停到对面的一个弄堂里。现在天平那边也居民自治，我们停车变成了一个最大的问题。我们有七八辆车子没地方停。我们居民就像我们居委会提出了是不是可以在武康路上弄几个停车位。我们也向我们街道反映了这件事情。现在武康路也变成了上海市永不拓宽的 64 条马路之一，那么停车也不是一个很现实的问题。我们街道、我们居委会也积极地努力就是和我们社区旁边的南鹰饭店商量把我们大楼居民的车子停到他们那里去，他们上面有停车库，下面也有停车的地方，很好地解决了这个问题。

问：那很好。邻居之间互相的纠纷或公共地方的占用这种纠纷现在有吗？

答：很少很少。我们居民的素质都非常高。

问：那你知道武康大楼的居民的平均年龄吗？

答：这个我倒没算过。但是我们大楼的老年居民比较多。我估计平均年龄要有 70 多岁，但是我不是很准确的。

问：现在像武康大楼有没有自己楼的业主委员会或自己的自治机构，还是你们居委会统一的？武康大楼有没有自己的楼组长？是不是每个层楼有自己的楼组长这样的机构？

答：有的。我们居委会管理是这个样子的。我们居委会有一个专门负责的块长。我们把居委会分成8块，有一个块长专门负责武康大楼的。包括武康大楼的居民的生活需求，包括武康大楼发生的所有的事，他要第一时间了解。我们每层房地局的楼都有一个楼组长。

问：居委会下面是8个块，每个块里面有一个块长，块长的一个楼里面有楼组长。

答：我们现在总共是7层，每一层楼都有楼组长，还有居民代表。

问：就是这样一个组织架构。那么他们是定期的有活动、开会还是不定期的？

答：我们是定期的，居委会一年组织两次，上半年是楼组长会议，下半年是总结会议。

问：块长是经常开会？

答：块长是结合我们街道现在的网格化管理。块长每天在自己负责的范围内2次巡视。早上一次、下午一次。

问：巡视好把有关情况是通过网络还是通过你们居委会向领导汇报呢？

答：是这样子。网格化平台一般是可以在我们居民区自行解决的就自己解决。不能解决的我们街道就通过网格平台中心发送过去。他们会派单处理。

问：专门派单，谁负责管的就派单到哪里去，有些是物业，有些是环卫，让它们及时的来处理。

答：是。今年市委一号课题落实了六大中心，我们居民对网格中心也非常认可。因为居委会的能力是有限的，有些事情你是不能解决的，但是通过这个平台就可以很好地解决掉。

问：在你担任居委会书记的六七年时间里，你印象比较深的关于武康大楼的事情、活动有没有可以给我们讲一下的？

答：那我讲最近的事吧。印象中比较深的就是我们今年换届选举，每三年我们有一个居民区的换届选举工作，今年换届选举存在老的楼组长人户分离现象，还有年纪比较大的不能（参加）。换届选举的成功必须要选出新一届的楼组长和居民代表，而要选出新的楼组长和代表必须要召开楼组长会议。那么在这一次换届选举当中，我们党小组的自我管理小组在楼组中亮出身份，组织利用一天的休息时间，在1楼到7楼召开了楼组会议。其实不是每层楼的楼组长都在的，那为什么会从1楼到7楼都召开这个会议呢？那么有的楼组长（不在），我记得就让4楼、5楼的两个楼组长一起参与这件事情，不要单独地开。我们这个形式非常好。在楼组我们就一家家去敲门，在楼组开楼组长会议。特别是601的周炳揆老师，他常年居住在国外，看到我们在楼组里召开居民会议，他觉得这个方式很好，他们都积极地参与，推选出我们这一届新的楼组长和居民代表。

问：这个是开楼组长会议的时候就把新的居民代表和楼组长推选出来。那是推选是有提名还是要选举的？

答：是推选出楼组长，选举出我们居民代表。为我们这次的成功换届打下了坚实的基础。

■ 六大中心，是指2014年市委一号课题成果——《关于进一步创新社会治理加强基层建设的意见》中，将街道的"三中心"拓展为"六中心"，包括：社区事务受理服务中心、社区文化活动中心、社区卫生服务中心的基本公共服务功能，进一步建立完善城市网格化综合管理中心、社区党建服务中心和社区综治中心。

问：换届是什么时候进行的？
答：是 7 月 18 号。

问：那已经换好了。就是在之前开这个楼组长会议为换届做准备？
答：对。

问：先一个一个楼组长调整好，选出居民代表，然后再推选新一届的居委会。这个挺好的。等于你们一层楼一层楼来进行。
答：是，那我们这样推出来的楼组长和居民代表会觉得我们是你每家每户推选出来的，更能感觉到肩上的（责任）。我是这个楼的楼组长，我是这个楼的居民代表，我要为这个楼（负责）。所有碰到的问题，他会主动站出来。

问：现在居民你请他们来开会选举居民代表，居民积极性还有吗？还是有时候不太高兴来？
答：我觉得现在的积极性比以往都高。他就觉得这是我们自己的事情，很愿意来参加。

问：这些居民代表和楼组长基本上是常住这里的人。如果是暂租的户主是不是也要参加或者有选举的权利？
答：暂租的只要符合一定条件，就是你居住在这里有一定的时间，然后他本人又要提出申请我愿意参加的，也可以的。

问：那有没有外国人？
答：外国人这一次没有在里面。

问：现在你们对于外国人借住房子，除了这个武康大楼包括其他老洋房，有些什么登记管理的手续吗？

答：外国人是统一到我们街道的湖南路派出所登记的，对于所有的居住在我们小区的外来人口我们是24小时（管理的），我们专门有一个外口管理办公室，有一个人专门负责的。

问：他都掌握情况的？
答：对。

问：这么多年外籍人居住有没有发生什么特别的事？除了你之前提到过的那件事。
答：没有。

问：那说明这个管理的还是不错的。
答：他们也非常的（好）。我记得我们有一个外国朋友在这里担任志愿者。是美国的，我们社区的特点是绿色社区，他就把美国家庭是怎么进行垃圾分类的在我们社区进行宣传。我们居民也非常喜欢听。

问：宣传以后也希望我们这边能有所学习。现在你们这个楼参加环保的垃圾分类工作有没有一些推进？
答：现在我们的垃圾分类工作有每个月一次的垃圾减量。还有每个小区都有一个干湿垃圾分类的分拣员。

问：有这个分拣员自己来分拣？那居民自己还不能完全做到干湿的分类？
答：居民自己还不能完全做到，但是已经有这个意识，会将干湿垃圾稍微分开一点，然后由专门的分拣员再分一分。

问：这个分拣员工作量还是蛮大的。那这个分拣员是居委会的工作人员还是？

答：是我们物业聘的。

问：我们这次到武康大楼进行口述史的采访已经采访了那么多居民，得到了居委会的大力协助，那么柏书记你看看你对我们还有什么希望和要求吗？

答：我觉得把武康大楼好的历史传承下来，这个对于让后辈对武康大楼有一个很好的了解起到了非常好的作用，我对你们只有感谢。

问：那是我们共同的努力。没有街道和居委会的支持，要一家一户的完成这样的深入交谈很不容易，再一次谢谢你们。■

采访后记：

柏书记为我们这次口述史访谈做了大量准备。没有她与武康大楼里居民建立的信任关系，我们难以进入现场。采访她，主要是想了解这幢楼的居民自治是如何进行的。从 20 世纪 50 年代，诺曼底公寓（武康大楼原名）被人民政府接管后，居委会和派出所一直是这里居民的管理机构，他们从对楼内不同住户的监管、服务到现在的引导、自治，反映了人的自由和社会的进步。通过选举产生居民代表、块长、楼组长，自治方式也从单纯的会议发展到借助互联网的应用。不久前创立了"老洋房新生活议事平台"，在网上讨论、解决一些居民的日常生活问题。这个过程中，街道居委会、党支部书记的引领作用还是十分明显的。虽然武康大楼的老居民文明素养较高，自治意识也较强，但在流动性日益增强的情况下，党组织引导居民学会自治，构建自治制度，教育他们做合格的公民，这或许是一个长期而重要的任务。

17 杨寄强

武康大楼物业经理
2013年起担任物业经理

访谈者：陈保平

从去年开始，对老的保护建筑的保护力度在加强，但是有些方面是没有办法的，像有些老的，敲掉以后就没有办法恢复了，就算恢复了，也和之前有很大区别。这点上无论是居民还是物业都要特别注意。

问：杨经理，你到这幢楼来已经有两次了，介绍一下你到这幢楼的情况？

答：我第一次到这幢楼来是 1992—1993 年，当时我们集团成立了一个建房管理所，这是我第一次进这幢大楼，和同事一起匆忙地看了一下。第二次我开始正式管理这幢大楼，那是 2013 年 10 月至今。

问：那么两次进驻武康大楼，在你的印象中大楼有什么变化？

答：第一次进来，半年也不到，因为我们管理的区域比较大，对这边的印象也不是很深，当时管理也不是很严格。高建物业成立以后，我正式开始管理这幢房子。我发觉这边的居民相对来讲素质比较高，因为文化层次比较高，比较容易打交道。不管是楼道整治，还是比如说去年创全（创建全国文明城区），这边的居民还是相对比较配合的，一方面是文化层次比较高，另一方面是各方面的条件都比较好。

问：你两次进驻这幢大楼，它是保存得更好了还是如何？你对建筑本身的保护有什么样的感受？

答：从去年开始，对老的保护建筑的保护力度在加强。但是有些方面是没有办法的，像有些老的毛毡子，敲掉以后就没有办法恢复了，就算恢复了也和之前有很大的区别。这点上无论是居民还是我们物业都要特别注意。去年我碰到一件事情，底楼信报箱下面的水管爆了，但是它是毛毡子的，最后不得已只好敲开来。补是补好了，但是区别还是很大的。就这方面呢，敲掉还是蛮心痛的，要恢复以前的样子相当相当难。后来边上的水磨地也敲掉了，二楼的画家秦老师用笔把它描成这个颜色，以前的颜色已经配不到了，这确实是蛮可惜的。像这种老的无法恢复的地方，无论是施工还是居民使用的时候，一定要当心，包括我们也应该在这方面花一些工夫，不能让无法恢复的东西再被破坏。

问：那么你现在作为这幢楼的物业经理，你们主要在做一些什么事情？

答：现在就是日常管理。现在居民买进、卖出房子、装修比较多，这方面我们首先会跟居民说清楚，这幢楼是保护建筑，淮海路沿线，外表、外观绝对不允许动。房屋结构，你可以装修，但是不能变动，比如说有些人家卫生间变成厨房、厨房变成卫生间，这肯定会造成很多矛盾，因为楼上变成了卫生间，楼下别人是厅，你的声音就会对楼下的人家造成影响。所以我们在日常工作中相当注意这方面的事情。还有就是在租赁方面，上次我发现了一户把房屋作为"日租房"，今天换两家人家，明天换两家人家，我们只能通过居委会、房办、派出所去解决。

问：日租房就是接旅游客人？

答：对。这就造成了问题，我们毕竟只有一个门卫，你现在搬进搬出的，如果是正常的租客，这是很正常的，但是现在社会相当复杂，各种各样的人都会有，他如果并不是以租房为目的而进入这幢房子怎么办？像这种事情有关方面应该有立法，这种"日租房"我看到最近电视节目里也在讨论，希望老百姓能够住一住上海的老房子，但像这种大楼,我觉得不合适。因为这种大楼大部分是老人,他们没有防范能力,那平时防范靠什么呢?靠我们物业,做不到,我只有一个门卫。所以这个方面,我希望这种老大楼不要出现这个类型的"日租房",这是我最希望的。希望有关方面能够帮我们解决。

问:作为物业,你手下的这幢楼如果施工的话会是怎样的?

答:施工的话是这样的。比如说这里有什么损坏了,我报给工程部,小修小补可以叫维修公司来修,大的维修就要报给工程部,他们会申请历史遗迹保护方面的专家,进行认证,然后再进行施工。

问:比如说这两天档案室要改装房子,要通过有关部门的检测,这是你们要负责的吗?

答:对。其实这件事情在9月30日,我来过了。听说他们在开挖,那么我就跟他说你不要施工,你请你们单位的领导到我们单位讲清楚怎么施工以后,你再施工。他满口答应,但是到6号那天他还是施工了,而且居民还有打电话给我。

问:他们施工的目的是什么?

答:他跟我说是防潮,重新做防水层,因为回潮嘛。但我现在不敢肯定他是这样做的,而且当时挖的时候钢筋已经挖出来了,所以我赶到现场以后就通过房办和城管(进行阻止)。

问:其实他们是租赁单位?

答:是租赁单位,产权是建房集团。

问:很早就租出去了?

答:应该在七八十年代就租赁了。因为当时施工方的领导人说这是他们的产权,我说你搞搞清楚，这房子是租赁房，产权是建房集团的，不存在你们有产权的事情。

问：所以如果要翻修还是要通过业主。
答：必须要通过我们，但是他这次没有，连招呼都没有打。我现在甚至不知道他要干什么，所以现在处于停工阶段。房办知道这件事以后也相当重视，请房屋科研所来做了房屋检测。等检测报告出来，必须加固的要加固，必须修复的要修复，再进行施工。

问：你知道他们是什么单位吗？
答：我知道是上海文管会，文物管理委员会。我从电脑的资料里调出来是文管会。

问：这事情我认为你做的是对的，这是对建筑的一种保护。像现在居民都有反映，如果他超过了装修的标准、深度，你们应该是要管理的。
答：这是我们应该的。现在无论是市政府、区政府还是街道，对文物保护都是力度相当大的。

问：保护建筑是有法律法规的，依法办事总是没错。
答：对。

问：这边居民的物业费都照常交吗？
答：物业费基本都是正常交的，但有些房子租出去了，我找房东就比较麻烦。这个大楼物业管理费还是比较正常的。

问：日常物业管理费能维持正常的运作吗？
答：肯定是亏的。因为人工费用在大幅度地增加。

住在武康大楼 / Living in I.S.S.Normandy Apartments

问：保护建筑的维修政府应该有补贴吧？

答：应该有的。对保护建筑我们单位的政策还是倾斜的，像保护建筑我在给领导报批的时候，哪怕没有资金也会从别的地方抽一部分出来，先解决保护建筑的问题。

问：从90年代到现在这幢楼损耗的情况如何？

答：我觉得保护得不错。没有大的损耗，我们主要看绿地，绿地上的油毛毡我前面说过，敲掉以后是恢复不了的，就算恢复也是很明显看得出来的。这点还是保护得不错的。

问：就从油毛毡可以看出来二十几年了保护得还不错。

答：对。

问：那么谢谢杨经理，你对这幢楼也承担了很大的责任。

答：应该的，这是我的工作嘛。■

采访后记：
杨经理拿着一大串钥匙，打开了通向平台的门。这个七楼平台就是曾被称作"跳水池"的地方，现在不开放。我们是在平台上与他聊的。他50岁开外，人很精干，对武康大楼也熟，保护意识强。对一些已无法恢复的原貌常有痛惜之情。

我们来的时候，正逢居民投诉底层文史单位的仓库大修，破坏结构。杨经理说这些天一直在处理这事，好像那家单位有点来头，房管部门依据历史保护建筑有关条例，让施工单位先停工。杨经理皱着眉头说：一边是居民反复投诉；一边是有背景的市级机关单位，怎么办？只能再由上级部门去协调。这件事可以看出，虽然中央已明确提出了"依法治国"，但在一些具体事务的操作上，法大还是权大似仍处于错杂阶段。

18 沙永杰

同济大学建筑与城市规划学院教授
主要教学与研究方向：近代城市与建筑研究、保护与城市设计
武康路保护性综合整治总规划师

访谈者：陈丹燕

武康大楼在 2013 年、2014 年报全国奖的时候，上海市的规划部门说这个项目做得好，要报全国得一等奖，最后真的得了一等奖的第二名，第一名是地震灾区重建，所以意味着说在正常项目中它（武康大楼）就是第一名了。作为武康大楼整治的总规划师，我提了一个整治设计内容和设计要求，我想可能很少有一个招标设计有那么详细的一份文件，我今天看起来这个仍然是做得很好的。

问：沙老师，相比其他的一些公寓建筑，诺曼底公寓（武康大楼）算是出挑的吗？

答：我觉得和毕卡第公寓等相比，它们都有一些相似性，都是在几条主要道路的视线焦点上。

问：这个位置就是一个令人注目的位置。

答：本来这个区域就是消逝个体形象性的区域，但是这几个点上还是有形象的。那么今天我们在徐汇风貌区里出现问题的，比如说你想象一下上海图书馆，它那个位置上本不该出现那样的房子，所以它对街道产生的其实是破坏作用，走到这边，两边都是树，你一下觉得树叶没了，一下子敞出一块东西，不知道是什么，现在多出两个地铁站就更加乱了，所以就是整个街道被破坏掉了。其实房子的姿态，该是和这个地区相适的，并不是说博物馆、图书馆这样的大楼不能造，而是如果建筑与这个地区的基因相配合，你会觉得它出现了之后不仅没有破坏，还增彩了。如果把武康大楼造之前造之后的地图比较一下，那么按今天某些专业人员来看，那武康大楼就是一个违章建筑，它比旁边的房子高那么多，很突兀，但在现实的感受中，你没觉得（它很突兀），反而你会觉得它是好的。所以我认为武康大楼的建造标志着法租界西区进入到一个更深度的城市化过程，因为建筑更高了，人口相对密集了。

我从徐汇风貌保护规划中提取了一张图纸，包括不同尺寸的行道树，深色的是我们认为要增加的行道树，就是要补种的沿线的绿化，都是标的比较仔细的。这些绿色的是表示庭院私有的绿化，这些不是你动得了的，是新增或者改造的庭院绿化，但是有一些庭园绿化是公共的，或是使用上已经有公共性了所以又增加了。这些树有过前期调查，不是像普通的设计人员的树是乱画的，画成球球，这些大小不一，其实是因为尺寸不一样。它确实有些地方缺了几棵树，比如说最早原来的房地宾馆今天这里也缺了树。

问：你缺了的树是用什么标出来的？

答：用深色表示缺的。你看这里就表示开放空间景观里新增的，还有些呢，是半开放空间里的景观，比如说当初讨论 376 号这栋房子，想要管理部门也参与，让这块地方变成开放性、公共性比较强的，过去沿街这些确实是搭出来的房子，不管是否违章，确实是不该有的，所以当时讨论的，新增或者改造的庭院里，把这些放进去了，那么就有一些补种的沿墙绿化。比如这栋房子现在很糟糕了，但过去是很好的，所以在它的通透围墙后面规规矩矩地种一排绿化，这样既可让人行道有个好的界面，对里面的私密性又有保护。所以有各种各样的考虑，每一个画在上面的东西都是有自己的意图的。

问：那在这张图上武康大楼在哪里？从这里到这里？
答：对，就是这栋房子，有两个院子。

问：你们是不是想在这里种两排树的？
答：对，为什么种树呢，是因为从历史的照片来看，这里是有两排树的。我们现在绿化规则里行道树的宽度少于多少的话，一个是种上去它和树坑盖板和人行道之间的关系不好协调，我个人认为在我们法租界西区的风貌区里，有一些人行道现在很窄，仍然没有树，如果比较有树和没树，毫无疑问，有树是好的，所以我认为从技术角度上完全可以加得上，只不过管理部门可能说我们的规定上这段可以不种树，或者种了树之后老百姓说挡他的光，对树的很多观念其实我是不同意的，但事实上就是这样。这张是实施部门，也就是政府部门在做武康路保护整治工程之前，根据保护规划，所做的项目提取，也就是保护规划形成了一个每个部门该做什么的清单。这是这个规划得以有用的最重要的东西，虽然看起来不是很专业，但是比那张绿化图还要有用。所以我这里提了你要近期整治的项目和设计方案，也就是它的可行性，这也和当时的组织方案好有关，负责组织规划的单位之后是有实施，所以很早让后期执行的部门参与进来，因为规划部门不管执行的。

问：那执行部门是谁呢？

答：执行部门是徐汇区的历史风貌区保护办公室，是属于房管局的，当时的朱志荣局长和罗鹏春副局长起了关键的作用，有的时候我说下面怎么做你们去问问专家，他们说大专家不要问，问了就更没方向了，从这个过程中我就理解了他们需要什么，他们需要马上明年能做的东西，很具体就马上变成经费的估算，能变成每个部门该怎么做。

这份是政府文件，我把几页合在一起了，看到我这个单子，有关部门就特别高兴，说我这个规划文件这部分绝对起作用了，为什么房子坍塌我还要说内容，比如整治绿化、空间节点这都是从专业人员来说的，为了他看得清楚，我把它变成了项目，就是从专业人员来看这些地方要提上，但是从部门来看，就是看我要负责什么，比如我们一般说空间节点，把所有东西都放在一起了，这样相关部门没法操作，现在我全把它拆出来了，这样他们就很直接知道哪个部门做，哪个部门配合，时间节点排哪里。而且我们和规划部门谈的规划是不管我们用多少时间，总而言之，想到的最好的规划，实施部门是有限制的，关于近期的操作能力、经费、和老百姓协调的能力以及老百姓的理解度，所以可操作性最重要，所以这个规划好在有实施性可以操作。

然后这里有两张图，是和表格有关系的，我们在〇七年做规划、〇八年讨论实施，〇八年底政府开会要推进武康路的综合整治，在〇九年初实施工程中这个机制的好处被许多部门体会到了，尤其是房管局觉得很好，项目该怎么实施、为什么这么做都很清楚，毕竟他们是想要做出效果成绩的，他们就说还有一些钱是要用作老弄堂整治，那武康路就是老弄堂整治，能不能把武康路老弄堂整治和保护整治结合起来做。既然它发生在边上，那肯定和它有交接，也是在武康路上的，我们就在另外一个底图上，这是我从我的工程草图档案里提取出来的，公共投资的其他的跟这个整治以前没有关系的，要做的话能做好哪些，所以就提出了要整治的弄堂是这些，整治的重点又重新强调了这个部分，包括旁边的节点部分。这个其实仍旧是武康大楼，这个是旁边的三角花园，还有一些小的弄堂口，小的房子的边界，小的菜场，还有一块小的绿化，这个转角，这个转角就是丁香公寓的转角。那么前后的变化，你今天看到之后觉得以前就该是这样的,实际上之前不是这样的,一点点小的动作彻底改观,还有一些围墙整治,比如说哪些围墙可以做,这个围墙也很成功,管理部门和我说,他们非常在意,做完之后领导要来看,那总要有些亮点。最早的想法就是能不能在三角花园放个巴金雕塑之类的,我其实想了很多办法,把那些不太合理的要求都去掉了,等到这几段围墙都弄好了之后,就和我说,围墙都弄好了就放心了,领导来了有的看了。花了很少的一点钱就完成了,如果在这里放了一个巴金的雕像或者福开森的雕像,这边就变成多伦路了。

问:那你们想过要在这里放福开森的雕像吗?

答:说过巴金,福开森也有人想过,但如果这样上海就会有很多法国人的雕像了。如果真的放了,那立马变成多伦路了,就收不拢。当时这么做了,领导来看了,有很多老百姓也冲出来说做得好。

问:是什么地方的老百姓呢?是武康路的老百姓吗?

答:对,做了几个弄堂的整治,以前领导来看的时候陪同的人都很担心,比如说我们在上一次的居民座谈也谈了,说政府的钱要花在刀刃上,那么老百姓要是在领导来看的时候跑出来说你们的钱花在不该花的地方,那就完了。后来,领导来(武康路)看的时候,老百姓跑出来说做得很好,解决了大家很多的问题。

问:那些老百姓是托吗,还是说自然的表达出好?

答:不是托,包括我经常要去现场巡视的时候,原则上星期三下午我们要开工程例会,所有的部门遇到的问题都要说,我统一解答,不要每天打电话,实际上你要多去,因为有的很小的工程,一天就干过去了,所以我有的时候会偷偷跑去看,我说过的问题不要出现,我们其他的领导也带其他的领导去看,他们已经比较有信心了。甚至有一次我去了,住在弄堂里的老百姓知道你可能是跟这个整治有关的,他就和我说,你看这个门头如果这样改一改是不是更好看,我觉得那个老百姓说的真的很有道理。

问：你还记得是哪个门吗？

答：武康路106弄，这个小区其实就像是那个年代造的老公房一样，工人新村那种房子，做这个其实里面的百姓是认同的。我们做的一个座谈是武康路6弄一个老公房的，也是工人新村那个样子的，400弄是一个历史建筑，我挑了两个，修老房子，我自己亲自指导来修，其实我们以前修房是不需要做建筑设计的。做这个项目的时候我38岁，从美国研究城市问题回来五年了，我今天翻阅资料发现，这个项目是一个百万级设计费用的项目，已经算不小了，但是做的工作却是半个千万的工作量，就今天难以想象我和我的助手们会那么大的热情。

问：那你为什么会有那么大的热情呢？你又不是上海人。

答：第一次做，这个项目天时地利人和。天时是对这样一条街道，武康路之前没有那么有名，它和五原路、复兴西路比，要比复兴西路差得远了，它的问题并不那么严重，条件非常好，其实就是要读懂它，在它身上做一点小动。这个是中间过程，所以最后我们的得分就得在弄堂整治上而不是在美化上，一定要美化的话是非常难的，我是对美化运动持否定态度的，这些弄堂整治解决了老百姓的实质性问题，那么在面上稍微做一些美化老百姓就觉得实际上是为了他小区的体面而做的，这是我们最后得分的东西，其他那些美化的东西其实我是尽量用消极的办法来做的。

问：那为什么武康大楼这个地方放的是红点呢？

答：重要的建筑，这些都是整治的重点。再往下看，10年之后慢慢有影响了，包括在国际交流的时候，有一个组织想让我讲一下，所以我总结了在武康路整治中重要的8项内容。包括市政线路，市政线路其实是看不见的东西，先从看不见的做，对老百姓有益的事情占的比例比较大，你看市政线路、弄堂整治、重点历史建筑的维护、武康路黄兴故居、巴金住宅，这都是跟政府所有项目打包在一起的，然后我种一点小的绿化，其实用于美化的东西你基本上看不到什么，所以这是它成功的地方。慢慢地，有这么好的机会，政府有这么大的力量放在这里，所有的环节从分管的副区长到规划局、房管局这些处级干部、还有包括部门在那边协调老百姓,没有一个是不好的,所以我才发挥了作用。如果没有那些环节,我的作用一点也发挥不出来。那么你占了20%的分量,这20%是充分地发挥了作用,当然还是在美化层面,但是是一种比较合理的美化,所以它被大家记住了。

然后接下来这个材料是说武康大楼在2013、2014年报全国奖的时候,上海市的规划部门说这个项目做得好,要报全国得一等奖,最后真的得了一等奖的第二名,第一名是地震灾区重建,所以意味着说在正常项目中它(武康大楼)就是第一名了。作为武康大楼整治的总规划师,我提了一个整治设计内容和设计要求,作为这个大楼招标设计的一个文件,我想可能很少有一个招标设计有那么详细的一份文件,就提出它的特点是什么,然后还明确地提出了它的整治内容,比如说整治内容六项,这个是我今天看起来仍然是做得很好的,就是说六项内容非常清楚,让建筑施工单位知道他该做什么,不该做的统统不要做。第一内部的两个院落要修好,两个院子不修好是怎么都不行的,然后底层的商业部分要统一整改,外观做的东西做得很小,就做一些权宜之计,材质要修复,然后内部呢主要是公共空间啊,门厅、楼梯、墙面粉刷等,设备呢主要就是说电线都外挂,爬在楼上,还有里面的公共设施是不好的部分要改造,但是只是局部的,包括它化粪池有问题,设施老旧是这栋楼里最主要的问题,地块的整体有辅楼有武康新楼,所以周边地块也需要做一些调整。

问:我们家从前住南昌大楼,那个下水道几乎是不能用的,那武康大楼也是这样的吗?

答:是的,所有的老楼都是这样的。

问:一到夏天,老鼠、蟑螂成夜在各户串门,他们也是这样吗?

答:对,老大楼都是这个问题,因为毕竟大楼有八九十年了,各种不同的修和各种不同时期加的线路在里面,这个非常不安全,所以提得很具体。我担心,包括这里面,这个图都是告诉给大家,作为招标文件,这些内容都是要整治的,用什么样的方法,顶部能做什么、中段能做什么、外立面是什么都说得很清楚,有了这个环节,管理部门甚至专家来招投标,不要什么专家跑过来说你们弄点反观照明好吗,或者你们弄点武康路符号挂在楼上好吗,前面已经有了一个文件,就比较容易在一个正确的方向上,处理实际问题。尽管你看起来照片拍得不好,但是它做到了规划要求,就是这些地方改变了,里面干干净净了,管线弄整齐了,晒衣架还保留,大堂这些。

问:这个都是在原来的位置上拍的吗?

答:这两个不是,替换掉了,这前面都是准确的位置,就是过去是什么样的。原来这幢是库房,但是尽管是库房仍然把它恢复出来了。再往下看,这份是在2007年很早期的时候,这个可以回答你要问的问题"为什么武康大楼这个点上是这么想的",这些问题在这个三角地带这张图上可以看出来,规划是这样想的,这就是一个进入武康路和兴国路的门户空间,这个是淮海路过来的,作为一个门户空间,实际上核心是在这里,所以他们提供了这样一个交界,也就是说这两条路都是至关重要的点,所以这个界面、绿化、这个空间、包括咖啡馆,这是一个太至关重要的东西。而目前我们看到的情况是起不到这个作用的,尽管它是个工人新村样式的房子,但是它仍然需要改造,当时也提了它的立面的改造。

问:我们上次讲的时候,我理解错了,我理解是从淮海路这边看过来。

答:这也是重要的,淮海路看过来是以淮海路这边为主体的。如果说我们的移动方向是从西面进入上海,那么毫无疑问以淮海路这边为重心的标志已经做到了,现在没有问题。但是如果作为这两条街道南面的门户空间来说,武康大楼这个面只是它其中的一个面而已,武康大楼在这个面(淮海路)上问题不重,但这个面(武康路)是需要调整的,尤其是你看到的这种情况,他就无法承担它的作用。这张照片你看到是小的,所以可以看到旁边是有树的,就是历史上这边是有树的,包括这个面上树是完好的,所以你可以得到这张照片。规划要求很明白这里是要做处理的,所以把它处理掉,而且处理的格式、形式也做了要求,不要去恢复一个假的,恢复不出来的,索性让别人看到是一个现代的东西。最最理想将来的修复,因为我们知道政府的修复实际上你说的是公房维修,例行维修也就是刷刷弄弄,几年一轮的,所以其实并没有提如果今后热水还是统一供给的,那么这个地方的服务业还是需要的,因为它毕竟是服务性的东西,垃圾的进出,所以其实眼下提的要求是一个权宜之计。

问:就是将来你为了恢复功能的时候能够给它一块地方用,对吗?
答:那个是下面的后话了,但是现在知道这个店是拿不掉的,所以说你在那里吧,功能要调整,不能占道经营,还有建筑要协调。

问:这个现在是什么?
答:现在里面是个茶馆。

问:旁边还是一个书店对吗?
答:书店还是比较好,在这里,那么这里还有些变电房,这两个服务性的院子,现在都变成店了。

问:走进去是一个茶馆?
答:对,沿街现在是一个面了,它们都到里头去了。

问:沙老师,请问你是什么时候来上海的,因为你不是上海人。
答:1996年春天,来上海读博士开始,在同济。

问:然后你就留在上海了?
答:对,九九年底的时候,成为同济的老师,留在这里了。

问:那么你的第一个跟上海比较密切相关的项目其实就是武康路改造?

答：成名作是这个，其实我九六年来上海的时候，跟郑老师来读博士，之前我有很长时间做近代城市、近代建筑研究的基础，所以我来上海的时候，目标就是要做上海的近代城市建筑。

问：那你之前就是在大连做近代城市建筑研究？大连也是一个很有意思的城市，那你是大连人吗？

答：是的，我是大连人。所以我做的那个过程非常非常熟悉，那时候其实在上海，90年代，无论在上海还是全国，研究这一块的人很少。但是大连这方面的资源当时很丰富，今天都大量的损失掉了。我觉得这个非常有意思，而且我非常早就接触到，日本在九三九四年他们想要投资进行它的提升，但其实今天想想，那个时候中国人不懂这些老房子怎么提升、增加使用，但是其实无形中已经知道这个东西的价值是要通过更新把它表达出来，所以做了相当多这方面的研究。所以我这个成果给了郑老师看，他觉得很高兴，所以很容易就进入到博士的过程。

问：那其实也可以说是，日本人对大连这个城市想要提升和更新的计划是最早启发你的？

答：对，所以你知道要研究这座城市的过去，不了解这些东西是什么样子、风格和特点的，过去是怎么造出来的，没有办法谈这些。而当时上海的近代建筑史，近代建筑和近代城市在历史上的分量占的比重太大太大了，所以我来上海读书，而且我一来郑老师就和我说，那我们一起写一个上海近代建筑的书，那就是后来九九年出来的《上海近代建筑风格》。所以那个机会，我还记得很清楚，郑时龄老师、伍江老师还有我，我们三个人跑到图书馆，人家帮我们把跟上海有关的这些近代历史有关的书全部放在那里，我们进去翻，然后贴条，其实是很机缘巧合的就进到了跟这个有关的领域。

问：但是其实也是和你前期在大连的准备有关系？我们会说，如果不是从小生活在这样近代产生的城市里面，也就是通商口岸城市里面的人，很难对这个历史马上就进入,马上就能着手,常常有意识形态上面的障碍,但是你的意识形态的障碍其实在大连已经完成了。

答:我的印象很深的是,我的小学、初中、高中的校园都是当初日本人造的,那个校园很漂亮,房子也很大,层高很高,大的窗子,所以其实是非常明亮的教室,然后还有取暖设备,夏天大连的天气又非常好,所以那些印象很深很深。

陈:我来给你讲一个你的前传好不好,我妈妈是大连人,她小时候读的是日本人学校,小学、中学,她现在还记得教什么,她说她那时候她们是有家政课的,家政课上所有的女孩子是跪在地上擦地板,教你怎么顺着那个地板擦可以不留一点灰尘。我们小学的时候,不像今天地板都是有人专门清扫的,所以我还记得小学的时候,教师的地板都是要打蜡的,所以小孩都把桌子搬到一边,先坐这边,再坐那边,然后打上蜡,老师要求得很严,男生一般从外面嬉戏得跑进来都会被骂。

问:那你们还是有一些前面城市教给你们的东西。所我们家到现在都是跪在地上擦地板的,因为我妈的关系,都是不用拖把,是拿手擦的,这样可以擦得干净。那你是什么时候接手武康路改造这个项目的呢?

答:2007年的3月。

问:这个项目叫武康路改造吗?它的全名叫什么?

答:最早告诉我呢,是从规划部门找我的,我们设立了一些风貌保护道路,永不拓宽的道路,这个想法很好,但是怎么加强这些风貌道路沿线的空间品质的管理,又不是说批土地、批容积率就可以的。所以想法很好,但要找一条路做试点,提一个规划的文件,让这些所有发生在路上大大小小的改变能够有章可循,就找了武康路,就是这么来的,但怎么做不知道,所以当时就推了我,让我来做,所以〇七年三月接了这个项目。其实在那个时候,我还真不知道武康路在什么地方,所以立刻就从地图上把武康路找出来,我正在外地出差,回来就悄悄去了武康路,一个人,没有告诉任何我的同事,连续去了一个星期看了三次,走来走去看了三次,所以那个印象非常深。

■陈丹燕访谈沙永杰

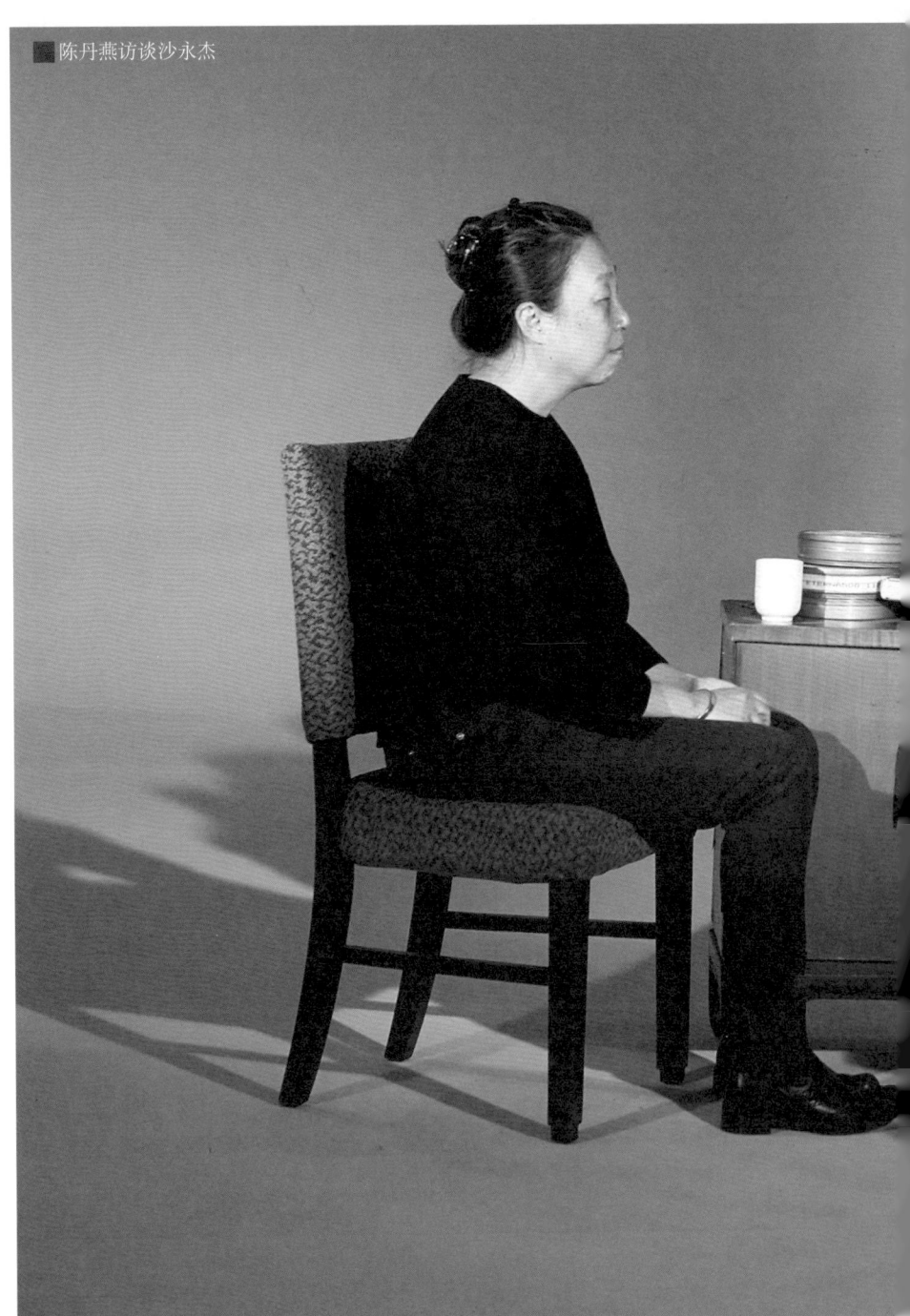

问：〇七年开始，那么做到什么时候是第一期结束？

答：做了1年3个月，是在〇八年六月份结束的。1年3个月提出了一个大家比较认同的风貌道路保护规划的模式。

问：是在纸上？

答：对，在纸上，但是其实在〇八年六月，这个本身试点的条件我认为是非常非常好，今天看起来是对专业人员非常好的契机，这个试点项目是上海市当时叫规划局，跟徐汇区人民政府联合起来要做一个试点，探索一个风貌道路保护规划，做出一个什么样的文件形式，用这样一个文件来管理，那么这是规划部门关心的事情，那么区政府他们希望把一条路用一些政府投资用比较少的钱，来制止因为一些小打小闹的事情，（这种小打小闹）让这个风貌道路看起来有比较衰败的迹象。怎么做，我们以前做过整治脏乱差，把店招都弄成一模一样的墙，刷墙，受到了很多批评，他们也想通过这个试验一下，所以两家在做试点规划的时候，其实也同时要做这个试点，规划怎么对保护实施产生积极的或者确实可行的影响，所以这是一个很好的契机。在〇八年六月，大家对这个规划的模式认可了，同时对它所提出的近期应该整治的思路和内容的走向也同意了，而且实施的牵头部门也从规划部门到历史建筑和历史风貌区保护委员会到房管局，这些真正实施的部门他们在〇八年春天就已经介入了，几个月的磨合之后，也就是这个规划文件他们也是认同的，所以我觉得这是今天绝大部分的规划做不到的。

问：其实你就是很有运气的碰到了这个项目，那应该这样讲，如果你不认真，你这件事情也根本就没有，但是你认真，你没有碰对人，这件事情照样也没有，所以你还是很有运气。

答：是的，这两件东西是缺一不可的，而且我想在当时包括今天，其他很多城市都要找过我做，那么他们根本就不大相信，在没有多少实质性动作的一条路会得到这么多的重视，会产生那么多的影响。我当时也没有想到，这条路看起来几乎没有什么动作可以做，那么做的所有的动作都容易招致批评，所以在这样的情况下，我们之前做了非常仔细的调查，就是我要熟悉它、理解它，我的理解至少不要是错的，所以这个工作确实也是要感谢这两个部门，市规土局和徐汇区人民政府，一条路的规划做了1年3个月，我想今天基本上没有这样的时间让你来做。

问：但是我作为一个外人来看，我真是觉得你很幸运，你有能力做，然后你有热情做，但是如果不给你时间，你也是做不了的，这还是你碰见了一个很好的机会。那你在做武康路规划的时候，你第一次进武康大楼你有什么观感吗？你看你不是上海人，你也没有生活在武康大楼，你第一次进去你就是为了规划而进去的，就是带着一个审查的眼光去的，那你的印象会和我们绝大部分是不同的，那是一些什么样的感受呢？

答：我觉得我事先对自己的定位和采取的策略，使我进武康大楼的时候没有想过我要怎么做它，因为在上海，做一个真实的项目，或者一个城市的保护规划的体系，我知道这个试点的意义，所以我采取了非常低调的态度，包括和市规划局的景观处和规划局分管的这些有专业背景的管理人员有密切的联系，还有加上前辈罗小未教授说，你们肯定是不懂的，所以我做了非常多的功课，我只是一个把它清理清楚的人。

问：你把自己定义为一个清理大楼的人？

答：对。你把它理清楚，因为罗先生说不懂，不光是我不懂，除了像朱志荣局长这个年纪的人懂之外，还有生活的人，那么大部分的人将来伸手去弄得人都不懂的，所以并不在意我不懂。那么，之前我从九六年开始花了那么多时间研究上海近代的历史建筑，所以我懂的可能远远超过这个平均值，但是从整体水平来说，将来要去动手的人都不懂，所以你要把它理清楚，它历史是怎么样的，特点到底是怎么样的，它的所有的资料都要理得清清楚楚的，包括路上的那些物质性的要素也要理清楚，如果理清楚了之后，所有的人看上去，不管他是不是专业人员，都能看出它的问题在哪儿，这就是我的基本逻辑。因为毕竟来说，修不是要修到和过去同样的水平，而是说权宜之计，阻止它颓废的趋势，那么其实这样想就比较放松了，所以你就老老实实做，绝对是对今后的工作是"垫一块砖"的工作。那么武康大楼被列为这个项目是因为武康路、武康大楼太重要了,所有人都会想,在整治中武康大楼应该是一个重点。也有很多领导和我说,武康大楼那么重要的一个项目,你自己做,我们相信你,我其实就拒绝了。因为建筑师的角度往往在于表达自己,而不是像我那样想的,他一旦表达自己就会带来很多冲突,如果一个艺术家不表达自己,不和他有冲突,那么就不是一个艺术家,所以建筑师受到的训练往往会带来这个问题,而这栋大楼其实并没有条件让你那样做,它是权宜之计。

问:你还是很冷静地搞清楚自己是一个工作人员还是一个创造者?
答:是,而且我确实觉得规划,许多建筑师他们都能做,但是能这样想的人很少。所以我这个策略决定了,其实我自己去看的时候,更多的是比较冷静的。

问:那你第一个看到了什么,认为这东西是一定要改掉的?
答:武康大楼看了之后,之前看了历史图纸看到的,所有能找到的图纸我都看了,我知道它以前的质量并不是那么好,当时你看它的房型,其实就是年轻的职员、年轻白领的一个简单的公寓。

问:它非常合适上海这个城市,这里就是大家来淘金的地方,然后中上层收入的单身年轻的在这里,或者说是结婚,但是他们不会在这里过一辈子,这种人就非常合适住在这儿。
答:对。那么你知道它并不是说得那么重要,但是它采取的设计策略是恰如其分的,跟环境、跟它的使用很相适。那么跑进去看呢,整个你从外面进行武康路调查的时候你已经知道了,由于历史的原因,半个多世纪,几十年,七八十年长期缺乏正常的维护,所以我看到里面,第一次看到几个住户,我觉得比我想象的还好一些。因为有一些更惨的地方,不合理使用所带来的破败,在武康大楼里,我觉得比我想象得还好一些。那么我也觉得,这个城市发生了很大的变化,其实上海从九十年代初以来可以炫耀的东西很多,但是在这样的地区其实没有带来什么积极的变化。从楼里看到,人口更加老了,他们曾经有过辉煌,但是今天,他们似乎是这座城市即将要被淘汰或者被忽略的一部分,这是我印象很深的。但是看了以后我更加清楚了,在这么少的政府投资下,甚至说我们作为整治的,修房的不需要做一个设计,其实它就是一个维修,只不过因为这次整治,所以对它的形象是略有要求的,所以他的设计费对我来说,是要真正修好它,设计费可能不叫设计费,所以你一定要让那些设计单位做到他要做什么就告诉他,千万不要以为他表现一下,多做一点事情,那就不对了。所以我觉得,我的定位一开始就是说,我们试验一下,还是走招投标的道路,这样合法,招投标走这样一个程序,可以让上海能做这一方面工作的单位出现,我起到一个真正的总规划师的作用。

问:总规划师的作用其实就是你告诉他们要做什么?

答:对。总规划师也是这次武康路在上海探索出来的,以前没有这个名称,就是一条路有个责任就是他是代表政府管理部门,因为我们现在管理部门还没有这么强的专业实力,所以代表政府的管理部门,从专业角度来说做什么、怎么做、什么要求,然后同时协调,这样方向就比较明确。

问:那最后的验收是你来验收吗?就是判断到底做好了还是没有做好?

答:方案的时候有专家来评审的,但是专家评审的时候,总归还需要和专家汇报,说要求是这样的、为什么这样要求,实际上是把方向指明了。否则建筑师做,他没有把钱主要花在让老百姓不要提意见,因为毕竟是维修,如果人家想把外面做得更加绚丽一点,看起来跟现在美国那种房子一样的话,那方向完全错了,这样会带来政府的想法、老百姓的想法和专家的想法,争吵在没有出现一个统一标准的状态。总规划师的作用还是说清楚这件事情,修房,为修房增加了技术指导,找了一个设计院来做,设计院的重点就是这些,所以这样的话,整个的操作过程就很顺,而且跟老百姓座谈的时候,可以跟老百姓说清。

问:你曾经和老百姓去座谈,座谈的感受是什么呢?

答：座谈给我印象很深的是，我觉得那一带的老百姓素养不错，因为居民座谈的时候，比如所有的弄堂要整治，我觉得今天政府的管理也是对的，要和老百姓说明要给你修了。因为去谈的时候，基本上能来的都是年龄比较偏大的，而且他们是比较热心于公共的环境，给我的印象是这个地区的居民不一般，也包括一些有文化的，但是其实弄堂要整修，来的并不是我们想象的一些老干部、老文化工作者之类的，尤其是那些老阿姨，其实我想她们以前可能是做普通的工作，但是她们有见识。

问：对，这是这条街的居民最本质的面貌，她们不一定很有学历，但是她们很有见识，而且心里很有分寸。

答：对，这是我印象最深的，甚至包括有一个阿姨住在武康辅楼上，我估计她现在应该八十多岁了，她住得条件很差，但是她说话和我交流的时候，是给我非常体面的感觉。

问：你还记得吗是什么事情引起你现在这样的感受吗？

答：她说她从结婚以后就住在这里，她说了当时她怎么感觉这条路，说这条路以前很好，还有在她的对面，武康路400弄一个房子里面，一个老阿姨也说，我们以前很漂亮，每家每户都有一个矮的黑色的柱体的栏杆，当年大炼钢铁的时候敲掉了。就是一般来说人们能够想象和描述自己以前生活场景，她的这种描述和感觉让我觉得的这当然一定是有追求的人，有品位的人，你才会有这种感觉说出来。所以就是有见识的，虽然你今天看她好像没什么事了，就过来谈，她们很好。

问：那对这样的人有压力吗？

答：有一点压力是，谈的时候，尤其是在武康路400弄和6弄，就是我自己说政府修房，我亲自说我来扮演一个建筑师的角色，因为你真的找一个建筑单位，他们完全可以走向另一个方向，就不需要做那么多东西，那我自己说我亲自做一次，让以后的单位知道怎么做，我也不知道怎么做，但是我就跑去看，比如铁门上的门铃都乱七八糟的，那时候我把它整理在一起，或者你们的信报箱、奶箱都乱七八糟的，是不是把它理在一起，还有你看到贴广告都是拿糨糊一刷，是不是给他们一个集中的地方。其实在做之前，我知道是要和老百姓碰头的，所以你仔细想一想，如果你不想表达自己，想要弄出点奇形怪状的东西在圈里夺人眼球的话。否则你肯定是想实实在在的，和老百姓讲，包括说给你们小区里晒衣服的地方增加可能更方便更好用，灯光里面没有，我给你们增加小区里自己的照明，因为你去现场看老百姓拉了个灯泡在那里，那肯定是他晚上走路是需要灯光的，你愿意要草坪灯都可以的。那么去讨论的时候，国家这笔钱分来修这些小区，当然要考虑他们的要求。

问：那时候武康大楼，我看照片你们做了里面的一条公共走廊的整治，那条整治是为什么，就是晾衣服的地方，你让他全部晾到上面天花板上面去了，是吗？

答：晾衣服的走廊的那部分工作其实当时是想过，但是当时无法实现，就是厨房的排烟，当时没有排油烟机，从技术上来说，排油烟机是可以做到的，就是从走廊走到外面去，不要直接排到走廊，让他再向外排，当时设计上是已经做到了，实施的时候没有做到。

问：是因为没钱？

答：我觉得一个是因为协调起来比较困难，家家户户都这样做。

问：那家家户户都应该愿意，但走廊里都是味道有什么好呢？

答：现在是这样的，包括空调机，空调机大部分做到了，因为空调机当时还设想了做吊顶，因为有些地方有梁，所以翻的时候比较弯转，我觉得协调稍微难度大一点，在这样的施工条件下是很难实现的，因为毕竟它是个修房，也就是它的造价和它的协调力度，协调力度都是政府协调。而且它是高层建筑，防火的要求和防火的材质品都按照规定来做的话，都是比较难操作的。抽油烟机在里面走涉及管线，我觉得当时做设计的单位是比较认真的，都考虑到了，我也看了这些方案，操作的时候，我觉得它实施的能力确实是有客观的限制。靠政府的协调,我觉得你是一个修房,以前呢,只要修房队去就可以了,现在若干的负责武康路整治的干部都要去参与负责协调,所以从最后的结果我认为他们做的协调工作量已经相当大了。所以,把它弄得干净整齐了,确实比以前整齐了,有些乱七八糟的空调机在这个背面的小院子的墙上现在都弄得比较整齐了,空调管线给老百姓都已经包好了,衣架也弄好了,而且更多的是增加了消防的喷淋设施,如果没有这个喷淋设施的提升,那一旦有危险,对老百姓的生命财产会有问题。我觉得相对来说,在这样的客观条件下,我认为做了一些比较实在的东西。

问:其实如果是对一个老房子来讲,就像一个老人一样,你让他恰如其分是最好的,你要让他又梳妆打扮又要化妆又要赶上新时代的潮流,就如果拿人来比喻,肯定是一个本分的老人你更喜欢。

答:对,但你这个比喻我觉得还有一个局限性在里面。对于建筑来说,武康大楼到今天,二十年代前期造的,到现在有九十多年的历史,对于建筑它还不能完全比喻成老人。

问:那它目前应该处于什么年龄?

答:如果我们不改变它目前的使用状态,那么我们可以讲它是老人,很多不合理的,它的使用状态你看到就是我进去就感受到,这么好的楼,它应该与时俱进。如果我们拿欧洲的,哪怕不是第一线城市,不像伦敦、巴黎,哪怕是稍微弱一点的,二线的城市,但都是很好的城市,发达国家的二线城市,在那个年代同时期造的类似的住宅,保护得好是一方面,它还不断地在更新,应该说它更新得很好,也就是说它在不停地因为这样的物理结构再延续一百年也没有问题,但是主要是它里面得设施,它的电、空调、采暖包括它的房型和时代要做适当的处理。因为方式不同,因为比如以前住的人她可能不是把衣服晒在外面,那么到了社会主义时期因为经济的原因,没有办法用烘干机,所以她就晒在外面,再下面的年轻人他可能有不同的文化,他可能又不想晒在外面,他可能就要用干衣机,用干衣机必然就要做房型的处理,以前这个储藏室要变成洗衣机和干衣机，所以甚至里面的水线都要做调整，这个调整不能是每家每户做的，而从物业来说，整体都有个提升，他的提升不够，那么以后那个厨房就变得有问题，甚至说一个垂直的烟囱井就不要通过走廊翻出去，那么它是个垂直的烟道井都上去了，那其实原来的垂直烟道是有的，我想可能是因为通风的问题，它有很多卫生间都不是明卫生间，所以这个卫生间一定是有通风上去的，所以这个管道井是在的。

陈：但是它的功能丧失了，所以要恢复它的功能。

沙：对，就像我们现在在意大利看到的两千多年前的天使古堡还有万神殿，那为什么灯光都进去了，采暖、消防设施全部在里面，甚至说名人的墓都有灯光在照明，那么它就是经过了大量的改造，然后所有的电路线路全部都进去了，但是你看不到它。我们比较消极地说，好像就不能动它，要动它，要把它不好的地方改掉，这样的话就焕发它一直保持在一个壮年的状态，我们现在不敢那么想，但其实我们是想过的，但是没有条件那么做。

问：这个是要花很多钱吗？但是其实我觉得作为非建筑师，就是从我的角度来说，我会觉得还有一个其实内心对要动这些老建筑的人是不信任的，因为我们看过太多毁灭的例子了，然后就是说好，你要修就修成原来的样子，要么你就别修了，其实这里面有一个对建筑师或者规划师的消极的感受，就是我不相信你能修好，所以还是拜托你就别动了，其实很多人说，我们就想恢复到原来它还没坏的样子，我们不要去想它还能与时俱进，因为你们看上去没有本事与时俱进，其实整个社会有这样一种担心在里面，那你有没有想过，你靠做一栋老建筑来打消这种整个社会的担心？

答：我觉得这个担心是合理的必要的，也是目前之所以采取的最可靠的一种策略，保守的策略。目前，包括我自己也持这种态度，我们根本不可能相信我们目前的操作能力。即使我认识到了，但是整个做这样一件事情，需要整个一个团队从规划管理的办法上、从各个协调部门上，就从政府管理上来说，比如消防部门要提他的要求，那么我们根本就没有经验，做到什么程度，更不要说那些设计师，还有一个问题，我觉得和社会经济发展的水平有关系，那我们居住在里面的老百姓目前来说从他们的角度，他们也没有办法承担这样大的一个费用，更何况这是不能保障的一个实验，用政府的投资来也没有意义，因为这样就会拉大社会差距，这种类似的情况很多很多，这个需要一代人，但是如果我们设想二十年，下一代人他们应该不一样了，那我们现在想，我们跟二十年之前，我们站在上海想我们要做个事情的能力，跟今天相比，那是完全不敢想象的，今天能做到这样，如果你从历史的眼光看，二十年之后你相信，如果中国的经济保持稳定，上海依然能成为一个国际城市，这些房子的未来人们一定会那样想的。那时候我认为更重要的是，居住在里面的老百姓也会想拥有这样的价值的建筑，它应该有适宜的物理质量的水平。我认为这是必然，那么，今天我觉得保守一点的办法更好，我在谈这些老房子的时候，我的领导就和我说，我们这次修，修得彻底一点，每栋房子都修，能让它恢复到它该有的状态。那我其实举了一个例子，我说我们从历史建筑图纸上看到过去修这些房子的建筑师他们是富家子弟，他们在二三十年代被家里拿钱供着去国外读书，得了学位，回到中国来，是典型的中产意义的阶级，他们住这些房子。那么今天，各个设计院派来修这个房子，因为它的产值很低，它不是造一栋大楼，设计费很高，所以派一个主要建筑师，他们从外地来的学建筑的刚上手，我们哪里敢让这些人来动这些房子来做设计，所以说我都不敢去碰它，那么领导就再也没和我提说多修的事情了。这个是需要整个跟修房和管理的一起来提出的，一定要时机到了，我认为今天上海说要城市更新，可能慢慢随着人的成分的变化，最最重要的是使用人的成分的变化，不可能居住在老房子里的都是这种老的、弱势的，这是不可能的，也是不现实的，今天这种社会慢慢有一种认识好像说，风貌区里看起来挺好的，但是那些房子是比较差的，改也没有什么改造的潜力，慢慢就变成老外就喜欢这种情调去住了，这种观点是错的。它可以是质量非常好的，但是它需要整个所有的环节的人都到位了，我们才敢去做动作。

问：你觉得在城市更新的过程中，像对武康大楼这样的老房子，你会是一个过渡性的人物，还是将来会是一个开拓性的人物。

答：我在过渡性的阶段里一定要起到过渡性的作用，不要让不该发生的事情发生在它的身上，但是我们所有做的前期准备是为了开拓性的。

问：你觉得你能等到那一天吗？

答：我觉得这取决于中国的经济和社会发展，我认为还是有信心的，如果我们今天在讨论的上海的总体规划，上海成为一个 world city，那么，在一个 world city 的中心地带，有过辉煌历史的这样一个区域，它所有的建筑都应该可以跟同类的建筑，在巴黎的、在伦敦的相媲美。

问：还有就是如果第三次世界大战不爆发，如果世界和平、经济发展，你觉得是可以等到的？

答：应该是可以等到的。■

采访后记：
陈丹燕对沙永杰的访谈，详尽地介绍了武康路，包括武康大楼等居民住宅改造的实施过程，也阐述了通过这个街区改造体现的城市更新理念。在武康路改造更新之前，这条小马路偏处一隅并不引人注目，许多历史文化遗址也没有得到充分挖掘。但现在它已成为上海乃至全国街区更新的典范，观光旅游者络绎不绝。这当然与沙老师和他的团队多年的琢磨、努力分不开。他们尽量考虑了居民生活的功能与建筑、街区审美价值两者的统一，并且以较小的投入完成了面貌焕然一新的改造。这一点很不容易。他们是在实地考察的基础上，充分听取政府部门、建设单位，特别是居住百姓的意见，然后把自己的想法与他们反复沟通，成为大家的共识，在有了共识后才一步步实施推进方案。他们没有拍脑子、照搬模式或迎合领导。它的规划、设计、实施是一种现代的民主方式，摒弃了简单的专家路线和行政命令，这是一条特别值得总结的经验。

当然，武康路是一条居民较少、洋房别墅较多的僻静马路。它的簇新漂亮，有时会让人感到少了历史的沧桑和街区原有的人气。街区更新后仍能保持原有市井生活的活色生香，或许是我们要去追求的更高境界。

住在武康大楼 / Living in I.S.S.Normandy Apartments

19 武康大楼项目采访记录

葛昌盛、周伟都、沈永余曾担任武康大楼房管员、
湖南房管所测估员、武康大楼管理员

访谈者：陈保平　陆增岩

关于谁设计、施工，我们从同济大学老师那边拿到材料。现在想知道，当时中华人民共和国成立前、成立后住在这里的人有没有档案材料？住在这里的这些人，在中华人民共和国成立后有些去国外了，有些搬掉了，但是当时他们住在这里的境况有没有档案？

陈：1949年后，刚刚接管武康大楼时，这里是谁管的？
周：上海市房地局。

陈：接管以后这个房子里有人吗？
周：都有人的。

陈：那就是中华人民共和国成立前住在里面的人，那这部分的档案现在会在哪里？
葛：要到市房地局的档案室去找，什么时候建造的之类，在福州路上的城建规划局，所有的资料在那里能查到。
周：像这种房子肯定有的，比如谁设计的，谁施工的。

陈：关于谁设计、施工，我们从同济大学老师那边拿到材料。现在想知道，当时中华人民共和国成立前住在这里的人的材料有没有档案？当时中华人民共和国成立前住在这里的这些人，在中华人民共和国成立后有些去国外了，有些搬掉了，但是当时他们住在这里的境况有没有档案？
陆：现在了解下来，包括现在住的人，最早是50年代搬进来的人，也就是说四九年前的居民像是一个断层，没人了，找不到了，现在主要想知道这个问题。
周：这户籍资料应该有的。

陈：关于户籍资料，当时中华人民共和国成立前还没派出所，有户籍资料吗？
周：警察局可能会有，我以前查过的。
葛：中华人民共和国成立前的时候，还是会有资料的。

陈：我想你们测绘房子的人，对于搬进来的人大致是些什么人会有一些线索。
周：到我们已经太晚了。
葛：我们已经是"文革"前的了，我们已经是房子直接移交给我们的了。

陈：那移交是谁移交给你们的呢？

葛：当时四九年就一张纸。

周：那时候是军管会接管的，接管以后就直接通知到我们常熟区，徐汇区之前还叫常熟区。

陆：那时候是50年代接管的，你们是50年代以后去房管所上班的。

葛：不是的，他是六四年，我是六七年才来的。

周：当时接管，我也不知道武康大楼是属于什么类型的财产？

陈：国有财产。

周：国有财产还是代管财产？

陈：这里是国有财产接收的，但是有人说是孔二小姐的房子，有人说是陈立夫、陈果夫家里的财产，但对于国家，还是把这些作为敌产都接收了。

周：不管陈家还是孔家的，这都是国有财产，当时还有说一些国民党的高级军官也住在这里的。

陆：就是四九年之前的到现在一户人家都没有。

周：那也毕竟多少年了。

陆：那他们的后代总还在吧。

葛：后人都搬掉了，像很多老房子都是这样的。

陆：我们其中还采访到一家是杨浦发电厂的工程师，当时因为护厂有功，陈毅特批他一套房子，结婚后住到现在，那这也是五零年、五一年左右的时候，这算是最早的了。

葛：我们在这里工作也不会去管张三李四，你这家人家搬走了，那我们就去完成户头的变更。我们主要负责测量房子等，不太会和里面的居民太热络，太热络万一发生些不好的情况会很麻烦。所以在这件事情上不是最清楚。

陈：房地局的档案室应该可以问问？

葛：对要去市房地局，但市房地局已经拆掉了，这些档案不清楚在哪里。

周：以前被接管的时候，上面都有租赁情况。

陈：当时也有租赁？

周：有。

陈：就是说当时你们接管的时候，虽然房子是公家的，但他也会把公家的房子租给别人？

周：不是公家的房子租给别人，原来就住在里面的，现在属于继续住在里面，这个租赁情况都会有的，这个房子到底是空的，还是有人住的，是谁住的，不太清楚。

陈：那这些租赁的人，也有可能是中华人民共和国成立前一直住下去的？

周：有这个可能，所以在接管资料上应该有这些内容。过去都是市房地局来接管，不是区房地局，他们只是接管后来通知你，徐汇区，这个房子已经正式被国家接管了，这个通知下来。

陈：那关于房屋的租赁分配是由谁来分配的，你们知道吗？

周：房地局是没有权利分配的，这个租赁就是说这个人就住在里面，住在几号、几室。

陈：但是你们是不知道这是谁分配的？

葛：这我们不知道的。

陈：这个分配中间还有很多处，比如军管会，有很多部队里的人。

葛：武康大楼里有很多房子都是交给部队的，算是免租的，使用权的。

陈：但是这个产权还是归是国家的，当时部队等于拿了这部分房子就免租了，他也不是部队自己有产权。

周：武康大楼可能是这个情况，但是部队免租的其他房子，产权虽然还是国家的，但最后变成了军产，这样的情况很多。

陈：那么葛老师、周老师，你们当时在武康大楼测量房子，武康大楼的面积户型大致是怎么样的？基本是一样的吗？

葛：不一样的，有一室户的，像03室，就是二十多平方，一间房间加上厨房卫生间。最多是有四间房间的。

（沈永余到了）

陈：我们现在在做武康大楼的一本书，主要是缺了一些内容，想要了解武康大楼在中华人民共和国成立前后交接过程中的一些情况，想知道中华人民共和国成立前住在这里的人的情况，这些人之后都去哪里了，中华人民共和国成立后的人住进来是用什么方式住进来的，比如有的是部队分配，在"文革"中有些人抢房子进来也有。

沈：汽车间后来处理掉了，本来里面都是居民，二层楼、三层楼都有居民，但是底层不可以住人了。住的人少，主要做仓库，现在开了个小超市，叫粮油公司。

陈：你们是最早的了解武康大楼情况的人，想了解一下中华人民共和国成立前武康大楼的情况，有哪些人住，这些人去哪里了？

沈：我们都是后面的。

周：中华人民共和国成立的时候，我只有10岁。

陈：那你们在接手房子的时候，听到前面老一代人说过这房子的情况吗？

沈：找庄宁在（音）。

周：庄不知道还好着吗？

陆：以前他们不是说武康大楼有个管理员。

周：管理员现在基本都不在了。

沈：有个叶沙新（音），开电梯的。

周：叶沙新（音）早就走了。

陆：听居委会说，有位老先生人很好，和居民关系很好，有些小修小补都会帮忙。

沈：对的，就是姓叶的，叫叶沙新（音），应该是老年痴呆了，人都不认识了，住在高安路78号，你也不用去跑一趟了。

周：这是老的管大楼的人，在里面开电梯、小修小补，算是水电工。

沈：也不是真正的水电工，但是为老百姓服务的，他都做的。

陆：服务是很好的，很多位居民都提到他，居委会也是知道他的。

沈：原来有居委干部姓白（音）的，还有范昌会（音）也走了，他是新楼的，1834的，在新楼基本扶梯不走的，都是从老楼进去，老楼武康大楼叫1850，新楼是1834，像小白楼一样，外面有白色涂料，一共就四个人。

陆：老楼就是九层楼。

沈：老楼叫九层楼，实际上没有，是八层楼，底层都是商店，从二楼开始算是一层楼，从1到7。

陈：你们当时在武康大楼工作，主要就是测绘面积、租赁的情况，类似物业管理，那时候上海有把武康大楼作为保护建筑吗？

沈：没有，那时候还没有保护建筑的概念。

陈：那么当时你们管理的时候，居民要改造，你们允许吗？有对于改造的一些规定吗？

周：很少有人改造，规定一直都有的，外墙不能破坏，承重墙不能敲，至于室内的隔断没有人管。这个房子厅很小，讲是一个厅，其实进门是一个过道，这里面的设备，像这种壁橱，基本上是不动的，这些设施是国家的，进去的时候就有的。

陈：你们进去的时候像热水汀都有吗？

沈：热水汀有的，热水汀是在"文革"当中拆掉的，当时因为船上需要这种热水汀，远洋号万吨轮之类的，要老的房子的热水汀，武康大楼的热水汀那时候都是拆过去放在船上，这些热水汀都很好的，都是进口的，质量确实非常好。以前还有软百叶窗。

陈：你们进去的时候百叶窗都有的？

沈：都有的，后来百叶窗不用了，就扔在楼下车间里。那时候人都没有要求的，房子也确实舒服，走进来冬暖夏凉的，房子高，这和现在人住的不好比的，现在都装空调了，在世博会的时候，外面又装修了一下，用个罩子，实际上总归是不好的。

陆：外罩做的虽然好看，但是面貌被破坏了。

沈：这时候的居民没有这个概念，要里面怎么装修。我记得七〇年、七一年的时候，没有居民反映过，哪怕是要结婚，原来是一间就是一间，原来是三间就是三间。

陈：你们印象中你们工作的时候哪些名人住在这里？

沈：我只知道武康大楼的新楼里有孙道临、郑君里、王盘声。

陈：郑君里是几间屋？

沈：郑君里总归是两间或者是三间的。

陆：唱沪剧的王盘声，对吗？

周：王盘声是两间的。

沈：四室是王文娟和孙道临的。

陈：王盘声几零几？

沈：一室的，是201还是301，新大楼其实没有号码的，就是一室，两室，老大楼才讲101、201、301的。郑君里是三室，王盘声是一室，王文娟是四室，五室是王人艺。

陈：王人艺是王勇的伯伯，对吗？那你在工作的时候，听过他们讲对这个房子中华人民共和国成立前的情况吗？

沈：当时不太讲的，因为里面有很多是领导干部，有的是军队干部，还有高级知识分子，我们连串门也不去的。不过你要调查一些名人，基本上都已经80岁以上了，王文娟91岁还算是年轻的。

陈：她是后面搬进来的，60年代进来的。

沈：那时候最有名就是"四人帮"的时候沈树三（音）住在这里，后来属于"四人帮"打倒把他赶走了，他以前是"文革"中的市领导。

陈：那你们在管理的时候，里面的房子结构是很好的？

沈：结构很好，没有变化，钢窗、地板都有。

葛：从现在来看，这些老百姓的素质还是可以的，从来没有提出自己乱敲乱弄。

陈：因为当时住在里面知识分子、文化人比较多。

葛：当时工人住进去也有的。

陈：工人当时怎么住进去的？

葛：分配进去的，当时如果里面住的人过世了，被国家收过去，"文革"之后就都是分配的。

陈：那"文革"前有工人分配住进去的吗？

葛：没有。

陈：那在"文革"当中，工人住进去也是分配的？

葛：分配的，国家分配的。

陈：那有没有是抢房子占下来的呢？

葛：武康大楼里是没有抢房子的。

陈：那汽车间里也是分配的吗？

沈：汽车间基本上是原来的人住在里面的，后面再旁边再抢一间小间，这情况也很少的，住在汽车间的人都是比较困难的。

陈：对，都是困难户，我们现在去看过，也都是比较困难的。

沈：一间汽车间20平方米，条件不行的。

陈：徐汇区房管局会有什么档案吗？

葛：徐汇区房管局应该没有的，接管进来的材料，1949年接管有三张纸，没什么内容，比如整个的武康大楼面积等，在徐汇区房管局档案室，现在的上中路466号。

陈：这种接管等于是上级部门交给徐汇区房地局的？

葛：这种交接是非常简单的，就是一张相当简单的接管通知单，而且没敲图章，就写着这房子是1949年接管的，讲房子是1913—1916年造的，真正的详细资料要去市房管局档案室。

沈：市房地局现在还在四川中路，档案室是在北京西路95号，现在叫市住建委档案室。

陈：当时你们的管理就相当于现在的物业？

沈：对的，就是物业。

陈：当时武康大楼的底层还是有很多店的？

沈：当时就是紫罗兰理发店，还有一家药房。

葛:还有一家像食品店一样的。

陈:大户米店大概是中华人民共和国成立前的?

沈:还有洗衣店,米店在后面了。

陈:你们退休以后再进过武康大楼吗,有感觉什么变化吗?

沈:没进去过,就觉得外面有变化,里面没见到,就是保护性大修过了,在世博会的时候。

陈:那大修之后,你们觉得和原样有变化吗?

沈:他就是按照原样大修的,但是里面还是那样,因为外面也不进去。里面在那时候我们管理的时候没有谁会把东西堆在外面过道,大家都很自觉。但是黄梅天里面很潮湿,因为瓷砖是不吸水的,地板和墙面都是瓷砖的,蛮潮湿的。

陈：那衣服是不能放在这里的，所以这里有热水汀，里面潮湿，以前还可以晒晒东西。

沈：武康大楼的居民还是比较自觉的，住在朝南的，沿淮海路的，不能往外晾衣服，也没有人装伸缩的晾衣架。

陈：那他们把衣服晾在哪里？

沈：晾在家里，有些实在没办法走廊里晾着，大多数人家是没有阳台的，但你看走廊里也没有人敲什么东西，比如敲两个洋钉拉根绳子晾衣服，这是没有的，都是比较自觉的。

陈：这里相对来说还是比较正气的。

周：武康路还是非常舒服的，尤其是在夏天，晒不到太阳，两边都是树，包括花园里也全都是树，所以天热的时候感觉相差三五度，所以那么多名人住在武康路，比如巴金。

陈：记忆当中对武康路的印象，你们还有些什么？刚刚说到热水汀拆掉给远洋船上面用，那你们还有哪些印象？

陆：比如百叶窗什么时候拆的？

沈：当时是软百叶窗，一是居民没有这个需求，二是制作修理这种百叶窗的工艺很少有人会，因为修理我们房管局要管，像能做出一片软百叶窗的人，我们是没有的，一个是材料没有，还有工匠没有。

陆：所以后来就拆掉了。

沈：对，拆掉，后面有空的地方就放在汽车间里。

陆：还有武康大楼的自来水管之类有换过吗？现在都是用软管了？

沈：现在管子一直在换，两次改造，从市政府角度是关心老百姓，从我们来说管子能好些，铁锈少一点，但是武康大楼那时造的房子，五六十年管子没换也没关系，现在新造的房子管子十年不到就坏了。

陈：他们以前的管子是什么管子？

沈：也是镀锌管，但是那时候的镀锌管里外都镀锌的，而且本身加工的自来水管也不一样，现在的水管是外面镀锌，看上去敞亮，而且以前的管子很粗的，现在的管子很细，有些房子卫生间和厨房都是走一根水管的。你去武康大楼看外面的落水管都是方管，生铁的而且都是很好的，连铁节都是好的。

葛：我们在做工人的时候，自来水管堵塞这种事都没有的。

陆：里面的门窗有换过吗？

沈：基本没有，这里都是钢窗。

陆：之前说换成铜的，现在好像都没有了。

沈：对的，都没有了。

陆：以前走廊的门上还有一扇小窗，可以送信和别人交流，现在这种门都没有了，只有一家人还保留着，你们有印象吗？

沈：门上小窗以前有的。

陈：那我们就去徐汇区房地局的档案室，那徐汇区公安局的户籍资料里，中华人民共和国成立前的户籍会有吗？等于是国民党的警察署交接给他们的。

沈：应该是有的，以前是属于常熟区的，现在是徐汇区了。

陈：这时候的武康大楼汽车间，你们在的时候有车子吗？

沈：没有。

陈：那个游泳池是不是还在，但是也已经不用了？就是在二楼汽车间楼顶上有个游泳池，这是当时孔二小姐住在这里她用的。所以中华人民共和国成立前这幢房子还有专门的游泳池。

葛：因为我们进来都比较晚了，对于中华人民共和国成立前的事情，基本上也不是很清楚。

陆：关于"文革"你们有什么印象？很多人据说去武康大楼跳楼？

沈：有的，但是不多。

陆：还有"文革"中，武康大楼里被抄家的事情多吗？

沈：实际上武康大楼里真正的资本家很少的，都是文化界的人。

陈：那宋庆龄故居不属于你们管的？

沈：宋庆龄故居在对面，是属于天平街道，这里是湖南街道，湖南街道这边就是巴金，还有柯灵，还有湖南别墅。

周：湖南别墅毛主席住过的，还有贺子珍，湖南别墅是周佛海的房子。

陈：对对，湖南路、武康路都是周佛海的地盘，武康是他莫干山那边的武康县，他很喜欢莫干山，所以叫武康路，湖南路是因为他是湖南人。

采访后记：
去找徐汇房管局的老职工，本意是想了解武康大楼当时是怎样交接到他们手里的，四九年之前有哪些住户。先打电话给了老局长朱志荣（想约他聊，不巧他生病住院），他就介绍了这几位老部下。朱局长是上海最早意识到要保护优秀历史建筑的有功之臣，在他的带领下，徐汇区一大批老房子得到了很好的保护。

老房管员的介绍，至少让我们理清了一条线索。1949年后，武康大楼作为国民党的敌产被人民政府接受，市级政府把它托付给徐汇区（当时叫常熟区）管理，当时部队单位如警备区等向徐房局要了一部分房分给军队干部，其他就租给了一些官员、技术人员和文化界人士。从户籍档案看，赵丹、郑君里等人都是1950年迁入该大楼，还有就是有些1949年前就住着的工商界人士。有的去了香港，有的去了国外，有的就留下了，当产权收归国有后，大楼原有的设施就按照当时的国情做了统一的处置，比如热水汀拆了，"文革"中为造远洋轮装到船上去了，百叶窗不用了（因坏了没有修复的材料，也大都扔了）。2008年为迎2010年上海世博会，外墙统一做了空调罩，但外貌破坏了。房屋市场化后，内部装修都由业主自己安排，所以许多房屋的原貌进行了改变，但公共设施和一部分没有出让产权的房屋仍由徐房局所属的物业公司管理。

所谓"文革"中"抢房子"，并不是像一般理解的谁都可以进来抢的。大都是原来"有问题"的住户被扫地出门，或压缩住房，被该单位或相关人员允许住进来的。当然，当时掌权的大都是"造反派"。新居住者至少是"革命群众"吧，或许住房情况确实比较困难，"文革"使他们有了一次重新分配住房的机会。

武康大楼居民口述工作记录

《关于在上海历史风貌保护区收集街区居民口述史的建议》及答复

（影印件）

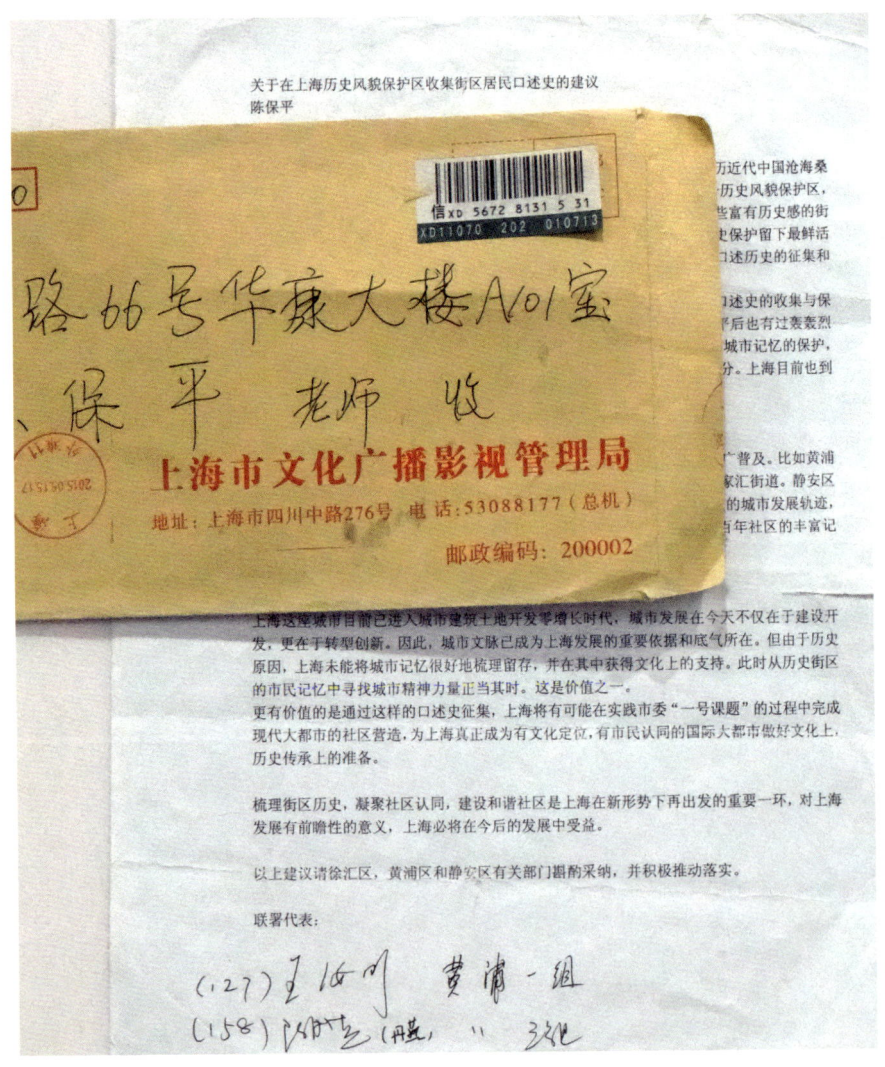

关于在上海历史风貌保护区收集街区居民口述史的建议
陈保平

1. 历史意义：

上海是座既有中国特色又具有多元化的大都市，历史虽然不算长，但却经历近代中国沧海桑田的重要变化。近年来上海保护城市文脉的努力卓有成效，开辟了十二个历史风貌保护区，并确立了一批永不拓宽的街道，为保护城市历史留住了宝贵证据。但在这些富有历史感的街区却没能深入挖掘居民作为历史见证人的口述历史，为城市发展和城市历史保护留下最鲜活的个人资料。因此，本人建议选择上海最有代表性的街区，开展居民个人口述历史的征集和整理，为进一步保护城市文脉做出切实努力。

在世界各个重要都市都随着经济和城市文明的发展，兴起城市街区个人口述史的收集与保护，作为城市发展和城市文化传承的重要依据。台湾在经济发展到一定水平后也有过轰轰烈烈的社区营造运动，并取得很好的效果。伦敦在城市改造过程中一直伴随对城市记忆的保护，并在大英图书馆特设街区个人口述史的阅览室，作为伦敦城市记忆的一部分。上海目前也到了为自己的城市留存丰富历史细节的发展阶段。

2. 试点区域：

可选择上海中心城区中富有代表性的街区做口述史试点，获得经验后再推广普及。比如黄浦区的外滩街道，淮海街道和豫园街道，徐汇区的湖南街道，天平街道，徐家汇街道，静安区的陕西北路街道。它们各自代表了不同的上海城市风貌，保留着不同阶段的城市发展轨迹，在调研中发现它们各自都有丰富的历史人文故事，在居民中也大量存在百年社区的丰富记忆。

3. 政府主导的意义与价值：

上海这座城市目前已进入城市建筑土地开发零增长时代，城市发展在今天不仅在于建设开发，更在于转型创新。因此，城市文脉已成为上海发展的重要依据和底气所在。但由于历史原因，上海未能将城市记忆很好地梳理留存，并在其中获得文化上的支持。此时从历史街区的市民记忆中寻找城市精神力量正当其时。这是价值之一。

更有价值的是通过这样的口述史征集，上海将有可能在实践市委"一号课题"的过程中完成现代大都市的社区营造，为上海真正成为有文化定位，有市民认同的国际大都市做好文化上，历史传承上的准备。

梳理街区历史，凝聚社区认同，建设和谐社区是上海在新形势下再出发的重要一环，对上海发展有前瞻性的意义，上海必将在今后的发展中受益。

以上建议请徐汇区，黄浦区和静安区有关部门酌酌采纳，并积极推动落实。

联署代表：

(127) 王〇〇 黄浦一组
(158) 〇〇〇 (〇〇) 〇〇
(149) 〇〇〇(〇) 黄浦二组
(254) 〇〇〇 长宁二组

上 海 市 文 物 局

沪文物〔2015〕53号

对市十四届人大三次会议第630号代表建议的答复

办理结果：解决采纳

陈保平代表：

您提出的"关于在上海历史风貌保护区收集街区居民口述史的建议"的代表建议收悉，经研究，现将办理情况答复如下：

口述史学，是指口头的、有声音的历史，它是对人们特殊回忆和生活经历的一种记录。口述历史在复原历史方面，有其他任何档案、文献资料都无法替代的价值。您提出的在"上海历史风貌街区收集街区居民口述历史的建议"，有很强的针对性和操作性，风貌保护区中居民口述史的收集与整理，对城市传统记忆的保存、城市文脉的挖掘和传承，有着非常重要的意义。

一、本市历史风貌保护工作现状

上海的历史风貌保护工作，已具有长期的积累。1989年以来，上海先后公布了4批总计632处、2138幢优秀历史建筑，总建筑面积400万平方米。市政府还分别于2003年、

2005年批准并公布了44片历史文化风貌区,总面积约41平方公里,其中,中心城区12片,面积约27平方公里;郊区及浦东新区32片,面积约14平方公里。2007年,市政府公布了中心城区风貌保护区内144条风貌保护道路,并对其中列为一类保护的64条道路进行原状整体保护。2014年,市规划土地部门按照市委、市政府关于进一步加大风貌保护力度的工作要求,开展了历史文化风貌区范围扩大工作和第五批优秀历史建筑推荐工作,风貌区保护工作内容的广度和深度不断扩展,保护工作的方式方法不断创新。

二、历史风貌保护区口述史收集整理工作的开展情况

口述史是为城市发展和历史保护留下最鲜活资料的重要途径,是保存城市生活方式、社会习俗、价值观念等记忆重要载体。近年来,市有关部门和各区县逐步认识到口述史在城市历史风貌保护工作中的重要作用和意义,进行了一些区域性口述历史的探索,形成了一些阶段性成果。如徐汇区湖南街道、天平街道的辖区是名人旧居等老房子最为集中的区域。李鸿章、唐绍仪、宋教仁、黄兴、宋庆龄,这些熟悉的名字曾经真切的生活在这里。,2006年起,徐汇区结合开展的非物质文化遗产普查,借助上海师范大学等专业机构的力量,以湖南街道、天平街道、华泾镇等为重点区域,集中开展了区域内口述史的收集工作,整理编纂了《中国民间故事集成·上海徐汇卷》、《土山湾研究资料汇编》、《上海剪纸传承人调查报告》等口述史,设立了专门的保护项目"沪上闻人名宅掌故与口碑",2007年6月,"沪上闻人名宅掌故与口碑"项目被列入了"上海市首批非物质文化遗产名录"。静安区从2014年下半年起,以建于20世纪初的传统石库门建筑"大同里"作为陕西北路街区居民口述史收集和整理工作

的试点，对民国至解放初期居住在其中的 7 户居民进行了口述历史的采访，整理编纂了详实的记录材料；黄浦区聚焦老城厢生活风俗和租界文化遗存，借助上海市社科院的专业力量，逐步开展外滩地区的居民口述史的征集工作。

三、下阶段的工作规划

一是强化政府主导作用，加强市、区各有关部门的联动，依托高等院校等专业研究机构，共同推动上海历史风貌保护区街区居民口述史征集与整理；二是由各区有关部门为主导，在外滩街道、豫园街道、淮海街道、陕西北路街道、天平街道、徐家汇街道等市中心典型风貌保护区进行街区居民口述史采集试点，通过一阶段的征集、整理和总结，建立本市历史风貌保护区街区居民口述史工作的流程、标准和规范，在全市范围内推广；三是做好历史风貌保护区居民口述史工作推进计划，各区有关部门在深入调研、梳理本区内历史风貌保护区历史留存的基础上，编制居民口述史的中长期工作计划；四是做好全市历史风貌保护区居民口述史成果展示和利用，我局将积极牵头，整合全市重要的风貌区居民口述史成果资源，利用规划建设中的上海市历史博物馆新馆这一平台，突出展示城市记忆，传承城市文脉。

再次感谢您对上海文博事业发展的关心。

2015 年 5 月 8 日

承办单位通讯地址：四川中路 276 号　　邮政编码：200002
承办人姓名：杨菊　　　　　　　　　　　联系电话：2312 8098

湖南街道社区口述历史项目计划书

一、项目背景和意义

口述历史是一种起源于美国,并广为世界各国所应用的一种公众记忆历史的记录方式。

口述历史相较于大历史,是一种公众记忆的微观历史。

事实上,口述传诵与文献典籍、文物遗产一样,同为延续历史,储存记忆的有效载体。

随着文化价值多元化和信息传播技术的日益发展,诸多层次不同,需求各异的新型文化消费群体应运而生,他们对博物馆提出了更高的要求,进一步强化了历史与现实之间的有机联系。通过高科技手段和新文化传播工具的运用,使观众在获得高雅艺术享受的同时达到文化休闲和感官愉悦,补充活态的新见材料,更为生动地多维呼应文物,说明历史。

弄堂历史、婚丧习俗、职业生涯、邻里亲情等被惟妙惟肖地讲述出来。他们的主体意识得到了充分体现,实现了由诠释受体向诠释主体的改变。居民口述历史从平民的角度反映了一个时代的特征,见证了一个城市、一个地区的发展轨迹。从此可以形成一种社区居民对社区文化的认同感和凝聚力,共同弘扬社区文化。

二、湖南街道社区基本情况

湖南街道社区地处上海市衡山路复兴西路历史风貌保护区,自开埠以来的百年历史中,一直是上海市的高级住宅区和文化风尚区。各个历史时期的不少名人政要在社区中留下了他们的生活印记,一些有影响力的文化单位仍驻扎在这里,改革开放以后,很多外国新居民也纷纷移居湖南社区,湖南街道社区已成为这些外国人生活居住和社交的聚集地。所以湖南街道社区的独特性是上海市其他社区无法相比的。

三、项目主要内容

考虑到湖南街道社区的特点,梳理了第一阶段要做的主要项目内容:一位名人(革命老人施平先生)、一个家族(文化名人张乐平先生家族)、一所单位(上海交响乐团)、一幢建筑(武康大楼)、一条弄堂(复兴西路44弄玫瑰别墅)、一条马路(安福路),"六个一"工程。

四、项目工作计划

1. 建立一支资料收集、采访、录音、摄像、文字整理和编辑以及摄像资料剪辑的专业团队。

2. 聘请社会上学科相关的专业人士组成专家委员会,由他们在课题、采访、法律等各个方面提出指导性的建议和意见。

3. 通过与街道办事处合作,寻找具有代表性又善于表达的街区居民进行采访,这些对象可以是个体的也可以是群体的。

4. 采访人员在由专家指导下制定的框架内对被采访人员进行采访。

5. 采访采集完成后,由街道办事处领导和专家委员会成员进行审核,在审核后的内容上加以编辑和剪辑,制作成完整的作品,以供展出。

6. "六个一"中的每部展示作品,录音部分大约2~4小时,影像部分大约20~30分钟,可以重复播放。

7. 在街道范围内设立一个专门的口述历史项目展示馆,参观者可以向工作人员租借耳机坐在展示馆边听边看。

8. 第一阶段的"六个一"项目工作结束后,将收集250~280小时的影像和音像素材,把录入的声音全部整理成文字资料,把影像部分进行初剪和精剪,使之成为可保存和可展示的作品。这些资料为以后出版杂志、图书、纪录片以及新媒体打下坚实基础。

五、时间安排

1. 武康大楼采访安排两个月。

2. 张乐平家族采访安排两周。

3. 施平先生采访安排两周。

4. 交响乐团采访安排一个月。

5. 玫瑰别墅采访安排一个月。

6. 安福路采访安排两个月。

以上时间均包括资料收集和前期准备工作。具体的工作时间根据联系的实际情况再作安排。计划在 2016 年第一季度完成第一阶段的"六个一"项目。

六、经费预算（略）

七、附件（略）

1. 专家咨询委员会名单。

2. 拍摄制作团队介绍。

八、"湖南街道"项目 团队成员

丁晓文

资深媒体人，文创策划人。上海聚悦文化发展有限公司艺术总监。"聚悦文化"文创类项目主要策划及执行人。

2003 年，丁晓文与作家陈丹燕合作，出版图文书《陈丹燕和她的上海》。2008 年，她策划影像记录首个中国时装设计师选秀节目《魔法天裁》，出版图文书《魔法天裁的时装词典》。2009 年，受邀参加《穿越镜头：Tiffany keys 当代摄影展》。

吕正

供职于《萌芽》杂志，任纪实类文学编辑。受"聚悦文化"邀请，担任"湖南街道"项目顾问，负责人物专访执行。

作为资深媒体人，吕正有超过 10 年的城市历史、文化报道经验。任《上海壹周》记者、编辑，负责城市专题策划报道。任《申江服务导报》特约撰稿，负责城市专题报道和"申境界"栏目策划、撰写。2008 年受邀担任《魔法天裁的时装词典》图书策划、编辑。2010 年撰写世博图书《上海 100 个地标指南》。2012 年受上邀担任《不拆》图书策划、编辑。

■ 专家研讨会

湖南街道社区口述历史项目系列筹备会会议记录

第一次 专家研讨会

时间：2014年8月28日

与会人员：

陈高宏（原上海市徐汇区人大主任）

葛剑雄（复旦大学历史系教授）

伍江（同济大学建筑系教授）

沈关宝（原上海大学社会学系教授）

陈保平（原上海文新报业集团社长）

陈丹燕（上海作家协会一级作家）

李韧（原上海市委决策咨询办公室副主任）

周忱（上海新民晚报社区版社长）

李侃（原上海市徐汇区湖南街道办事处主任）

陆增岩（上海注意力广告有限公司总经理）

地点：湖南街道社区文化中心

会议主题：探讨湖南街道社区口述历史的开展与推进工作

伍江：湖南街道社区开展口述历史工作，是对衡复历史风貌区的现状保护、城市文化发展大有裨益的事情，对于有纪念性和标志性的建筑，要开发横切面的历史、建筑历史和城市历史。

沈关宝（民俗学家费孝通弟子，中国社会学第一个博士研究生）：要运用城市化、社会学的研究方法进行社区研究，表现社会科学的特征和反映民众的历史。着重关注三个方面：①历史中大传统和小传统的关系；②背景和意义——英雄时代的结束、平民时代的开始；③人的记忆是选择性的，如何构建集体情感、团体性的社会回忆，如何探寻区域人文的集体性的记忆，如何展示大的时代历史背景下的个人记忆，都是口述历史工作需要关注的重点。要"进得去、出得来"，学习西方社区"life museum"的经验，传承社区的记忆。

李韧：作为开放性的社会采访，相当于地方志的工作，要更注重细节和行动力。由专业团队制定详细的项目方案和实施步骤，有助于更好地呈现项目成果。

陈保平：工作开展时要注意以下三个方面：①采访团队的专业性；②被访对象的真实性；③材料梳理的学术性。

陈高宏：湖南街道社区的口述历史项目是一定机缘的聚合，看似存在偶然性，实则是城市发展到一定阶段的文化自觉性和文化必然性，项目的开展将带来极大的边际产出效应。湖南社区的文化浓度较高，是上海走向现代的折射，进行口述历史工作，具有重要意义。对于原始材料，既要忠实于原著，又要善于二次开发，区分主体与客体的关系，找到社区认同中的最大支点。

葛剑雄：口述历史工作要注意的几个维度：①时间上的真实性；②一定阶层的代表性（知名人士）；③对一些主题性的记忆，可通过多数平民的反映，寻求对一些重大历史事件的集中记忆。

第二次 项目推进会

时间：2015 年 1 月 23 日

与会人员：
陈保平（原上海文新报业集团社长）
陈丹燕（上海作家协会一级作家）
李侃（原上海市徐汇区湖南街道办事处主任）
刘烨（上海市徐汇区华南街道办事处工作人员）
龚丹韵（上海市《解放日报》报社记者）
陆增岩（上海注意力广告有限公司总经理）

地点：永福路
会议主题：口述历史采访工作的具体实施方案

一、讨论口述历史的切入点是名人采访还是展示普通人的真实生活，陈丹燕老师提出将注意力和立足点放在社区民众的真实生活和存在上。

二、尝试探索对街区历史记忆进行定期报道，比如《解放日报》上2500字／版的地理版，先介绍空间，让民众对这个百年社区的历史地理有所认识。如1914年法租界第三次扩区以来，经历了国民党统治时期、"文革"、改革开放、当代的社区治理等时期，谈亮点、谈故居、谈风貌保护，并尝试摄制有故事的视频等。

三、可以选择一些街道正在开展的文化项目进行口述实录的推进，由龚丹韵对正在进展中的张乐平故居项目中张慰军先生（张乐平四子）以及柯灵故居中的相关人员进行口述史的记录。

第三次 项目推进会

时间：2015年3月6日
与会人员：
沈关宝（原上海大学社会学系教授）
李侃（原上海市徐汇区湖南街道办事处主任）

专家审片会

刘烨（上海市徐汇区华南街道办事处工作人员）
陆增研（上海注意力广告有限公司总经理）
陈玫静（上海市徐汇区华南街道办事处工作人员）

地点：社区文化中心 406 室
会议主题：探讨口述历史的性质（民间性、个人性、主观性）和操作办法（口述与文献互参"二重证据"、采访程序等）

一、口述史料本身并不能自行构建历史，而是有赖于口述历史研究者的理解能力和解释能力，所以应该探求多种研究手法的综合运用、彼此互证，结合当时历史背景与社会心态（包含事实与想象）。

二、方法论有历史文献研究方法、文化人类学的田野调查法等，寻求共同构筑的集体记忆，通过口述史记录民间的生活。

三、技术性

1. 个人生平造化。

2. 个人口述史范围内宏观的社会背景。

3. 个人生活历史，包括其他人／同类人的比较、同代的代际差异比较、生活史的比较。

四、研究性

1. 现成的概况——生平经历、与被研究者的人际关系等。

2. 记忆的重点时段——个人生活史的重点时段。

3. 这个时段的描述——包括个人生活轨迹、经济来源、情感依托、社会环境心理上的认同感、心理依赖、社会关系、宗教"制度"等。

4. 对自己发生的故事有何判断。

五、生活史研究的圈子。

1. 家庭圈——先赋群体中的父母兄弟姐妹等。

2. 夫妇孩子等后赋群体。

3. 职业圈。

4. 朋友圈。

六、通过研究者评判，还原更加丰满的历史真实，注重主题和线索的提炼，如果有社区博物馆可以提供历史的见证。

1. 事前的研究：采访对象及"主要谋生手段"。

2. 梳理历史变迁和文化产业。

3. 朋友线——物质空间与社会空间二者的协调关系。

4. 收集实物，并签订协议，用于研究使用。

第四次 项目推进会

时间：2015年3月23日

■ 项目推进会

与会人员：

陈保平（原上海文新报业集团社长）

陈丹燕（上海作家协会一级作家）

李侃（原上海市徐汇区湖南街道办事处主任）

刘烨（上海市徐汇区华南街道办事处工作人员）

陆增岩（上海注意力广告有限公司总经理）

陈玫静（上海市徐汇区华南街道办事处工作人员）

地点： 五原路 250 号

会议主题：确定"口述史"项目推进方案和具体实施步骤。

一、总结前期调查访谈工作中的经验与问题，为后期项目开展提供借鉴。

二、确定第一阶段的"口述史"项目的六大主题和呈现方式，并以此为导向、聚焦于"一个名人、一幢建筑、一条弄堂、一条道路、一个家族、一所单位"，经纬交叉，点面结合，将湖南社区的口述历史进行多元化、主题式呈现。

三、推进"口述史"项目立项进程，甲方作为项目发起单位，制作《项目计划书》，确定时间节点、人员组成，并细化目标、落实项目任务安排。

1. 2014 年底 2015 年初，项目启动仪式。成立专家顾问团和"口述历史"项目采访团队，落实具体的任务分工。

2. "一位老干部"——上海市原人大常务副主任施平先生及其家人的主题采访。

3. "两位名人"——张乐平先生与柯灵先生家属专访，同时配合故居布展，邀请其子女开展座谈，将两位文化艺术大师的生平历史进行更为多元丰富的呈现。

4. 开展"一幢建筑"，例如武康大楼的记忆探寻。武康大楼具有浓厚的历史价值和强烈的艺术气息，原名诺曼底公寓，始建于 1924 年，由万国储蓄会出资兴建，由旅居上海的著名建筑设计师邬达克设计，是上海第一座外廊式公寓大楼。1953 年，诺曼底公寓被上海市人民政府接管并更名为武康大楼，其后一些文化演艺界名流均入住此间，包括赵丹、王人美、秦怡、孙道临、郑君里、王文娟等，武康大楼作为徐汇的地标性建筑，也见证了中国近现代史近百年的风云变幻。

5．进行"一条弄堂"——玫瑰别墅的口述历史访谈。玫瑰别墅位于复兴西路44弄的玫瑰别墅曾居住过如徐玉兰、周小燕、秦怡、孙科、蓝妮等众多历史文化名人，这幢建筑所承载的丰厚记忆和名人效应在整个中国近现代史也是独树一帜，对它的故事的追忆和探寻，必将呈现一段段生动的历史。

6．对"一家单位"——上海交响乐团的记忆探寻。上海交响乐团自1957年夏迁址到湖南路105号的花园洋房后，半个世纪以来，她和湖南街道开展了多领域的深入合作，2014年9月上交新厅落成后，一跃成为沪上古典音乐的新地标，为湖南街区更添一份艺术魅力。

7．通过社区博物馆，对"口述历史"项目的成果进行阶段式呈现，并结合口述历史访谈中收集到的捐赠实物，丰富社区口述历史的呈现方式。

四、细化采访时的注意事项，比如：采访过程中聚焦公益、尊重事实，注重口述历史的客观呈现，对采访对象的生平不加以评判。

五、在"口述历史"项目进程中，注重梳理百年街区的发展史脉络，在不同时期的标志性事件与市民生活中寻找相互印证的依据，丰富社区历史的呈现方式。

第五次 项目推进会

时间：2015年5月底

与会人员：

李侃（原上海市徐汇区湖南街道办事处主任）

刘烨（上海市徐汇区华南街道办事处工作人员）

陆增岩（上海注意力广告有限公司总经理）

陈玫静（上海市徐汇区华南街道办事处工作人员）

武康居委干部及武康大楼物业、居民代表

地点：两次会议分别于湖南街道大会议室及武康居委召开

会议主题：武康大楼口述历史项目细化

一、武康大楼背景资料再整理：1924年落成，作为上海第一座外廊式公寓大楼，是上海具有典型意义的建筑代表作。武康大楼总体为钢筋混凝土结构，楼高八层，大楼底层采用骑楼样式，外观为法国文艺复兴式风格。

二、居民构成：解放前和解放初期，主要是法国为主的外国租客；1953年，诺曼底公寓被上海市人民政府接管并更名为武康大楼，主要居住的是南下干部，一些文化演艺界名流均入住此间，包括赵丹、王人美、秦怡、孙道临、郑君里、王文娟等。改革开放前，资本家居多；现今，积极开展居民自治和弄管会自治，国际化程度高。

三、居民共同的集体记忆：当时的武康大楼电梯第一层的指针是铜片，非常独特。孔祥熙家族第二代孔二小姐在武康大楼居住多年，并对其念念不忘。当时的武康大楼周边还有三角形电线杆，紫罗兰理发店、洗衣房、永丰肉店等都是一个时代的印记，城市建筑的保护工作应该好好保护历史记忆。

四、选定采访人员进行单个采访或录像，制定有针对性的采访提纲。

五、确定政府采购方案，指定人员从事资料收集整理和采编工作，发挥专家咨询委员会的作用，定期对开展实施的主要内容和项目呈现方式进行评估。

武康大楼研讨会录音整理

时间：2016 年 2 月 16 日
地点：上海世纪商贸广场大厦

与会人员：

李　侃　（原上海市徐汇区湖南街道办事处主任）

陈保平　（原上海文新报业集团社长）

卢　荟　（上海徐汇区湖南街道办事处副主任）

陈丹燕　（上海作家协会一级作家）

伍　江　（同济大学建筑系教授）

葛剑雄　（复旦大学历史系教授）

曹锦清　（华东理工大学文化所教授）

李　韧　（原上海市委决策咨询办公室副主任）

周　忱　（上海新民晚报社区版社长）

陈澄泉　（原徐汇区湖南街道办事处党委书记）

吕晓慧　（徐汇区宣传部部长）

陈高宏　（原上海市徐汇区人大常委会主任）

李侃：今天的会也是准备了很长时间。我到现在还记得，我们在2014年的8月29日，我们关于口述历史有了第一次专家研讨会，到现在为止，已经历时将近一年半。上一次的专家研讨会还历历在目，在这一年多里，得力于各位专家的关心和亲自指导，我们湖南社区对于口述历史项目有了一些探索和进展。我们专家组的陈保平先生包括丹燕女士一会儿也会谈到，他们在参与这个项目过程中的一些感受和体会。

实际上我们从开始口述史的项目到现在，聚焦到湖南街道社区的代表性建筑——武康大楼，是有过一个过程的，比较顺利地开展了这个项目。所以我们实际上是把武康大楼口述历史的进展，给今天在座的专家做进一步的汇报。也希望再次得到你们的指导，对我们后续项目的开展做好准备。这是我简短的一个开头。

首先，今天会议的第一个议程，我先请我们湖南街道社区口述历史项目的专家负责人陈保平先生，来对我们这个项目的开展情况做一个介绍。

陈保平：各位专家。刚刚李主任说了，我们这个湖南街道社区口述史的项目启动于2014年8月。当时我们聘请的专家中有一位是上海大学著名的社会学教授沈关宝老师，很不幸地，他春节前在海南讲课突发脑出血过世了。所以今天我们在这里也悼念一下他，没能来得及参加他的追悼会。陈丹燕买了一束鲜花，表示悼念。在这个中途，湖南街道为了口述史的采访，又专门请沈关宝老师来做了一次咨询，请他为问题的设计做了一次指导。我们至今怀念他。

那么这个项目启动一年半，到今天我们有一个初步的成果，这个成果是阶段性、试探性的结果。由于是一个初步的成果，所以特别需要专家为我们提出意见和建议。湖南街道是一个特别有文化底蕴的街道，去年（2015）人代会我也和几位代表向人大提了一个书面建议，建议在上海的历史风貌区开展口述史项目。应该说市有关部门、文广局、文物局都很关注，还专门做了书面回复。他们觉得口述史的项目对全市的社区建设都很有意义，他们希望在试点的基础上能进一步地推广。我们今天会有一个简短的纪录片放映，半个小时左右，选了几个人的采访。还有一个书面口述采访的材料，大家可以看一看。

我们自己在将近一年半的过程中，有几点比较深的体会。第一，在中国搞社区口述史，组织的架构是非常重要的，要进入现场进行对居民的采访。现在我们认为最可以成为经验的就是组织架构，我觉得湖南街道还是做得比较好的。这个组织架构由四个板块组成，第一个是党工委街道办事处。从这个口述史操作中发现，我们的基层建设作用是非常大的。如果没有街道党委办事处、居委会的配合、支持，我们这个口述史很难完成。第二个板块就是我们的专家组，从一开始对口述史问题的设置，怎样把握采访的要领，都提出了很好的建议。我们都有记录，并做了深入的探讨。然后就是有一个专业、年轻的摄制团队，他们也是完全出于一种理想来参加这份工作。在几个月的过程当中，花了大概几十个小时的采访，才完成了这个片子。还有就是政府的购买，市场化的运作，请了注意力广告公司的陆总来具体操作这个项目。这样一个组织架构，对这个项目最后能有结果，起到了一个非常重要的保证作用，其中尤其是街道、居委会的作用。

第二个感受是，选择居民的典型对口述史的采访相当重要。湖南街道选择武康大楼作为案例，我觉得它有代表性，因为这是一幢百年老楼，也是一幢优秀历史保护建筑，这里面居住的居民成分非常丰富。但是它一共有将近一百多户人家，到底选什么样的人，选那些代表性的人物进行采访，之前花了很多时间来研究。街道和居委会，包括请沈关宝老师一起来帮我们分析、研究，选择代表性人物。最后我们决定选择15位居民，其中有一位是居住在武康大楼年龄最大的画家叫邵瑞阳。但是由于他已经在病床上无法说话，最后没有采访成。还有一位是我们的王文娟老师，还在联系中。

卢荟：我是春节前上门到她家，把我们的片子给她看了。她说她愿意，在三月十几号她有一场学生表演，演出之后就能接受我们的采访。她愿意，她很开心。

陈保平：对，典型性人物的选择还是很重要的。因为这个楼是很有特点的。它有主楼和辅楼，还有当年的汽车间，变成了普通劳动者的住房，这三个板块组成的，一共有一百多户人家。我们选择了十几户，将近百分之十的比例。这些人物的代表性也是经过了反复的商议、沟通，主要是从不同的历史阶段出发。比如解放初期就搬进来，住了半个多世纪。有些是"文革"期间，或是"文革"当中进来的。还有的是改革开放以后。楼的性质也发生了变化。整幢楼从20世纪20年代到1949年，也经历过汪伪时期、抗战时期、国民党时期，但是四九年以前的人基本上是一个都不在了，有的走了有的死了。我们采访的对象主要是解放初期，基本上是五一年搬来的人物开始，一直到今天，这样一个历史阶段。这个居住房子的性质，在改革开放之前都是分配的，有的是部队分配，有的是房管所分配，有的是机关。后来改革开放以后就可以买卖，有些是买下来的住户，或者是住在那里的居民把使用权买下来。还有些是租用，住在里面的外国人都是租用，一共有15户人家。居民身份也有不同代表性，有干部军人的家属，更多是知识分子，这个楼的特点就是有相当一部分文化界人士，还有一些普通劳动者。口述史的人的怎样选择有代表性，也需要研究。

关于采访问题的提出，我们现在比较关注的切入点，首先是居民与这幢楼的关系，以及与这幢楼衍生出来的社会关系。关注在不同的历史阶段，恒定不变的东西。因为在这个楼里的居民都经历了不同的历史阶段，哪些是变化的，哪些是恒定不变的东西。特别是那些文化依赖性的东西和共同的经验，是我们在采访中注重的。一些衍生的关系，包括我们的社会治理，日常生活的秩序，比如居委会、楼组长，这些社会治理的秩序，我们也作为采访的特点。但这个口述史不是调查报告，也不是社会分析，只是让这个楼里的生活者能阐述楼里的历史和生活现状，做一个自然的描述。这个到时候大家看采访稿就能看出来了。

当然在采访过程中也有几个困惑，第一个困惑是对口述历史的真实性问题。因为即使是讲个人的生活，也是会带有感情的。有时候有情感，客观性就会受到影响，记忆也不一定完全准确，自己在表达的时候也会有一些筛选粉饰，或者遗漏一些信息。口述史的真实性要怎么把握，我们还是会有些困惑。第二是个人记忆与集体记忆的关系，每个人讲个人生活的时候还是比较真实，但是对我们口述史来说真正有价值的东西到底是什么，因为每个人都可以描述自己生活的一大段东西。实际上我们更看重的是集体的记忆，不是老百姓讲的每一句话都是有价值的。但是在讲的时候我们也需要记录下来，这对我们日后的工作，怎样能够使口述者讲的东西能够使集体记忆、共同记忆的需求得到满足，我觉得这也需要专家提一些建议。

湖南街道作为一个实验个案，它的这些经验，对以后要搞其他社区的口述史是有借鉴性的，特别是它的组织架构是很有价值的。但是我们是以历史文化保护的切入点在做，那么对一般普通的社区有没有普遍性。因为我们倡导上海城市更新应该让大家都来写历史。上次伍江校长也谈到，我们大历史比较多，小历史比较少，横断面的历史比较多，个人生命史比较少。我现在作为城市整体规划公众咨询团的成员，我对2040的城市规划也谈过一个观点，我说现在这个城市整体规划高度是有的，整个空间布局做得很好，广度也是有的，已经考虑到长三角的辐射。那天开会好像葛教授也在。但是我们觉得缺少一点温度，就是这个城市在规划的过程中，怎样体现人与人之间的温情，老百姓之间的温度还少了一点。做口述史是多少能够体现这点吧，如果每个社区的老百姓都能讲自己的历史，讲自己的生活，为我们的大历史作补充，使我们的历史更丰富、准确，能补充一些细节、故事，那这个城市的温度就能够有所体现。这些都是我们觉得在湖南街道这个个案当中，是不是对其他社区也有所借鉴，我们还是有些疑惑。我想跟各位介绍的就是大致这些情况，由于我们的采访是第一次，年轻的团队可能对怎样进入采访还有一些生疏。所以一开始呢，我带了几个小朋友去做采访。之后如果还要搞呢，我希望是有青年的团队自己来操作。我就介绍这些情况。

李侃：谢谢。刚才陈保平老师实际上对我们这个项目总的进展当中的情况，做了一个非常详细的介绍，更多的是出于他对这个项目的感情和在这个项目里面的亲自参与。所以实际上他刚才讲到了，从项目的提出到我们具体实践，选择武康大楼，以及选择具体的对象，整个过程当中。特别是一开始，我们如何走进每一户居民的家庭，怎么样去居民的家庭进行沟通，而且围绕着武康大楼以及刚才讲到的主体方面，做了一点探索。其实这一次在武康大楼开展口述历史的项目，得到了居委会的支持，特别是武康大楼的居民对这个项目的关注也急剧升温，因为他们感觉到这个就是讲述他们自己的故事。我记得去年（2015）的10月份，丹燕老师参加我们城市艺术空间季当时还请了一些采访的居民，事先我们也没有通知，他们来了，丹燕老师临时性地请他们上去谈了一下自己的感受。所以大家其实对这个项目非常有感情。

我在这里特别也要提一下，在做这个项目的过程中，是需要有非常专业化的团队。所以今天我们具体承担这个项目的，注意力广告公司的陆总今天也来了。另外今天本来要来具体参与项目的两位，一位是我们摄影师丁晓文女士，她是全程参与拍摄和摄像。另外我们吕正先生是《萌芽》杂志社的主任编辑，他也是用自己业余的时间来参与到这个项目中的采访部分。

还有一个信息我想跟各位专家汇报，实际上随着这个项目的逐渐深入，大家对这个项目的一些要求和希望也在不断地增加。我们实际上也在同步地，在湖南社区范围以内做武康大楼的材料、物件收集，到现在也有近20几件的照片和相关的物品。因为我们有一个想法，将来是不是可以在武康大楼一楼大厅，把我们摄制的片子在里面进行播放，收集到的东西在其中展览。另外，武康大楼是沿淮海路的一个骑楼，这个骑楼很漂亮。所以我们也有一个想法，是不是可以把一些历史照片在骑楼的两侧做适当的文化展示，这个也在酝酿当中。

接下来，按照我们的议程，先看这次经过口述采访、编辑制作的一部大概三十几分钟的短片。

（影片放映）

陈丹燕：我先讲两句，其实我应该跟陈保平一起做，而且我应该做得更多一点。但是后来我体检的时候，医生查出我肺部有一个东西。要求我好好休息，还要过三个月之后去复查。所以我就没有办法花很多时间做这个事情，所以陈保平就做得比较多一点。然后医生复查了一次，又复查了一次，然后说这个东西好像真的是不灵的，你最好去掉。所以我就做了一个手术，但是开下来呢，就像开宝一样的，这个东西原来是好的。但是我就是被开了一刀，非常虚弱。我也不想告诉大家，怕大家很担心。这就是为什么我参与这个项目比较少，这是一个非常主要的原因。

但是我看这个东西我是蛮感动的。在这以前我在外滩街道试过做口述史，但是是失败。没有基层政府支持,这件事情是做不成的。这个就是陈保平讲的这两点,第一个是关于居民的选择,我一个人如果没有政府的支持,我连这个楼里面住的是谁我都不知道,而且我没有办法按照比例来选择最有代表性的。其实武康大楼的居委会主任非常帮忙,他们非常懂你要什么,然后她们先去做好思想工作,让你一进去就可以采访。我在这里面采访了两个人,到现在我做采访也快 20 年了,最好的待遇就是在武康大楼。外国人是我采访的,沙永杰是我采访的。我就觉得这个事情,如果要做居民口述史,是一定要基层的地方政府有极大的热情和共识,我们一道要做这件事情,这件事情是有价值的,要不然是做不成的。第二,在这个过程当中,大家可以看到这些人在讲的时候,完全不是被动的,他非常主动,他想要把他个人的历史跟你分享。后来这个居委会主任讲的一点是很好的,它的居民自治最重要的可能性就是在这里,如果居民是没有热情的,那就是没办法自治的。我们用口述史的办法探索了居民的热情到底在哪里,那就是居民对自己的社区是有很强的家园感的。我觉得这就是地方政府可以、老百姓可以提供给大家做口述史,愿意分享自己的历史最重要的原因。所以我觉得,看到这一点其实是很欣慰的。还有我觉得这些居民最好的一点其实是,他们愿

意给你做口述史，帮你做口述史，愿意讲自己的历史。这些历史并不是完全是令人高兴的。对每个家庭来讲，都会触动它伤痛的那一部分，我们做完了拍完了我们走了，然后我们拿到了我们想要的东西了，但是这个家庭平复感情上的波澜是需要时间的。所以我觉得在这一点上，武康大楼的居民应该很好地被感谢，因为他们贡献自己不愉快的回忆来帮助你，做了口述史。大家看到这么一份书面的材料，这里边是完整的说过什么事情，有很多人都讲到了"文化大革命"，讲到自己的亲人过世，讲到自己搬迁退休。很多人并不愉快，但是他在讲这些事情，他是有公德心的。一开始我不知道我们居民到底有没有公德心，会不会不想跟你讲，你会很快被打发走。其实他们每个人都把自己的历史拿出来跟你分享，那我觉得居民都是有基础的。有的人会说中国社会还在一个暴发的阶段，每个人都是唯利是图的。但是做口述史是完全无利可图的，这些人也是很愿意来做。所以公德心还是每一个社会都有的，不管是发展中的社会，还是一个相对文明的社会。所以我觉得我们中国大陆有做口述史的基础。在这以前，我认识了一个台大的老师，他是台湾做口述史的重要人物。他就说当台湾的经济发展到了一定的水准，大家有这个闲心来做口述史，也有身份认同的问题了。那我们好像，中国大陆还没有发展到一定的水准，就是大家还没有闲心，还在发展过程当中。从这一点上来看，至少是徐汇区的居民，武康大楼的居民，如果没有发展到小康水准，也愿意贡献自己的记忆。我觉得这一点是很感动的。

  我们其实讨论的挺多的，在湖南街道开始做口述史，跟湖南街道的文化水准是有关系的，没有这个文化水准是做不了的。但是我们做口述史到底为了什么，其实我觉得，就算我们身体都很健康，花整个时间工作，我们也做不完上海，哪怕徐汇、湖南街道的口述史。其实我们就是很想探索一个模式，历史是大家写的，口述史不是只有一家湖南街道。这个最后一定会遍地开花，然后大家都做，这个社区才是完整的，城市更新才是有文化基础的。我们要怎样让大家对这个事情有兴趣，我们更多地是在探索一个模式。比如我和陈保平，我们两个是一家人，所以我们经常讨论这个事情。我们愿意贡献自己的时间精力来做这个事情，我们没有问题，但是不是只有我们两个就可以了。其实我们最开始出现的问题是，李主任说这应该是政府购买，但是不能向你们个人购买，我们必须要有一个法人才能购买。那我们就说我们都不是法人，我们从来都不会有什么公司的。所以后来找了陆总公司，政府支持了，可以购买了，另外，我们在一开始讨论了很久的问题，谁来采访，我们可以放心谁来做这个采访。陈保平说那我自己先去做采访。其实就是想要做出一个大致的模板来，看看怎么做是比较好的。因为基础的采访小组总是比较年轻的人，而采访对象都是一些三八年生的、三五年生的，如果是很年轻的人，"文化大革命"是什么有可能是不知道的。这个团队里面的年龄阶层要怎么搭配，年长的人问什么样的人是比较好的，年轻的人问什么样的家庭是好的。这个是需要去总结，看看我们做的什么地方是不大好的，下一轮可以改，在调查表的阶段就可以改。我觉得我们更多是在探索一个形式，如果下回这个口述史变成一个中国各个城市（社区）需要的时候，我们已经有一个样板是这个样子的。就像那时，台湾做口述史的时候有一套书，就把那一套书全从台北拿回来。然后他们的样板是村村写历史，我们的样板是一个小组进去，跟基层政府合作，先看看这些居民用这样的调查表可不可以引起话题。所以我觉得我们的更多探索想要做一个模本是对的，对所有的基层政府都有启发，都可以参照。将来可以对不同的，对口述史有兴趣的，比如知识分子、文化人、教授、社会学系的学生，对他们都可以有作用，这是我想做的。

还有陈保平一直在讲的市民咨询团，他们听了好多报告，但是没有一个报告是讲我们怎么为城市更新提供文化基础。外滩街道的人跟武康大楼的人肯定是不一样的，如果拿外滩街道的办法来套武康大楼就是套不上去的。城市更新的时候如果没有文化的底色，出来的东西就是外滩跟湖南街道就是一样的了。这就对城市有损害，并没有帮助。我们也一直跟伍江老师商量，其实我们做这个东西的时候，伍江是总指挥。我们很想那个时候伍江你来跟我们一起做讨论，然后伍江说沙永杰来做。我们其实是大家来看一个点，我们把这个点做好了，对整个的推进都是有帮助的。所以我一直觉得我们跟李主任合作得很愉快，我们碰见什么困难，李主任说那我们就往前走，这样走这样走。真的是很好，我是真的知道这么操作很不容易。当时我在外滩黄浦区都支持的，但是到了街道就是走不动，不知道要怎么做。而且他一直要讲，回报在哪里。我跟他们说没有回报的，回报是很多年以后这个街区不会走样。但他就觉得这样是没办法说服他的同事的，我拿不到回报，我为什么要付钱。我觉得真的是很感谢湖南街道。

没有人有模本，丁晓文一直跟我讲，我要是从头来过肯定会拍得更好的。还是蛮幸运的，合作的人都明白我们要做什么事，都愿意做这个事情。

伍江：看了片子之后蛮激动的，我是很内疚，没能做太多的贡献。今年2016两会的时候碰到丹燕，她就抱怨我说你那么忙，什么事情都参加不了。其实我挺冤枉的，什么进展我都不知道，但是我也知道其他老师为了照顾我，有意的帮我挡。其实我很愿意做口述史项目，这是一个非常重要的事情。

我自己不是搞历史也不是搞社会学的，但是我觉得城市历史文化的保护和传承当中，一个最大的问题就是我们为什么要有历史，我们为什么要保护历史。这个问题到现在都没有解决。尽管整个社会到今天，对历史保护的呼声越来越高，故事越来越多，但是对为什么要保护历史并没有太多的讨论。包括上海市决策层面的领导，外滩徐汇区的房子要好好保护，破破烂烂的里弄就算了。这让我想到到底什么是历史，是只有能写进正史的史才是历史，其他就不是史了吗？口述史在一定程度上不光是历史的补充，是一个让历史活起来，暖起来的元素。更深的意义是告诉我们历史的本质是什么。我自己很欣赏纪实频道有一句广告词，一个人的故事是故事，一千个人的故事就是历史。其实历史就是许许多多人的经历组成的东西。中国的传统是史官写史，从汉代就开始了，这种历史在一定程度上模糊了看真正历史的眼睛。我们看到的历史当中好多是看不见的，全世界都是这样。但是最近到20世纪以后，现代历史非常重要的进步就是越来越多的人认识到，不正式历史的重要性。包括我们建筑界，有一个20世纪以后非常重视的研究，叫没有经过设计的建筑。这个角度来说邬达克炒得这么热也不是什么好事情，他还是英雄主义，还是认为因为有了邬达克这个建筑才有故事。如果没邬达克呢？只是一个普通搭建的房子，他的故事就不值得讲嘛？这个问题还是没有得到解决。   一个城市、民族、国家的历史饱满性，需要不断地去丰富。我们整个20世纪以来一百多年的历史观念转变，就是从英雄的历史变得不那么英雄的历史。但是我个人认为这是人的自我认识的一个进步，人的价值到底在什么地方。口述史开了一个很好的头,但是这个事情在历史界也是有争论的。我们做口述史的研究,有一个老师,就是前面有个台湾。寻根嘛,后来被政治利用了。个人的历史比大的历史更重要,我的历史比上海历史更重要。这种观念是一个进步,有时也会被利用,那就是另一件事了。那上海也一样,上海自己的历史,上海话。我们曾经在各个学校都挂了牌子,不要说上海话,现在又说上海话都找不到了怎么办。这种市场观念很难在全社会层面得到积极理性的认识,但至少在知识层面,在我们这种相对而言有更多话语权的层面,这个事情会更加清楚。所以这个口述史我个人非常欣赏。在建筑历史中,有相当一部分对于保护和历史传承的认识和误区恰恰都在于历史是重要的历史还是不重要的历史这点。包括在上海,我自己是一个积极推动上海历史保护的人,可是我自己也回答不了这个问题。那个牌子上写着有优秀历史保护建筑,什么叫优秀,谁有资格说这是优秀还是不优秀。把优秀两个字去掉的话,每一个建筑都是历史保护建筑了。所以大历史小历史之间,还是存在一个平衡,平衡在于被更多人认可的,相对有集体意义的。每个人都说自己的历史最重要,如果十个人的历史,有一个人的历史被另外的人都认为很重要,那么可能这个人的历史就被其他几个人认为比其他人对大历史有更大的贡献。这个时候这个建筑的保护意义就更大了。因此从武康大楼做起,我觉得是非常好的,以后还会有拓展。

刚刚看这个片子的时候我在想,一开始讲得很大,是湖南街道,到最后变成武康大楼,是好事情。如果回过头来想,当时还定在湖南街道或者徐汇区,或者上海口述史,那就更没办法做了。而且那样很容易陷入概念化的东西,一讲上海就讲上海文化特点,任何这样的描述都是拙劣的。历史本身就是丰富多彩的,一个人在不同的历史时期扮演的角色也不一样。我们要认识一个城市的历史文化,从这种点上做,在目前的阶段有更大的意义。因为我们主流、宏大、英雄的历史较多,这样的补充性就特别重要。

要说有什么意见,一个是我不知道武康大楼现在那么多住户里面,有没有一家是解放前就住在里面了。一个都没有。从建筑历史角度来讲,解放前的用户和解放后的用户是有很大的不同的。片子里不管是上层的、中层的、下层的,他们讲的东西都是下层的,因为已经去贵族化,去上层化了。这个现象本身就是一个历史。

葛剑雄：有条件的话，要追溯到武康大楼以前的老住户，虽然现在不在了，也应该纳进这个计划。

伍江：为什么要讲这个事，并没有政治上对错的倾向。这本身就是一个故事。第一，在世界历史上，很少有一栋楼就能反映大社会历史。从某一天开始，它的住户就全部换掉了。这也是我们今天讲城市历史保护非常纠结的地方。如果里面的住户都是慢慢延续下来的，跟他讲历史保护更容易。但我们的是断层的，那就很难了。于是出现了一批觉悟者，他们自己发现这个历史很重要，所以他们开始重视了。现在的住户有的是部队的，有的是文艺界的，所以相对来说也更加容易理解我们的意图。这些住户看起来是孤立的，但是放在一起就是一个现象。但是这个现象未见得能在上海所有的楼都能反映出来，做多了可能会发现，武康大楼和别的地方会反映出不同的历史，这恰恰也是口述史想要获得的内容之一。

第二，之前提到在做的时候对历史真实性有所怀疑，每个人的记忆有出入，甚至出现两个人讲同一个事情都不一样。但我觉得，口述史的特点恰恰就在这个地方。用不着太纠结，除非有特别客观的东西，关于日期、数字。关于事情描述性的东西应该留存。其实对他来讲就是最真实的，他认为是这样就这样讲，很可能背后隐藏着不知道的故事。口述史就是一个毛坯，别人在这个上面还要做研究，还能翻出很多东西。如果现在就过分强调真实性，那么故事也被丢弃了。

第三，讲到口述史和城市历史、建筑历史，口述史最生动地告诉我们历史和今天的关系。因为我们在搞历史保护当中，最纠结的是老百姓很难理解历史和今天的关系，常常就陷入为什么要保护历史的疑惑中。我们就会说这是我们的优良传统，但其实是因为历史是今天生活的一部分，是今天还活着的历史。很多人不理解，一直把历史和今天对立起来，一对立马上出现新和旧，发展跟保护的关系。口述史告诉我们历史是自己的历史，是活的历史，是今天的历史，甚至是可以延续到明天的历史。历史变得活了，再来谈历史保护就很容易让人理解了。不是我的，是你的，断掉了你自己的就没有了。

最后一点，徐汇区现在把历史文化的普及做得很好，把武康大楼的故事的挖掘都做得很好。但是这里面应该有个度，切忌把历史完全舞台化、展示化。因为一旦这样，就失去了历史保护的根本本质了。历史保护是为了让生命延续，而非把它蜡像化。你太尊重这个人了，所以就做个像天天看他。中国人说活人不出像，因为他是活的，还在变。过分把它展示化以后，住在里面的人就会觉得自己是假的。看他的人也会觉得看到的东西是假的，整个城市都变假了，城市生活也变假了。最后就会给后人留下假的历史。

我一直认为用好和不好来讲历史是不对的。城市的历史不管好坏，不管你喜欢不喜欢，都是你的昨天，没有它就没有今天。应该更多地关注历史的真实性而非历史的展示性。在今天的背景下，适当的展示是有利于推动全社会对历史的重视的，但做事的人心里面要有个把握，否则就会过度，过度就会变味，以后想收都收不回来了。

陈保平：关于这个真实性的问题，我举个例子。比如江青到这幢楼里来看过郑君里，这是有一个人讲过的。比如孔祥熙，有两三个人讲到，也有些人不记得。这类很有意思的历史事件只有个别人记得，但是真实性到底是怎样的呢，怎么取舍呢。

葛剑雄：先放在那里，没有关系。不记就很可惜了。粉碎"四人帮"的时候，江青也感慨，在完全政治化之前她也是个人，所以完全可能去看郑君里。但是这些记录都是找不到的，所以要记下来。

但我要提一个问题，你们做这个有没有跟采访对象签过协议，这个很重要。一个是让他们对自己的话负责，一个是那些话同意你公开，公开到什么程度，这都是有法律问题的。能不能把这个做资料，能不能公开发表，商业化。都要讲清楚的。

我觉得口述历史在发达国家都做得很好，但是在上海还是要根据我们的社会发展阶段调整。我刚才初步翻看这些资料，我觉得从社会学、随机性角度是做得不错的，系统性方面还有欠缺。

第一，通过这个采访，我们从主观上要了解到武康大楼哪几个最基本的问题。比如他的重要节点，那么现在解放前的居民没有了，解放后的居民大致有几个阶段，"文革"前,"文革"中的。汽车间和主楼就有很大的区别。接下来就商品化。这些重要的节点要反映出来,哪怕没有,在调查提纲里也要有。比如原来房管局管的不能动的,那现在就可以拆,这也是节点。

第二,要全面反映。比如汽车间的住户,在这里住的艰辛要反映。楼里的生活的改变,自行车的停放、修水管,这些都要主观上表现出来,不能太随机。比如有人从来没有改过房子的布局,那是因为不需要,如果现在还是家里住了六口人,肯定会把能利用的地方都利用起来,所有的决定都是有原因的。所以在征得他们统一的基础上,每一个调查对象,不仅有年龄,还应该有社会背景、简历、身份,这样才是能让观众明白他们的情况,理解他们的选择。社会背景也很重要,年纪最大的三〇年生,租界取消也应该有印象。这样的年龄层次有几个节点,解放、"文革",在大环境下也要有基本的了解。不管愿不愿意谈,能不能谈,我都要问到。至于是不是事实,是没有关系的。至少说明当时已经造成一个印象,这里有最重要的人物。比如像宋庆龄的李妈,在困难的时候养鸡,这种有趣的细节在正史里都是不记录的,很可贵。任何历史都是后人对前面发生的事情,有意识有选择的记录,没有完全的事实。一件事在不同人的眼里有不同的影响,这也是历史的一部分。

至于跟事实有出入怎么办呢,我觉得在将来这个资料应用的时候,应该有一个背景材料。这个背景材料不是每个人的,比如武康大楼50年代的时候居民大致构成是怎样的,到底有哪些名人在里面。"文革"以后是怎么样的,哪些人迁出了。"文革"期间有8个人在这里自杀,多少人被捕,被抄家的达到多少比例,有了背景材料以后,对总的历史就明白了。还有这个楼人均居住面积多少,一个套间里是怎么布局的,暖气炉什么时候开始没有的。人讲到建筑的使用都是依靠自己的经验,如果家里有保姆,保姆间就很合理,家里八个人住谁还要保姆间。应该要有这样总的背景材料,这个材料要相对比较客观、具体,这样再对照口述史,就能很清楚地看到不同阶层的生活情况。文化的传承是需要立体、全面的,而不是只是某个方面的。

还有一点是不能功利化、政治化。功利化的话,非要讲出一个好处来,其实不一定。功利化的特点就是极力赞扬老建筑怎么好,其实不可能的。胡同再好、四合院再好也满足不了空间的需求。上海都造花园洋房也不可能的。口述历史很重要的就是保留个体的真实性，如果你功利化了之后就会做一些不必要的选择，包括有些观念。政治化之后，讲到租界讲到外国人，也总是把它贬低、丑化。现在倒过来要美化。对一些名人的真实性也要实事求是的表现出来。这就牵涉到，一定要有协议。要是口述材料没有矛盾，没有另一面，实际上是不真实的。无论是对建筑本身、邻里关系、社会背景，都应该有的，也往往是比较宝贵的。

我们现在保护历史是为什么？现在政府和领导都希望能马上产生效益，证明海派文化很好，上海很开放，优秀建筑保护得很好。其实真正的文化，是吃饱了撑的才有文化。如果衣食不足是没有文化的。历史更多的是一种精神，上海现在就欠缺精神的部分。精神部分见仁见智，没有统一的标准。历史中的一部分能为我们今天作指导，大量的是没有的。你今天保留邬达克的建筑，保留图纸也不会再建一个，但可能会学其中一部分，社会也是这样的。

我主张我们做的东西要明确一点，一部分是作为资料保存的，我们不会发表，只是供小范围专家研究用。另一部分整理出来，如果协议里都写清楚了那应该是没有问题的。有些是要发表的，再征求一下意见，避免引起不愉快的纠纷，发表不了也要好好保留起来。

曹锦清：总的来讲这些工作都做得不错，地方政府也很支持这个工作。关于口述史的一些要点，我觉得刚才两位老师都讲得非常好，我接着讲一点。

这个口述史项目到底想要达到什么预期和目标，这个要更加清楚。因为你的主题跟这幢大楼有关，这幢大楼将近90年的历史了，作为一个物质空间，它变化很小，变化大的是里面的人。住户和这个大楼的关系，到底是什么关系，是大楼把他们凝聚起来的。这个大楼一共是有一百多户人家，都居住在这个大楼里意味着什么，他们是个共同体吗？有所谓的集体记忆吗？这是需要分析的。这不是一个农村社区，农村社区有紧密的邻里关系。现在去农村，农村也不过是一个区而不是一个社，分化的也很严重。二十年前去农村，问书记全村几户报三四代不稀奇，现在去调查就很困难。农

◼ 大楼沿武康路路的一面是艺术味浓郁的店铺

村作为共同体的记忆也没了。城市是区而不是社,但是原来好像是有一个社,七十二家房客。搬家送点糕点,大家认同这是一个社。改革开放以后,城市里是有邻居而没有邻里关系。因为市场和货币把邻里之间的需求减少了,有什么去买嘛。楼上楼下就打个照面,点个头,这种情况在高层里面特别普遍。这样他们只是居住者,而不是大楼的共同居住者。共同的历史记忆在哪里?如果各自管各自的记忆,和大楼是没关系的,和各自门口的楼道、房间是有关系的。过去是不是有关系,后来是不是没关系了,现在这个关系怎么样了,这个是值得研究的。否则个人管个人的记忆,住在这里和不住在这里就没关系了。因为这幢大楼特别特殊,特别高级。解放前住的全是精英,解放后新的精英把旧的精英全部替代了,这是史无前例的。尤其对面还有住名人,更加神话了。如果有所谓集体记忆的话,那么肯定是跟1949年翻天覆地是有关系的,跟"文革"中的造反派抢房子是有关系的。居住者有没有共同的关系,对这个大楼和时代有没有共同记忆。哪怕是同一个阶层也好,和这个大楼是连在一起的。

那些人跟这个大楼发生的事件的共同记忆是需要反复琢磨的。一般的调查研究实际上是研究调查，我们一直讲调查者不要带任何主观的东西就直接进入现场。从来不是这样的，调查的所有材料都是有准备的框架才能呈现的，没有框架，没有材料。所谓真实跟主观是不矛盾的，越有主观的框架、意图，什么样的材料就能呈现出来，不同框架，呈现不同的材料。包括选择的人，去写他们的口述史，也是有框架的，是高度选择的。问题都要设计、去诱导的。材料一直是处于混沌、黑暗、杂乱的状态，但是如果你手电筒照到哪里，哪一块就对你亮起来。你的框架是什么，主题是什么，这是要在研究的过程中逐步明确的。把主题明确，子题为了主题服务，发问就能激发起他的记忆，这些材料就呈现了，那些材料就是有意义的材料。历史的属性是高度选择性的，同时又是客观性的。这是关于这个项目生死存亡的问题，现在还不太明确，有没有意义。如果将来不同口述史、不同的大楼、不同的社区，设计的内容是不一样的，因为那里居住的人不一样，变更的频率不一样。所以到底做这个东西的目的是什么，一定要清晰起来。这幢大楼的历史大概要协调起来。这个框架一旦形成，就可以复制了。可以唤醒他们的记忆中，我们需要的部分，不需要的部分不要。你怎么发问，才有怎么回答，口述史也是这样的。你问什么，他答什么，凡是答非所问的，都不是需要的。

关于这个大楼的公共记忆部分怎么搞，就更值得琢磨。现在我的观点就是，市场经济房子商品化了以后，不同的阶级按照不同的购买力，恰巧购买在了一个小区里。邻里的关系基本上不存在了，邻里解体，这就是市场经济厉害的地方。这个地方我估计刚解放的时候肯定还是有邻里关系的，都是一群人搬进去的，一定有关于大楼的共同记忆，还有关于历史事件的共同记忆，这要挖掘出来。所以这个也是非常难做的，并不是每个人发个提纲，写一写装订起来就行了。一大堆杂乱的东西其实是没有意义的。

以后如果可以我会抽点时间出来，要贡献一点自己的力量。我多参与一些。

葛剑雄：我补充一点。现在有没有老的住户，现在不在里面的，追踪一下。有没有解放以后因为某些原因，被迁走了，都找来采访一下。以这个楼为载体稍微再扩大一点，因为你不仅仅是跟这个楼有关，也是关于这段历史。

李韧：我以一个湖南街道居民的身份，口述史爱好者、阅读者谈一点感性的想法。谈三点。

第一点是对片子，作为前一阶段工作结果的一个印象。看了片子，我觉得一年多来有一个结果还是很不错的，有些地方还是有开创性的。通常口述史的主题都比较分散，你们能围绕一个小的切口，围绕一个建筑来做，还是很创新的。

第二点是为什么要做口述史，照理来说到这个阶段不用再去问什么意义，这种意义是层次比较低的人讨论。政府官员也是要体谅的，对一个地区来说，不是仅仅用口述史来做，可以是真正做这个地区的品牌，品牌的一个标志。讲到底是讲一个文脉的，只有在城市的高端社区，成熟社区才有条件做。只有湖南街道有这个眼光，领导有头脑，这个做出来是真的为这个地区的发展提供了资源，哪怕是精神资源，也是没法替代的。

第三点关于之后怎么做，我以读者的角度有点启发。我在季风书园读了些书，有些人物回忆的细节是可以留下的，有些在每段访问之后补充采访者的后记、背景、感情、细节，对他谈话内容中的质疑。我觉得做口述史需要一个团队。做这个工作的团队是需要泡出来的，要花很久的时间去训练，这个在没经验的情况下做到这一步已经不错了，但还是需要做培训。包括阅读好的口述史作品，好的影片。口述史的材料是需要淘的，好东西往往不是一下子就能找到的。这些东西要加工过，需要在大量素材中寻找。武康大楼中的人是有差异的。团队中可以分成对建筑特别考量，再来讨论同一个议题，经常打磨。这个东西做好之后也要养的，还是需要一点物质投入的，包括培养团队，对受访者的奖励啊。另外制作者需要丰富自己的阅读，才能做好沟通。

葛剑雄：我再补充一点，有些细节的内容还是需要有记录，要有懂的人来加以说明。比如说今后做一个完整的片子，刚才一个人说他的房子基本没有改变过。就应该拍一拍他的房子没改变过是什么样的，储藏室、保姆室在哪里。有的时候一些细节的问题，现在可能还有人懂，以后就没人懂了。有实物的要拍，没有实物的要找懂的人描述清楚。在这个过程中也需要跟有关的专家，长者一起把这些纯客观的东西保留下来，有些回忆毕竟比较小，会忘记，但是团队还是需要做点功课。方便下面参与的人知道一些术语,也为我们将来材料真实形成打下基础。

周忱:在最早拿台湾的口述历史的书拿过来的时候,我们都知道它有一个背景,是跟台湾的社区营造运动结合在一起。但是我们做这个事情,对街道来讲,到底意味着什么。我们不是高校要去申请一个学术课题,也不是作家协会,拿出一笔钱来赞助一个文学创作。所以我问陈丹燕,她说是希望基层政府和NGO(非政府组织)、公司一起合作,提供一个案例,寻找一个合作的模式。从这个角度来认识问题,对我们提高自觉性,把口述项目和街道工作能够更紧密地结合在一起。

刚才丹燕老师批评了外滩街道,表扬了湖南街道,这个是无疑的。因为湖南路街道是一个品牌,是西区文化社区的高地。在实际运作工作中,怎么样把社区运作的效能发展出来。在社区办报的过程中,街道最头疼的是年轻人没有介入,全是阿姨妈妈。那这个口述历史项目,除了专家带领队伍,我们是不是也可以吸纳社区的年轻人,草根组织。这个跟街道工作也结合起来了。在这个过程中如果吸引年轻来参与来分享,我觉得这个对街道工作是有直接的帮助。到最后是为了社区的文化目标,文化是多元化的,城市街区的乡愁就是这样的。

李侃:谢谢各位专家今天的讲话,实际上你们很多的想法,对我们这个课题的下一步是有很大的指导作用的。补充一点,从宏大的口述历史的项目,聚焦到口述历史怎么开展的过程当中,我们经过一段时间的讨论之后,也是希望小中见大。一幢大楼是一个开始,我们的考虑是六个一,从一幢大楼,一条弄堂,一个单位,一个家族,一条道路等等,慢慢去推。这每一个一里面都有一个共同体,不仅仅是一个空间的共同体,有的共同体是有相同文化记忆的。从社区管理的角度,我们的确希望通过激发我们社区共同去回忆历史,找到共同的情感。对我们接下来推动共同的治理,是有很大的帮助。

陈澄泉:今天听了几位专家的意见,很有启发。我原来在徐汇区文化局工作。口述历史我早就在做了，现在这个是先难后易，我们那个是先易后难的。找准一个主题来做，但是现在这个是非常难的，因为找不到一个主题。切到这个楼，总算是找到了一个主题，是讲这个楼的概念。解放前武康大楼的住户和现在的人完全不一样，所以记忆的方式也不一样。所以我在分析这个事情。我在想我们湖南街道接下来就是做几个方面的口述历史，接下来我觉得一个是关于历史人物的记忆，因为湖南街道我梳理了一下，我们一共有三百多个历史人物。从哪几个方面来回忆，从他们的后代、邻居、历史学家的回忆。现在我们载体做好了，接下来怎么把口述历史贴上去。第二就是历史建筑，今天我们湖南街道最多的就是历史建筑。设计者建造者的评价，建筑中发生历史故事的记忆，住的人的历史记忆。第三是对文化的记忆，不做大文化，做小文化。湖南街道有些文化是独有的，比如连环画，过去中国连环画画家都在湖南街道，看过这个连环画的人也活着，两者结合就可以做这个。最后是生活的记忆，找摄影家协会，还原各个时代的生活现状。现在这些老一辈的人都快过世了，所以应该抢记忆，抓紧时间把口述史记录下来，载体做好了再贴上去就行了。

吕晓慧：我们从 2014 年启动做这个项目，觉得很有价值，但也不知道具体怎么做。今天看到成果，觉得很感动也很感谢，项目组在一年半后呈现出来的东西，还是很好的。我记得伍江教授说过，我们不再做宏大叙事性的东西。而是在这个细微当中，把这些记忆留住，记住乡愁。城市工作会议就讲，我们这个城市里的魅力和活力就是在点滴当中，所以这个工作真的非常有价值，不管是方向还是途径，这些东西能留下来就是很好的。

从功利的角度我们想做什么，"十三五"规划刚刚确定，徐汇区提"四个徐汇"，其中一个是"文化徐汇"，这可能有点标签化。徐汇区有建筑、名人的天然资源，不把它保护传承好，不展示的话也是很遗憾的。所以我们做口述史的项目就是希望通过不同的系列，把共同体的记忆挖掘出来，把文脉的东西，关注到人的东西都做出来。

我的建议是，在最后呈现的方式上，视频、书籍，根据呈现的方式我们会做一些取舍。现在新媒体的方式，做短视频来可能会更受欢迎。以后再做一个展示馆，或者在政府部门屏幕上放,要把这个楼的前因后果都做出来,视频的东西需要再做好一点。也可以借助媒体的力量再来做宣传。我们这样的街区的传承,历史文脉的展示,之前做过很多方案,最后都不理想。比如找电视台拍纪录片,找徐汇的文脉,但是出来的东西太平,还不如不做。现在这个切入点非常小,但是把里面的东西都讲足。我们也想找一个好的方式把我们徐汇的文化历史都展示出来。

陈高宏:我觉得这个口述历史项目本身表达了我们对时代的关注。第一,有人认为文化是吃饱了没事干,人首先是生存,然后是温饱和发展。在温饱和发展中,人之所以成为人,就有了精神和文化的追求。我们这样一个工程,政府、专家都给予支持,这表达了我们时代的关注,从关注物质向关注精神拓展。

第二,从关注宏大的英雄叙事到关注平凡人的生活,这是一个更大的进展,我们的视角,我们对人和社会的理解,我们的价值观在潜移默化中由大时代变为小时代。对个体的价值有了更好的认识。

第三,把这个事情放在具体的社区里做,组织者又是我们的居委会主任、街道干部,可见它的深度。

因此我得出一个结论,这个东西正是由于它的残缺,起步的稚嫩,一开始也没有设计好,就开始做。这反映出我们时代本身就是在知识分子的觉醒中,先投入战斗,再见分晓,捕捉到了时代的信息。我觉得这是非常好的,而且也有了这么一个初步的成果,成果也可以在很多方面被解读,是个矿,暂时开掘不了,也要留下来让后人开掘。对这件事情我是很看好的,背后凝聚了时代的标识。

对于今天这个会议,各路神仙在一起,我谈谈我的解读。对我来说像是上了一堂专题辅导课。第一点,任何历史都是主观和客观的统一。你随便讲,但是我要挑选内容。我是客观的,但是你的表达是主观的。现在决定过去,将来决定现在。我们写历史都带有当代人的先天的格式化。第二点,这个口述史应该是系统的设计和格式的统一,你看似随机,其实应该在背后体现出极大的主导,是由若干节点来支撑的,有若干需要实现的小目标在指引。我觉得刚才各位专家提的,我们还是应该在后面加人作者的主观思考。第三点，有限和无限的统一。历史太多了，我们要做减法，把具有典型性的东西留下来。有限背后就是无限，这样才有价值。对个案的选择，对每个人的问题我们还应该做一些拓展。第四点，是理性与情感的统一，口述历史应该是很合理的对于事件的回忆。但是带有情感色彩可能也是我们口述史不同于其他历史的特色，不能删掉，也要留下来。他的情绪，哽咽，也是很重要的，也是真实的历史。

对这项工作未来的价值我也谈一个体会，我们要理直气壮地做这个事情，政府不是吃饱饭没事干的。政府总是有绩效追求的，但是这件事对我们的绩效在哪里。对我们而言就是要重建社会，我们从熟人社会转变成生人社会，我们要如何建立对社区的认同，就是应该从精神下手，治本。建立一个社区共同体的认识，建设社区认同，为什么有认同，因为有共同的记忆和社区参与。这个过程本身就使这个社区成为一个社区，对社区的自豪感也产生了。最后就能达到一个社区自治。通过这个项目可以让我们社区的管理方式，达到一个很大的改变。我们这个社区的活力在哪里，就是在于大家对于社区的关心。我们每一个人都是主体，都是应该给他能量的。我们共产党干部最好的一点，就是培训和学习的自觉性还是有的。

陈保平：我想这个事情徐汇区、湖南街道、武康大楼，这本身是上海文化很有渊源的地方，如果在别的地方做，可能不一定会做起来。你做一个街区的口述史，它的组织到底是什么，这个问题我们反复想过。任何一个社区都可以做口述史，只要有配套的支持。但是到底什么是我们需要的东西？武康大楼是一个优秀历史保护建筑，主要就是让大家谈和楼的关系。对于普通百姓来说，就是看有没有保护意识，因为这幢楼里面实际上保护和破坏都是存在的，这些行为和我们社会的政治经济文化是密切相关的。解放前规定好一个空间住多少人，解放后就分割掉了，一居室住两家人家，因为整个社会都有这个变化。到了"文革"时期，有人进来占据了房子，又是新的变化。改革开放之后，房子可以买卖，可以出租了，这样的切入点可以折射出一些变化。第二个是这个阶段，解放前从（19）29年到（19）49年，是不是有些人后代可以找来，解放后这部分人都采访到了。解放后到"文革"这一段，"文革"中这幢楼因为文化人比较集中，也有一些机关干部住在这里，所以自杀的人较多，共同都记得这幢楼有好几个人自杀。改革开放之后，一个老楼里住了15个外国人也很少的。有的人买卖使用权，买来一百多万，现在一千多万。

第三个是倡导市民来写历史，这个对我们未来的历史是一个很重要的补充。如果每一个市民都能把自己的个人史生命史记录下来，那对大历史的丰富补充完善都很重要。我们现在说英雄的时代过去了，平民时代来了，湖南街道如果在居民写历史上有所启动，对上海这样一个城市可以说是走在全国前面的，他们有这个基础。

最后我觉得对社区治理，让市民参与社区的建设，共同形成社区的认同，对社区有感情，形成社区的自治。让居民自己来写自己的历史，他们才能形成认同和文化情怀，那我觉得对我们未来的社区自治是有价值的。

如果这几个目的能够达到，那我觉得湖南街道是为上海开了一个很好的头。所以我们希望专家也能够为我们社区提供帮助，区政府、宣传部、街道政府也能成为这个事情的主体，那这个事情对上海未来整个文化建设或许也是有贡献的。我们总是说上海城市文化有深厚的底蕴，底蕴到底在哪里，很少有人讲过。居民口述史就蕴含着比较深的文化底蕴。■

住在武康大楼 / Living in I.S.S.Normandy Apartments

关于武康大楼
历史文物、资料收集的方案

宗旨：

倡导公民自己整理和书写历史的精神。以武康大楼规划设计始至今的近百年历史为依据，收集不同时期（如汪伪、租界、抗日战争、国民政府、解放后、"文革"、改革开放），不同群体的有代表性的各种文物史料。以自愿捐赠为原则。也可适当购买。所有权归未来成立的街道博物馆。

内容：

1. 与武康大楼建设、改造、内部装修相关的图纸、图片。
2. 武康大楼户籍变迁名录。
3. 公开出版的与武康大楼相关的图书、照片、影像资料。
4. 不同时代居民的各种家庭物品，包括照片、书信、证件、旧家具、器皿等等。
5. 名人手迹和作品。

方法：

以街道或未来博物馆的名义致全体居民一封信，说明捐赠的意义和原则，可在社区报或相关新媒体上公开征集。

由专人做在册登记，务必做到一物一录，并给捐赠者发简易证书。博物馆展出时，对重要文物可注明捐赠者姓名。

二楼平台居民种的花

亲历"武康大楼"居民口述历史采集

吕 正

2016年5月18日上午,我受邀参加湖南街道口述历史项目武康大楼案例发布会。在大隐书局一间不足20平(方)米的包房,有我们团队的专家代表,有湖南街道的领导,有武康大楼的居民,还有各路媒体记者。我突然意识到,这里是武康大楼辅楼一楼的最深处,相当于我们所有人现在是钻到了武康大楼的肚皮里。而我们当初想采集的,今天大家所期待的,就是来听听历经了近百年时光的武康大楼藏在深处的那些故事。

"这只是一个试样,给媒体尝鲜的。"我忍不住给到发布会现场的每一位相熟的武康大楼居民都打了一剂"预防针"。因为我看到了本来就很"克腊"的周炳揆先生一身正式的西装,讲话慢条斯理的童荣生医生坐下来就一直在抚平她的一头银色短发,还有非常健谈的画家秦忠明老师全程保持着笔挺的坐姿,就像他接受我们访问时的状态……2015年6月12日下午,我们和武康大楼的居民代表们第一次正式坐了下来。他们中不少人后来成为我们的采访对象。但当时大家只是围着居委会的一张大桌子,七嘴八舌地讲述着自己知道的武康大楼历史,举荐着自己认为的最能讲清楚武康大楼事情的人。口述历史项目的牵头人,市人大常委会教科文卫专职委员、原文新报业集团社长陈保平先生不仅自己记着笔记,还一再关照我,要录音,要好好整理大家的发言。可整理完那天座谈会的纪要,我立刻就"懵"了。居民们讲到的武康大楼历史点滴,与公开的文献材料,或南辕北辙,或缺乏佐证。大家推荐的人选,或早已搬离武康大楼不知所踪,需要派出所出面"查户口";或算算年纪是够享受"敬老卡"最高的那两档。居委会的同志实事求是地和我说,岁月不饶人啊,你们动作要快。

我能有幸被上海滩有名的两位"陈老师"邀请,加入他们的团队,一半原因是因为我曾在陈保平先生执掌的报社当过几年记者,我们当时颇为自豪的一个版面叫"城市地理",和同事完成了好几个关于"上海西区"(解放前的法租界)城市历史有关的选题,武康大楼都是必须去打卡的地标;另一半原因,我现在还是一本青年文学杂志负责非虚构类创作的编辑。原本我以为这只是一个花时间，挨家挨户和武康大楼居民聊天的事情。现在，千头万绪，不知如何下嘴。这也是我第一次体会到"口述历史"的难度。摆在我们面前的首要问题是：如何确立（人选）标准。前线遇到的难题很快被传到后方。这也是我们这个口述历史项目团队的特色，两位陈老师利用他们的人脉为项目配置了一个高规格的智囊团。最后，我们从139户现居武康大楼的居民和大楼日常管理者中，落实了十几位采访对象。陈保平先生和其他专家认为，武康大楼历史是由不同历史时期组成的，我们既要选择其中有代表性的亲历者，也要兼顾不同身份，有些采访对象是享受了政府分配福利，有些采访对象是特殊历史时期换房子，换进来的，还有人是以纯市场化的方式租住到武康大楼。

案例发布会上，陈保平先生说："走进他们家中，我们听到的可能是温暖的回忆，也可能是一块被揭开的伤疤。"2015年6月16日，上海戏剧学院退休教师、画家秦忠明成为我们的第一个入户采访对象。秦忠明入住武康大楼是在"文革"年代。起因非常"荒唐"，造反派们为了"镇压"他，让他住到了需要付"贵租金"的武康大楼里。面对公寓套间里的一间偏房。秦老师说，"我只能让女儿睡在衣橱顶上，为她做一个栏杆。太太为了让我白天有地方画画，还要把棕绷床推出去。"

而在我的几次独立采访经历中，最难忘的是和住在"汽车间"唐桂林的对话。"汽车间"原是配给大楼住户的三层立体车库，一楼、二楼停车，三楼类似员工宿舍。武康大楼一侧还保留着当年的坡道。解放后，"汽车间"里的汽车没有了，入住的人越来越多，还有做单位的库房。有居民告诉我们，这里存过上海博物馆的"僵尸"（标本）和清朝大炮，开办过托儿所。

现在"汽车间"就是武康大楼的"第三世界"，是居委会管理中颇需要用心的一块，但这恰恰也是武康大楼历史的一部分。唐桂林家三代人，最多有五口人住在19.7平方米的空间里。我们在武康大楼的入户采访一般都配置了两个固定拍摄机位和一个游走拍摄机位，但在唐桂林家，我只能布置一个固定机位。开始采访了，大家都不能走动，不然就穿帮了。1970年代末，唐桂林哥哥结婚，那时候很多人"婚宴"是在家办的，他们在自己的房间摆了一桌，借邻居家再摆一桌。等到唐桂林自己结婚时，家里也有条件了，可以去襄阳公园对面的天津狗不理包子店摆上十几桌。唐桂林说，"我自己对小时候那段记忆还是非常记忆犹新的，也不会忘记，因为儿时的记忆留藏在心底也是对自己的一种鼓励，要怎么珍惜现在的生活。"他的记忆包括"汽车间"里闷热的夏天，过年时邻居家的"热余鱼"味，煤球炉上炒出来的长生果……

武康大楼曾是上海文艺界名士的聚集地，他们中的大部分都已经离开武康大楼，住过的房间或转手卖出或留给子女。我们采访了上海音乐学院的王勇教授，他是著名演员王人美的养孙，从小生长在武康大楼的他与著名艺术家孙道临、王文娟有很长时间的相伴。王勇非常认真地与我们分享了对武康大楼的记忆和见解。陈保平先生制定的采访提纲里也设定了一道"必问题"，请采访对象讲述自己与大楼里名人的"交集"。大家的视角或是友人，或是隔壁邻居，或是一个旁观者。同样是在武康大楼度过童年的林江鸿，他回忆了与孙道临的"交集"，红卫兵去孙道临家里"溜达"，作为楼里的孩子也有了一个凑热闹的机会。楼里的小孩与当时孙道临的"交流"是通过电影《南征北战》里的一句台词"上级的意图是？"。林江鸿可以说是武康大楼正史和野史的一个双料亲历者。

武康大楼居民的口述历史采集持续了一整个夏天，武康大楼居委会的柏祖芳书记、湖南街道宣传科的陈枚静，还有其他我叫不出名字但一直相伴我们周围的街道和居委会的工作人员也经历了忙碌的一个夏天。没有湖南街道和武康大楼居委会的"外交工作"，我们的采集可能只能去走"熟人路线"。武康大楼的公寓属性注定生活其中的独立性和私密性，这一点在今天时代氛围下格外强烈，很多人并不欢迎"外来"的窥探。直到今天，是否应该开放武康大楼这样的城市历史地标给公众参观，大家意见非常不统一。而在口述历史采集过程中，我们也听到居民代表们对于保护武康大楼的各种思路，有时候他们会选择比较激烈的方式表达自己对武康大楼的珍惜，比如辅楼一楼刚刚生成的"大隐书局"，比如世博会期间对大楼外立面的统一修缮，居民们都会毫不犹豫地站出来，表达自己不同的意见。我想，我们企图采集的武康大楼的历史不仅要有过去时光的风花雪月，还必须要有时代变迁留下的斑驳。■

大家来写历史，留下城市文脉

陈保平

去年（2016）人代会上，我提交了一份书面报告：《关于在上海历史风貌保护区收集街区居民口述史的建议》，十余名代表联署。这份报告得到了政府有关方面的重视，市文物局书面答复表示：这个建议"有很强的针对性和操作性，风貌保护区中居民口述史的收集与整理，对城市记忆的保存、城市文脉的挖掘和传承，有着非常重要的意义"。

城市文脉为"城市更新"的底气所在

重要意义在哪里？我想是由上海这座城市的特殊地位决定的。上海是座既有中国特色又具有多元化元素的大都市，历史虽然不算悠久，但却是中国工商文明的发源地，经历了近代中国沧海桑田的重要变化。这些年来，上海汲取大开发初期的经验教训，在保护城市文脉方面做了大量工作，努力卓有成效。如市政府分别于 2003 年、2005 年批准并公布了 44 片历史文化风貌区，总面积约 41 平方公里，其中，中心城区 12 片，郊区及浦东新区 32 片；2007 年，又公布了中心城区风貌保护区内 144 条风貌保护道路，并对其中被列为一类保护的 64 条道路进行原状整体保护。这为城市历史留住了宝贵记忆，让我们还有回到故乡、留住乡愁的感觉。但这些毕竟还是凝固、静态的历史，作为城市的文脉，它仍然缺少丰满的血肉和涌动的灵魂。所以，在这些街区深入挖掘作为历史见证人的居民记忆和陈述，为城市历史和城市发展留下最鲜活的资料，就变得不可或缺。

在讨论和审议《上海 2040 城市总体规划》的过程中，我们也注意到有专门的章节论述历史文化风貌保护的未来计划，并提出了"城市更新"的概念。在上海目前建设土地开发已进入零增长时代,"城市更新"如何避免单纯的土地再利用、简单的硬件改造、景观叠加、设计调整,而把城市物质环境改善的理念延伸到更广泛的社会、文化、经济复兴意义上来,应是题中应有之义。从这个意义上说,城市文脉已成为上海发展的重要依据和底气所在。同样作为国际大都市,伦敦在城市改造过程中,一直伴随对城市记忆的保护,并在大英图书馆特设街区个人口述史的阅览室,作为伦敦城市记忆的一部分。上海目前也到了为自己的城市留存丰富历史细节,从而凝聚城市精神力量的发展阶段。

文化底蕴常常就在老百姓的口述史里

我们常说"历史是人民写的",即人民群众是创造历史的主体。但纵观上古以来的中国历史,什么人才有资格写历史呢?封建社会所谓"史官",大都是皇权认可的有世袭身份的贵族,他们的历史观只能以为帝王将相歌功颂德、或为朝代更替寻找依据。在他们书写的历史里,人民群众是没有任何地位的。而那时的普通百姓就是庶民,不识文字,不会书写,他们只能通过人口相传,俚语歌谣、简单图像,表述他们的记忆和历史,或者在文学家笔下留下类似"绿林好汉""焦大、刘姥姥"的非历史形象。今天,人民当家作主,既是历史的创造者和被书写者,也可成为历史的述说者和书写者。让普通人口述个人生命史,倡导大家来写历史,既可让历史变得亲切、可读、大众喜欢,也可使史料更加丰富、更加多元、更加严谨,通过考证排比,把我们的历史梳理得更加准确。从去年徐汇区湖南街道武康大楼居民口述史的案例可以看到,上海市民的历史意识是鲜明的,他们不仅有生动的、蕴藏在感情深处的个人记忆,许多有血有肉的故事、细节,都是你在大历史的文本中很难看到的;也有时代变迁的集体记忆,并且能以这种变迁的意识思维,去描述上海这座城市过去、现在和未来的互动关系,从而让你通过一家人、一栋楼、一个街区感悟到这座城市百年来的巨大变化,特别是改革开放以来人的活力的释放;同时也有些虽经岁月沉浮始终未变的传统,或者有一些曾经拥有正在流逝的美好,以及他们对这座城市最真切的期待。这些都是我们城市宝贵的财富,是我们分别表述的共同历史,应该珍惜,应该整理,应该保存。所谓深厚的文化底蕴在哪里?常常就在老百姓自己述说的历史里。

有时"取乎于下",方能"得乎其上"

社区治理和社区文化建设是上海正在努力推动的一项重要工作。居民口述史的记录、整理、撰写有利于推动居民参与社区建设,加深对本社区的认识、产生共有的文化认同,培养爱社区的情怀。从湖南街道武康大楼居民口述史采集试点的实践来看,街道和居委会起着关键的组织协调和意识凝聚的作用。他们长期在社区工作,最能洞察民情,了解本社区的历史变迁、人口变化、风气习俗,通过与专业团队的合作,发动居民回忆和陈述私领域和公领域的历史,其实最能掌握社区文化精神,从而为建设社区新的文化,提升社区居民凝聚力打下一个厚实的基础。所以,正如市文物局给代表建议的书面答复所说:在风貌保护区进行街区居民口述史采集只是试点,通过一阶段的征集、整理和总结,建立本市居民口述史工作的流程、标准和规范,在全市范围内推广。

我们期待更多的历史工作者、媒体人员、地方文史工作人员能参与这项书写"大众历史"给大众"阅读和聆听"的工作,深耕社区文化的土壤,从细枝末节中为上海城市精神这棵大树输送养料,也为文艺创作的繁荣提供生动的素材。推进城市文化软实力建设,朝着国际文化大都市目标努力,眼睛不能只盯着"高大上",有时候要"取乎于下",方能"得乎其上"。■

(原文载于《文汇报》2016 年 1 月 29 日第 005 版)

图书在版编目（CIP）数据

住在武康大楼 / 陈保平，陈丹燕编著． -- 上海：
同济大学出版社，2020.1
 ISBN 978-7-5608-8044-0

Ⅰ．①住… Ⅱ．①陈… ②陈… Ⅲ．①住宅-建筑史
-上海-文集 Ⅳ．① TU24-092

中国版本图书馆 CIP 数据核字 (2018) 第 165787 号

住在武康大楼

陈保平　陈丹燕　著

出品人：华春荣
策划编辑：江　岱
责任编辑：江　岱
助理编辑：苏　勃
责任校对：徐春莲
装帧设计：莫束钧
出版发行：同济大学出版社
　　　　　www.toogjidress.com.cn
地　　址：上海市四平路 1239 号
邮政编码：200092
电　　话：021-65985622
经　　销：全国新华书店
印　　刷：上海雅昌艺术印刷有限公司
开　　本：890mm×1240mm　1/32
印　　张：14.5
字　　数：390 000
版　　次：2020 年 1 月第 1 版　2020 年 1 月第 1 次印刷
书　　号：ISBN 978-7-5608-8044-0
定　　价：68.00 元

本书由上海文化发展基金会图书出版专项基金资助出版

致 谢

上海市徐汇区湖南街道办事处　李侃 卢荟 陈澄泉
湖南街道武康居委会　柏祖芳
上海市公安局徐汇公安分局湖南街道警署　史侃 李岩
上海市徐汇区人大　陈高宏
上海市徐汇区宣传部　吕晓慧
上海注意力广告有限公司　陆增岩
上海市文物局
上海市房管局
徐汇区历史风貌区保护办公室

本书照片摄影　丁晓文